STABILITÉ DES SYSTÈMES À RETARD

© 1997 DIDEROT MULTIMEDIA

ISBN : 2-84352-026-6

Silviu Niculescu

Stabilité des systèmes à retard

"Il est très difficile de venir à bout de l'analyse des choses, mais il n'est pas si difficile d'achever l'analyse des vérités dont on a besoin. Parce que l'analyse d'une vérité est achevée quand on en a trouvé la démonstration, et il n'est pas toujours nécessaire d'achever l'analyse du sujet ou prédicat pour trouver la démonstration de la proposition."

Leibniz

Remerciements

Ce livre est le fruit de cinq années de travail dans deux laboratoires différents : le *Laboratoire d'Automatique de Grenoble* de l'INPG et le *Laboratoire de Mathématiques Appliquées* de L'ENSTA à Paris. Dans ce contexte, je tiens tout d'abord à remercier JEAN-MICHEL DION, Directeur de Recherche au CNRS et Directeur du Laboratoire d'Automatique de Grenoble et LUC DUGARD, Directeur de Recherche au CNRS et Directeur-Adjoint du Laboratoire d'Automatique de Grenoble qui m'ont encadré au cours de ma thèse sur le même sujet. Qu'il me soit permis de leur exprimer toute ma reconnaissance pour les conseils, les encouragements qu'ils m'ont prodigués tout au long de ces années.

Je tiens également à remercier vivement MICHEL FLIESS, Directeur de Recherche au CNRS, JEAN-FRANÇOIS LAFAY, Professeur à l'Ecole Centrale de Nantes et JEAN-PIERRE RICHARD, Professeur à L'Ecole Centrale de Lille pour les enrichissantes discussions que nous avons menées sur le texte. Je voudrais adresser mes remerciements à tous les membres du *Groupe de Recherche "Systèmes à retard"*, du CNRS, groupe constitué en 1995 par des chercheurs de plusieurs laboratoires français. Je remercie tout particulièrement CARLOS E. DE SOUZA, professeur à l'Université de Newcastle (Australie), qui lors de son séjour sabbatique à Grenoble en 1991 m'a initié à l'étude des systèmes à retards. Je tiens à remercier vivement PIERRE BERNHARD, Professeur à l'ESSI Sophia-Antipolis et ancien Directeur de l'INRIA Sophia-Antipolis pour les remarques qu'il m'a transmises sur le manuscrit.

Je suis honoré de l'attention que ERIK I. VERRIEST, Professeur à Georgia-Tech, Atlanta (Etats Unis) et VLADIMIR RĂSVAN, Professeur à l'Université de Craiova (Roumanie) ont bien voulu porter à mes travaux. Leurs remarques et commentaires m'ont permis d'approfondir et plusieurs points de ce livre.

Je veux exprimer toute ma gratitude à VLAD IONESCU, Professeur à l'Université "Politehnica" de Bucarest et Membre de l'Académie des Sciences de Roumanie pour ses conseils, pour sa grande expérience de recherche et pour ses commentaires constructifs sur le manuscrit.

Je voudrais adresser mes remerciements à BERNARD BROGLIATO, Chargé de Recherche au CNRS pour son amitié et pour notre fructueuse collaboration. Je tiens à remercier tout particulièrement LAURENT EL GHAOUI, Directeur du Laboratoire de Mathématiques Appliquées de l'ENSTA pour son accueil pendant l'année universitaire 1996-1997 ainsi que pour notre fructueuse collaboration.

Je dois exprimer ma reconnaissance aux Editions Diderot et particulièrement à PATRICK KARAM, Directeur d'édition qui s'est impliqué vivement dans la parution de ce texte.

Ce livre est dédié à mes parents qui ont été mes premiers guides. Enfin, je veux exprimer l'indicible à Laura, mon épouse, sans qui rien de tout cela n'aurait été possible. Ce livre est également le sien.

Silviu-Iulian Niculescu
Paris, juillet 1997.

sommaire

Notations et acronymes

$\mathbb{R}$ (resp) $\mathbb{C}$ représente l'ensemble des nombres réels (resp) complexes

$\mathbb{R}^* = \mathbb{R} - \{0\}$ est l'ensemble des nombres réels non-nuls

$\mathbb{R}^+$ est l'ensemble des nombres réels positifs

$j\mathbb{R}$ est l'axe imaginaire dans le plan complexe

$\mathbb{C}^-$ (resp) $\mathbb{C}^+$ représente le demi-plan gauche (resp) le demi-plan droit dans le plan complexe $\mathbb{C}$

$\mathscr{C}(0,1)$ est le cercle unité dans le plan complexe $\mathscr{C}$

$\mathbb{R}^n$ est l'espace euclidien de dimension n

$\mathbb{R}^{n \times m}$ (resp) $\mathbb{C}^{n \times m}$ représente l'ensemble des matrices réelles (resp) complexes de dimension $n \times m$

$i = \overline{1, n}$ représente les entiers $1, 2 \ldots n$

$\| \cdot \|$ est soit la norme d'un vecteur de l'espace euclidien, soit la 2-norme induite d'une matrice

$I_n \in \mathbb{R}^{n \times n}$ représente la matrice identité

$\mu(M)$ est la mesure de la matrice $M \in \mathbb{R}^{n \times n}$, définie par $\mu(M) = \lim_{h \to 0+} \frac{\|I + hM\| - 1}{h}$

$\lambda_i(M)$ est la i-ème valeur propre de la matrice $M \in \mathbb{R}^{n \times n}$

$Re(\lambda_i(M))$ (resp) $Im(\lambda_i(M))$ est la partie réelle (resp) la partie imaginaire de $\lambda_i(M)$

$A \in \mathbb{C}^{n \times n}$, $In(A) = (\pi(A), \nu(A), \delta(A))$ représente l'inertie de la matrice complexe A, oó $\pi(A), \nu(A)$ (resp) $\delta(A)$ représentent le nombre de racines à partie réelle positive, négative (resp) zéro (i.e. sur l'axe imaginaire)

$M^T \in \mathbb{R}^{n \times m}$ représente la transposée de la matrice $M \in \mathbb{R}^{m \times n}$

$P \in \mathbb{R}^{n \times n}$, $P = P^T$, $P > 0$ représente une matrice réelle, symétrique et définie positive

$P \in \mathbb{R}^{n \times n}$, $P = P^T > 0$, P^{-1} représente l'inverse d'une matrice symétrique et positive définie P

$P \in \mathbb{R}^{n \times n}$, $P = P^T > 0$, $P^{-\frac{1}{2}}$ représente la racine carrée d'une matrice symétrique et définie positive P

$\lambda_{max}(P)$ (resp) $\lambda_{min}(P)$ ($P = P^T > 0$) représente la valeur propre maximale (resp) minimale de la matrice symétrique et définie positive P

$X > Y$ ($X, Y \in \mathbb{R}^{n \times n}$, $X = X^T$, $Y = Y^T$) signifie que la matrice $X - Y$ est définie positive

$\kappa(P) = \dfrac{\lambda_{max}(P)}{\lambda_{min}(P)}$, $P = P^T > 0$ représente le nombre de conditionnement de la matrice symétrique et définie positive P

$A \in \mathbb{C}^{m_1 \times n_1}, B \in \mathbb{C}^{m_2 \times n_2}, diag(A, B) = \begin{bmatrix} A & 0 \\ 0 & B \end{bmatrix}$, où les blocs nuls ont les bonnes dimensions.

$\mathscr{C}^0$ (resp $\mathscr{C}^k$) représente la classe des fonctions réelles continues (resp la classe de fonctions réelles k-fois différentiables dont la dérivée d'ordre k est continue)

$\mathscr{C}_{n,\tau} = \mathscr{C}([-\tau, 0], \mathbb{R}^n)$ représente l'espace de Banach des fonctions vectorielles continues définies sur l'intervalle $[-\tau, 0]$ à valeurs dans $\mathbb{R}^n$ avec la topologie de la convergence uniforme

$\| \phi \|_c = \sup_{-\tau \leq t \leq 0} \| \phi(t) \|$ représente la norme de la fonction $\phi \in \mathscr{C}_{n,\tau}$

$\mathscr{C}_{n,\tau}^v$ représente l'ensemble défini par $\{\phi \in \mathscr{C}_{n,\tau} : \| \phi \|_c < v\}$, oó v est un nombre réel positif

$\otimes$, (resp) $\oplus$ représente le produit de Kronecker (resp) la somme de Kronecker

EAMR signifie 'équation algébrique matricielle de Riccati'

EDFR signifie 'équation différentielle fonctionnelle de type retardé'

EDO signifie 'équation différentielle ordinaire'

LMI(s) signifie 'inégalité(s) linéaire(s) matricielle(s)'

Introduction

Dans la description mathématique d'un processus physique, on suppose en général que *l'évolution du processus dépend uniquement de l'état actuel* (dans le sens usuel du terme). Cette hypothèse a permis d'utiliser la *théorie des équations différentielles ordinaires* pour décrire la dynamique d'un système physique, description qui est "suffisante" pour une large classe de processus physiques. Mais il existe des situations (par exemple, quand on a un transport à distance de matière, d'énergie ou d'information) où cette hypothèse sur l'évolution du processus est une approximation "grossière" qui introduit des erreurs dans l'analyse et la synthèse du système. Une meilleure hypothèse est de considérer que *l'évolution du processus dépend non seulement de l'état actuel, mais aussi des états antérieurs* (dans le sens usuel du terme), appelés états retardés.

L'existence de retard dans les procédés peut avoir une ou plusieurs causes (MALEK-ZAVAREI ET JAMSHIDI [159]) comme par exemple :

- ► la mesure des variables du système ;
- ► la nature physique d'un composant du système ;
- ► la transmission d'un signal.

On peut classifier le retard par rapport aux systèmes physiques où il intervient (voir KOLMANOVSKII ET NOSOV [132]) en :

- ► *retard dû à la structure interne du système* rencontré quand la dynamique d'un état du système en boucle ouverte contient explicitement le retard (procédés chimiques ou thermiques, modèles économiques) ;
- ► *retard de transport* rencontré quand on a un transport à distance de substance, d'énergie ou de signal entre deux sous-systèmes où systèmes dynamiques (le temps de transport des fluides dans les procédés chimiques, les hormones dans le flot sanguin) ;
- ► *retard informationnel* rencontré dans les systèmes de calcul (le temps de calcul pour l'analyse d'une image TV avec un robot, l'analyse de la composition d'un procédé chimique).

Tous ces systèmes sont appelés génériquement *systèmes à retard*. Sans discuter les causes et les classifications associées, plusieures questions peuvent apparaître : *Comment on peut les modéliser? Comment on peut analyser leurs propriétés?* On va essayer de donner un certain nombre de reponses tout au long de cet ouvrage.

Représentations des systèmes à retard

Il existe plusieurs manières d'aborder l'étude de ces systèmes en considérant les modèles de ces systèmes comme :

- des *évolutions dans des espaces abstraits* (voir CURTAIN ET PRITCHARD [46], HALE *et al.* [96], BENSOUSSAN *et al.* [17]),
- des *équations différentielles fonctionnelles* (voir HALE ET VERDUYN LUNEL [97]) ou
- des *équations différentielles sur un anneau ou sur un module* (voir MORSE [173], FLIESS [68], SONTAG [238]).

Dans le premier cas, le système est représenté par une *équation différentielle* dont *l'espace d'état n'est pas de dimension finie* et l'évolution du système *est décrite* par des *opérateurs bornés* ou *non-bornés*. Du point de vue systémique, cette approche nécessite l'introduction de nouveaux concepts de commandabilité, observabilité, stabilisabilité et détectabilité exprimés en termes *d'opérateurs*, i.e. la *théorie des systèmes de dimension infinie* (voir également CURTAIN [45], JACOBSON ET NETT [113], BENSOUSSAN *et al.* [17] et les références incluses). Bien que cette approche possède un degré de généralité élevé (on peut traiter de manière unitaire les équations différentielles fonctionnelles et certaines classes d'équations différentielles aux dérivées partielles), les méthodes correspondantes sont difficilement applicables pour des problèmes particuliers.

Dans le deuxième cas, l'idée de base est de donner une extension des résultats obtenus pour les *équations différentielles ordinaires* (définies sur des espaces de dimension finie) au cas des *équations différentielles fonctionnelles* (voir HALE ET VERDUYN LUNEL [97] et les références incluses). Ce type d'approche permet de voir et d'interpréter les systèmes à retard comme des *évolutions dans des espaces euclidiens* (de *dimension finie*) ou comme des *évolutions dans des espaces de fonctions* (la condition initiale est une fonction). Chaque *type* d'interprétation permet de développer des *conditions* relativement *simples*, mais qui sont parfois seulement *suffisantes* et donc *restrictives* pour certains problèmes. Du point de vue systémique, cette approche permet soit d'utiliser les concepts classiques de commandabilité, observabilité, stabilisabilité et détectabilité définis pour les systèmes "de dimension finie" (l'évolution dans des espaces euclidiens), soit d'introduire de nouveaux concepts plus appropriés à une interpétation dans des espaces de fonctions (voir, par exemple, MANITIUS [160], SALAMON [228] et les références incluses). Par ailleurs, ce type d'approche fait mieux ressortir *l'influence du retard sur les propriétés de stabilité et stabilisation du système à retard* si on considère le retard comme un paramètre du système.

L'approche par des *équations différentielles sur des anneaux* ou *sur des modules* permet d'avoir des *notions* très générales de commandabilité et d'observabilité (voir FLIESS ET MOUNIER [69], PICARD *et al.* [215] MOUNIER [174], SENAME [232], PICARD [216] et les références incluses), ou de stabilisabilité (voir HABETS [92]). Cette approche très intéressante, nécessite implicitement la connaissance de la taille du retard. Quand celui-ci est *mal connu*, un compensateur de dimension finie peut être utilisé (voir également LOGEMAN [154]) et les résultats donnés dans la littérature correspondent aux cas de la stabilité et de la stabilisation *indépendantes* de la taille du *retard*, ce qui peut être restrictif (voir KAMEN [115, 116, 117], KAMEN *et al.* [118]).

Dimension infinie versus dimension finie

Comme les systèmes à retards sont des systèmes qui ne sont pas de *dimension finie*, il existe deux possibilités de les analyser en utilisant des techniques spécifiques aux systèmes de dimension finie :

- ► un premier *type d'approche* consiste à *approximer le système* par un système de *dimension finie*. Parmi les techniques d'approximation, on peut mentionner la *technique de Padé* (voir LAM [140] et les références incluses), la technique par *séries de Fourrier-Laguerre* (voir PARTINGTON [211]), la technique des *approximants optimaux rationnels de Hankel* (voir GLADER *et al.* [78] et les références incluses). Les problèmes spécifiques à ce type d'approche résident dans le choix des dimensions et la stabilité des approximants (voir, par exemple GLADER *et al.* [78] , GU *et al.* [90] et SALAMON [227]). Malgré un grand nombre d'applications pratiques de ces techniques, il est relativement difficile d'étudier *l'influence du retard sur les propriétés du système* à partir de l'approximant considéré.
- ► une deuxième approche consiste à utiliser les *interprétations de dimension finie* de tels systèmes. Comme on a mentioné précédemment, si on considère une représentation sous la forme d'une équation différentielle fonctionnelle, alors le système considéré peut être vu comme une évolution soit dans un espace de dimension finie, soit dans une espace de fonctions. Dans chaque cas, on peut "transformer" le problème de "dimension infinie" en un problème de "dimension finie" en utilisant des hypothèses appropriées. Notons que, dans certains cas, les résultats obtenus peuvent être restrictifs, mais ils sont suffisamment simples à tester. Dans d'autres cas, les conditions obtenues sont des conditions exactes, i.e. *nécessaires et suffisantes*. Le but de cette approche est d'avoir une *alternative* pour resoudre des problèmes complexes.

Dans cet ouvrage, nous nous sommes intéressés au *problème général de l'influence du retard sur la stabilité et la stabilisation d'un système à états retardés, si le retard est supposé comme paramètre*. Ces aspects permettent d'exploiter et de classifier ce type de systèmes *via* le paramètre *retard*. De ce point de vue, il semble que la *théorie des équations différentielles fonctionnelles* est l'outil mathématique le plus approprié pour ce type d'étude. A notre connaissance, il existe un certain nombre d'approches dans ce domaine (voir KOLMANOVSKII ET

NOSOV [132], MALEK-ZAVAREI ET JAMSHIDI [159]), mais le *problème* d'avoir une *caractérisation* de ces systèmes en termes de *retard* est encore un *problème ouvert* même pour le cas des *systèmes linéaires à états retardés*, avec des retards constants (voir également DIEKMAN *et al.* [55]). La difficulté d'un tel problème du point de vue de l'effort de calcul sera également considérée.

Le contenu du livre

Comme on a dit auparavant ce livre concerne l'*étude de la stabilité et de la stabilisation* des *systèmes linéaires* décrits par des équations différentielles *à états retardés*. La contribution principale de ce travail réside en la *classification* des classes de systèmes à états retardés en termes du paramètre *retard*. Dans ce sens là, on présente des nouvelles *conditions* de stabilité ou de stabilisation *dépendantes ou non de la taille du retard* qui peuvent être facilement implémentées pour des exemples pratiques. Notons que toutes les conditions présentées sont de *dimension finie*, bien que les systèmes analysés sont de *dimension infinie*. Les aspects *robustesse* ou *atténuation de perturbations* sont également considérés.

Dans le **premier chapitre**, on présente plusieurs exemples tirés de la littérature : une réaction chimique, un réseau de neurones mis en œuvre en utilisant des composants *VLSI*, un système oscillatoire stabilisé par retour de sortie retardé et un modèle économique. De ces exemples nous conclurons que l'existence d'un retard dans un système peut avoir soit un *effet stabilisant* (retour de sortie retardé pour un système oscillant; le retard est suffisamment petit mais non nul), soit un *effet déstabilisant* (réseaux neuronaux; si le retard croît, on peut avoir instabilité) et donc il est intéressant d'étudier le comportement des systèmes à retard, en fonction du "paramètre" retard.

On donne ensuite quelques définitions et notions de base sur les systèmes à états retardés, telles que l'existence et l'unicité des solutions et plusieurs types de stabilité pour les équations différentielles fonctionnelles (EDFR) associées. Puis on propose un tour d'horizon des techniques fréquentielles et temporelles utilisées pour l'analyse de la stabilité et la stabilisation des systèmes à retard. Pour simplifier la présentation, on a choisi de traiter le cas scalaire en utilisant les techniques proposées dans la littérature. Ce chapitre se termine avec la formulation des problèmes que l'on a étudiés dans ce mémoire et avec quelques conclusions sur les méthodes présentées.

Le **deuxième chapitre** est dédié au *problème de la stabilité des systèmes linéaires à retard*.

Dans un premier temps on introduit deux ensembles dans l'*espace des paramètres* du système à retard considéré qui permettent de caractériser la *stabilité asymptotique* soit *indépendamment du retard*, soit *en fonction de la taille du retard*. Ensuite, ces notions sont mises en évidence sur un *système scalaire à un seul retard* qui est étudié complètement.

Pour l'analyse de la stabilité dans le cas général, on utilise deux approches différentes :

- ► *une approche fréquentielle par faisceaux matriciels* et
- ► *une approche temporelle soit par la deuxième méthode de Lyapunov (soit fonctionnelle de Lyapunov-Krasovskii, soit fonction de Lyapunov-Razumikhin).*

Dans le premier cas, on propose des conditions *nécessaires et suffisantes* pour la stabilité d'un système linéaire à un seul retard (ou à plusieurs retards commensurables), soit indépendamment de la taille du retard, soit en fonction de la taille du retard en termes de certaines propriétés de *deux faisceaux matriciels* de dimension finie :

- ► un faisceau pour caractériser le comportement du système pour le cas des *retards finis* et
- ► l'autre pour caractériser le cas limite du *retard infini.*

En effet, l'*idée de base* est de transformer le *problème de stabilité* en un *problème de localisation* des *valeurs propres généralisées* pour *deux faisceaux matriciels réguliers* de *dimension finie* par rapport au *cercle unité* dans le plan complexe.

Les résultats existants actuellement dans la littérature sur ce type d'approche donnent seulement des *conditions suffisantes* exprimées en termes de propriétés d'*un seul faisceau* (correspondant au cas du retard fini), résultats qui sont *proches* d'une *condition nécessaire et suffisante* (exceptant une hypersurface dans l'espace des paramètres du système). L'introduction du deuxième *faisceau* nous a permis de réduire le *conservatisme* de la méthode, en obtenant aussi la *nécessité.*

De plus, on montre un certain nombre de propriétés de ces *faisceaux matriciels*, qui permettent une *ouverture* vers d'autres problèmes qui n'ont pas de caractérisations de dimension finie (dans l'esprit condition nécessaire et suffisante), comme, par exemple, l'*hyperbolicité* (i.e. l'équation caractéristique associée au système n'a pas de racines sur l'axe imaginaire) soit indépendamment, soit en fonction du retard. Malgré les conditions "exactes" obtenues, ce type d'approche est *restreint* au cas d'un *système à un seul retard*, (ou à plusieurs retards commensurables) *invariant dans le temps.*

Dans le cas de l'approche *temporelle* via les *techniques de type Lyapunov*, on donne seulement des conditions *suffisantes*, soit *indépendamment*, soit *en fonction de la taille du retard.* L'avantage de la méthode temporelle proposée réside dans la facilité de traiter différents cas : retard variant dans le temps, retards multiples non-commensurables et aussi ouverture vers la robustesse ou vers les aspects stabilisation. En effet, on propose une combinaison liant la *théorie de la stabilité* (soit via une fonctionnelle de type Lyapunov-Krasovskii, soit via une fonction de type Lyapunov-Razumikhin) et les *techniques de type inégalités linéaires matricielles* (*LMI*, de l'Anglais "Linear Matrix Inequalities", voir également l'Annexe C).

Notons également les liens qui existent entre le *Théorème de Razumikhin* et la $\mathcal{S}$-*procédure* (voir également YAKUBOVICH [295]) en vue d'une *méthodologie* d'analyse et de synthèse des systèmes linéaires à états retardés.

L'idée de base est de *transformer* le *problème de stabilité asymptotique* en un *problème d'optimisation convexe* en termes de *valeurs propres* ou de *valeurs propres généralisées* d'une matrice ou respectivement de deux matrices qui sont des fonctions affines d'un ou de plusieurs paramètres.

Cette idée nous permet de donner une *caractérisation similaire* pour les deux cas : indépendamment ou en fonction de la taille du retard. Tenant compte du *conservatisme* de la méthode (résultats seulement suffisants), on ne donne que des conditions *sous-optimales* pour les deux cas d'étude. Ici le terme *sous-optimal* signifie le meilleur résultat qu'on peut obtenir en utilisant la technique proposée (dans certains cas, les résultats ainsi obtenus sont proches de la condition optimale). Ce type d'approche permet d'avoir des extensions relativement simples et naturelles pour le cas d'un système à un *retard variant dans le temps*, ou à *deux retards constants* ou *variants dans le temps* ou vers les *aspects robustesse*. A notre connaissance, le *problème de détermination* des *régions de stabilité* pour un système linéaire à *deux retards* est encore un problème *ouvert* dans le cas général (il existe une solution seulement pour le cas d'un système scalaire, voir l'étude de HALE ET HUANG [99]).

Malgré l'existence d'un certain nombre de résultats dans la littérature sur la stabilité *exprimée* en termes de *fonctionnelles de Lyapunov-Krasovskii* ou de *fonctions de Lyapunov-Razumikhin*, *il n'existe pas* une *approche unitaire* pour traiter les deux cas : indépendamment ou en fonction du retard.

Ensuite on présente les *aspects* liés au *problème de la stabilité robuste*. Après une courte introduction aux problèmes de *robustesse*, on donne une classification des types d'*incertitudes* et les *définitions de stabilité* spécifiques. On présente également un très *court tour d'horizon* des principaux résultats de la littérature dans le même esprit que celui du cas *sans incertitudes*. Dans ce contexte, on donne quelques *extensions possibles* des conditions de stabilité développées dans les sections précédentes.

Dans le **troisième chapitre** on considère principalement le *problème de la stabilisation* d'un système à états retardés par un *retour d'état sans mémoire*. On s'intéresse à ce type de problème dans l'*esprit* suivant : étudier les conditions qui permettent d'avoir la *stabilité du système en boucle fermée* soit *indépendamment*, soit *en fonction de la taille du retard*. Si le cas de la *stabilisation indépendamment du retard* a été considéré dans la littérature, à notre connaissance, le problème de *stabilisation en fonction de la taille du retard*, i.e. de trouver *une loi de commande* qui *maximise le retard* admissible du *système en boucle fermée*, n'a pas été considéré auparavant. Un autre problème considéré consiste à étudier le système en boucle fermée via une entrée retardée. La nouveauté de l'approche utilisée ici réside dans l'*interprétation qualitative* d'une loi stabilisante via le *paramètre retard*.

Après une analyse *complète* du cas *scalaire* qui suit les même lignes que l'analyse de la stabilité donnée dans le chapitre précédent, on propose quelques conditions *suffisantes* de *stabilisation* soit *indépendamment*, soit *en fonction du retard* en utilisant une approche temporelle basée sur les *techniques* de type *Lyapunov*.

Ensuite on considère quelques *problèmes de commande* particuliers : la *stabilisation* d'un système à états retardés telle que les pôles du système en boucle fermée satisfont des contraintes supplémentaires, la *construction des plans de discontinuité* pour le cas de *modes glissants*, la *stabilité absolue indépendamment du retard* d'un système à retard en boucle fermée avec une caractéristique non linéaire comprise dans un *secteur*.

Similairement au chapitre précédent, on considère également les *problèmes de stabilisation robuste* dans le même esprit, soit *indépendamment de la taille du retard*, soit *en fonction de la taille du retard*.

Le **quatrième chapitre** est dédié à un problème spécifique de *commande* : le problème de la *construction d'une loi de commande stabilisante $\mathcal{H}_\infty$ sans mémoire* (de type retour d'état) qui assure la stabilité asymptotique et un certain *taux d'atténuation des perturbations* du système en boucle fermée. L'approche proposée utilise une *fonctionnelle de type Lyapunov-Krasovskii* combinée avec les *techniques de type LMI*. De plus, cette approche peut être facilement étendue au cas d'un système à *un retard variant dans le temps*, ou à *plusieurs retards*. On considère également le problème de la construction d'une loi de commande $\mathcal{H}_\infty$ qui impose certaines contraintes sur les pôles du système en boucle fermée. Dans ce cas, on peut également donner une *borne sous-optimale* sur le retard qui garantit la propriété souhaitée. Dans ce contexte, ces résultats permettent de couvrir d'autres résultats tirés de la littérature.

Le Chapitre se termine par quelques *aspects* liés au problème de commande $\mathcal{H}_\infty$ dans le cas des systèmes avec des *incertitudes paramétriques*.

Des conclusions générales et d'autres perspectives sont données dans le dernier chapitre.

Pour simplifier la lecture, le livre contient également quelques **annexes** dédiées aux *mesures de matrices* (annexe A), aux *produits* et *sommes de Kronecker* (annexe B) et aux *inégalités linéaires matricielles* (annexe C).

Préliminaires

CHAPITRE 1

Préliminaires

Dans l'*Introduction* nous avons présenté plusieurs approches pour étudier les *systèmes à retard*, soit comme des *systèmes de dimension infinie*, soit par les *techniques* spécifiques aux *équations différentielles fonctionnnelles*, soit comme des *systèmes sur un anneau* ou sur un *module*.

Le problème qu'on considère tout au long de ce livre est l'*étude* de la *stabilité* et de la *stabilisation* des *systèmes linéaires à états retardés* en *fonction* du *retard*, supposé comme *paramètre*. De ce point de vue, l'approche qui semble la plus naturelle pour cette analyse est la *théorie des équations différentielles fonctionnelles*.

Les équations différentielles fonctionnelles ont été analysées avant *1900* par des mathématiciens comme BERNOULLI, EULER, LAPLACE et CONDORCET, mais la base et la formulation mathématique ont été établies au *20*-ème siècle. En effet, la notion *d'équation différentielle fonctionnelle* et une première classification des équations ont été introduites par MYSHKIS [175] en 1949 (1951). Selon MYSHKIS, une *équation différentielle fonctionnelle* est *une équation différentielle qui n'implique que la fonction $x(t)$ dans un seul argument t (génériquement appelé temps) et ses dérivées pour plusieurs valeurs de l'argument t.*

Parmi les mathématiciens qui ont contribué de faccon importante au domaine, on peut mentionner BELLMAN ET COOKE [16] (approche fréquentielle, fonctions entières), KRASOVSKII [134] (approche temporelle, extension de la théorie de Lyapunov aux équations différentielles fonctionnelles), HALE *et al.* [96], HALE ET VERDUYN LUNEL [97] (théorie géométrique, théorie des équations différentielles de type neutre), HALANAY [94] (théorie d'hyperstabilité de Popov appliquée aux systèmes à états retardés), LAKSHMIKANTHAM ET LEELA [138] (inégalités différentielles et théorèmes de comparaison), BURTON [27] (raffinement de la théorie de Lyapunov-Krasovskii et aspects solutions périodiques), RĂSVAN [221] (stabilité absolue des systèmes à retard), KOLMANOVSKII ET NOSOV [132], KOLMANOVSKII ET MYSHKIS [133], MARSHALL*et al.* [164] (une bonne introduction à la stabilité des équations différentielles fonctionnelles) ou DIEKMANN *et al.* [55] (aspects solutions "petites," i.e. qui décroissent plus rapidement que n'importe quelle exponentielle).

Dans ce chapitre on présente quelques exemples de systèmes à états retardés (tirés de la littérature) pour motiver le *problème d'étude considéré* ainsi que les outils fondamentaux utilisés dans ce livre : définitions de la stabilité (asymptotique, asymptotique uniforme, exponentielle), théorèmes de stabilité pour les équations différentielles fonctionnelles - fonctionnelles de Lyapunov-Krasovskii, fonctions de Lyapunov-Razumikhin (approche temporelle) et fonctions caractéristiques (approche fréquentielle). Un tour d'horizon des principaux résultats sur la stabilité et la stabilisation des systèmes à retard est ensuite effectué. La formulation des problèmes étudiés et quelques conclusions sont données à la fin du chapitre.

1.1 Exemples de systèmes à retard

Du point de vue historique, les premières études sur la stabilité d'un système dynamique à états retardés ont été faites par CALLENDER et STEVENSON dans les années *1930* (d'après RĂSVAN [221], KOLMANOVSKII ET NOSOV [132]). Leur principale conclusion était que le retard pouvait *"déstabiliser"* le système. En 1937 un "Editorial" dans la revue "ENGINEER" soulignait que dans certaines situations le retard avait un *"effet stabilisant"* (voir RĂSVAN [221]). Il est donc difficile de tirer des conclusions définitives sur l'effet du retard sur la stabilité d'un système à états retardés à partir de ces deux exemples.

Dans cette section, on considère *quatre exemples* relativement diffé-rents pour montrer les effets que peut provoquer le retard sur les propriétés de stabilité des systèmes à retard : une réaction exothermique et irréversible (industrie chimique), la mémoire associative d'un réseau neuronal qui contient des retards, le retour de sortie retardé pour un système robotique oscillatoire et un modèle économique.

1.1.1 Industrie chimique

On considère une réaction chimique du premier ordre, exotherme, irréversible du *composant A* en *un produit de réaction B*, réaction qui se déroule dans un réacteur infiniment mélangé avec recirculation (voir également LEHMAN [146] ; LEHMAN ET VERRIEST [147]). D'une part, la transformation du composant A en produit de réaction B *n'est pas instantanée*, il existe donc une *quantité de A* qui se transforme *plus tard* en B. D'autre part, pour reduire le coût de la transformation et améliorer la "qualité" de la réaction, on utilise la *technique de recirculation*, qui consiste dans une reinjection du composant non transformé A dans le reacteur. Dans ce cas, on peut parler d'un *retard de transport*, dû à la structure du processus considéré.

Les bilans de matière et d'énergie sont donnés par des *équations différentielles à états retardés* de la forme :

$$\begin{cases} \frac{dA(t)}{dt} = \frac{q}{V}\left[\lambda A_0 + (1-\lambda)A(t-\tau) - A(t)\right] - K_0 e^{-\frac{Q}{T}} A(t) \\ \frac{dT(t)}{dt} = \frac{1}{V}\left[\lambda T_0 + (1-\lambda)T(t-\tau) - T(t)\right]\frac{\triangle H}{C\rho} - K_0 e^{-\frac{Q}{T}} A(t) \\ \qquad - \frac{1}{VC\rho}U(T(t) - T_w) \end{cases} \qquad \text{(1.1)}$$

où $A(t)$ est la *concentration* du composant A, $T(t)$ est la *température* et λ ($0 \leq \lambda \leq 1$) est le *coefficient* qui caractérise la *recirculation*. Les autres constantes sont données, par exemple, dans BILOUS ET ADMUNDSON [19].

Le cas $\lambda = 0$ correspond à une *recirculation complète* et le cas $\lambda = 1$ correspond à une réaction *sans recirculation*. Le cas $\tau \equiv 0$ (système sans retard) a été complétement traité dans la littérature (voir PERLMUTTER [212] et les références incluses).

Le comportement d'un tel système avec retard constant a été considéré dans [146, 147]. LEHMAN [146] a montré que si le système linéarisé (autour de la solution stationnaire) est localement asymptotiquement stable pour un retard nul, alors *cette propriété est valable pour n'importe quelle taille du retard*.

Cet exemple montre que la stabilité asymptotique d'un système à états retardés peut être indépendante de la taille du retard.

1.1.2 Réseaux neuronaux

Dans le cas d'un réseau Hopfield [106], chaque "unité" est décrite par une tension u_i sur l'entrée du i-ème neurone et chaque neurone est caractérisé par une capacité C_i et une fonction de transfert f_i. Pour décrire les liaisons entre les neurones on utilise ce que l'on appelle la *matrice de connexion* (T_{ij}), où T_{ij} a la valeur $1/R_{ij}$ quand la sortie de l'unité j est liée à l'entrée de l'unité i par une *résistance* R_{ij}.

Dans le cas des unités identiques, i.e. $C_i = C$, $f_i = f$, $R_i = R$ et si on suppose qu'il y a un retard τ dans le transfert $f_i = f$ (le retard dû, par exemple, à la mise en œuvre d'un réseau artificiel en utilisant des composants *VLSI*), alors on a le modèle suivant (voir également BÉLAIR [13], MARCUS ET WESERVELT [162], YE *et al.* [296]) :

$$\dot{x}_i(t) = -x_i(t) + \sum_{j=1}^{n} a_{ij} f[x_j(t-\tau)], \quad 1 \leq i \leq n. \tag{1.2}$$

La *mémoire associative*, une des plus anciennes applications des réseaux neuronaux, représente la capacité du système à stocker des informations que l'on peut ensuite retrouver, non par une adresse comme dans une mémoire classique, mais en fournissant des données (même incomplètes ou bruitées) relatives aux informations stockées (voir KOHONEN [123]).

La notion de *mémoire associative* pour le réseau (ainsi considéré) est liée à *la stabilité de l'équation différentielle fonctionnelle associée*. Il est donc nécessaire de connaître l'effet du retard sur la stabilité de l'équation différentielle associée. De plus, il est supposé que le système linéarisé et sans retard (τ nul) est localement asymptotiquement stable.

Pour ce type de modèle, BÉLAIR [13] montre en utilisant une approche fréquentielle (pour l'équation linéarisée) qu'on peut avoir deux situations : soit le système est stable pour n'importe quel retard (notion de *stabilité indépendante de la taille du retard*), soit il existe un retard non nul pour lequel le système devient instable (notion d'*"instabilité induite par le retard"*). L'objectif dans ce cas étant de calculer une borne maximale sur le retard qui assure encore la stabilité, on utilise une notion plus appropriée de *"stabilité dépendante de la taille du retard"* (voir également MORI [168]).

Cet exemple montre qu'il existe des systèmes à retard dont la stabilité est dépendante de la taille du retard.

1.1.3 Retour de sortie retardé

La stabilisation de systèmes oscillatoires trouve des applications aux structures mécanique flexibles (SLOSS *et al.* [237]) ou en robotique (voir également FIALA ET LUMIA [67] et les références incluses).

Considérons un exemple simple :

$$\ddot{y}(t) + \omega_0^2 y(t) = u(t), \tag{1.3}$$

où $y(t) \in \mathbb{R}$ est la sortie du système et $u(t) \in \mathbb{R}$ est l'entrée (ABDALLAH *et al.* [1]).

Ce système peut être facilement stabilisé par une loi de commande de type $u(t) = -k\dot{y}(t)$. Le système en boucle fermée est alors régi par l'équation suivante :

$$\ddot{y}(t) + k\dot{y}(t) + \omega_0^2 y(t) = 0,$$

qui est stable pour $k > 0$. Cette loi de commande demande soit la différentiation de la sortie, soit la construction d'un observateur pour estimer $\dot{y}(t)$ à partir de mesures sur $y(t)$.

Si on considère qu'on a l'information sur l'évolution de $y(t)$ sur un intervalle $[t - \tau, t]$ ($\tau \neq 0$), alors on peut utiliser comme loi de commande *un retour de sortie retardé*

$$u(t) = ky(t - \tau), \quad \tau > 0$$

et le système en boucle fermée est donné par :

$$\ddot{y}(t) + \omega_0^2 y(t) - ky(t - \tau) = 0. \tag{1.4}$$

Il est intéressant de remarquer que pour $\tau = 0$ et $0 < k < \omega_0^2$ le système est oscillatoire, mais qu'il existe un $\tau > 0$ qui garantit la stabilité asymptotique du système en boucle fermée (voir [1] pour une étude complète). De plus, dans l'espace paramétrique (τ, k), les régions de stabilité pour le système en boucle fermée respectent une "séquence" : *stable-instable-stable-instable* etc.

Pour cet exemple particulier, le retard peut avoir un effet stabilisant.

1.1.4 Modèle économique

Dans une économie de marché "libre," les relations entre la *mémoire du consommateur* et les *fluctuations des prix* peuvent être décrites par une équation différentielle fonctionnelle (voir HALE [95] et les références incluses) de la forme :

$$\ddot{x}(t) + \frac{1}{R}\dot{x}(t) + \dot{x}(t - \tau) + \frac{Q}{R}x(t) + x(t - \tau) = 0. \tag{1.5}$$

Si on considère la *fonction* $\tau = f(Q)$ avec R comme paramètre, alors on a les cas suivants :

1) $R \in (0, \sqrt{2} - 1)$, alors si $Q < 1$, le système est stable *en fonction de la taille du retard* et si $Q \geq 1$ le système est stable *indépendamment du retard*.

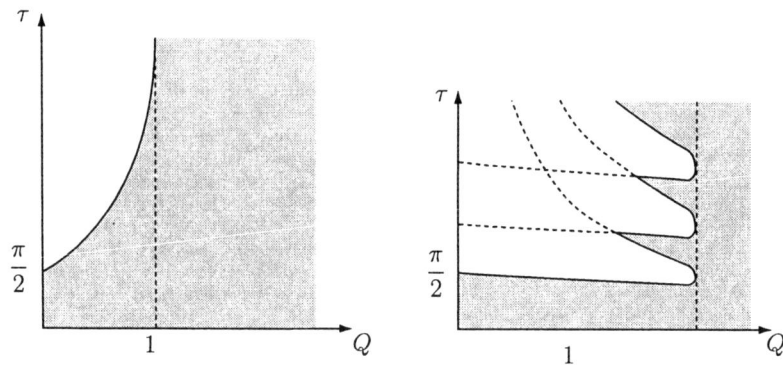

Fig. 1.1

2) $R \in (\sqrt{2} - 1, 1)$, alors on a le même comportement du cas *1)* avec la mention que 1 est remplacé par un $Q_0 > 1$. Notons également que dans le cas de la stabilité asymptotique *en fonction de la taille du retard* on a *deux situations différentes* : soit la séquence *stable / instable*, soit une séquence *finie* de régions de stabilité *stable / instable / stable /instable* pour $\tau > 0$, Q dans un intervalle $[Q_1, Q_0]$ (Q_1 caractérise l'apparition de la première

région de stabilité après une région d'instabilité en croissant le retard τ) pour la même valeur du R.

3) $R > 1$, alors on a toujours une séquence de régions de stabilité *stable / instable / stable / instable*, séquence qui est *finie* pour Q fini.

Les deux graphiques correspondent aux cas *1)* et *2)*.

Pour cet exemple particulier, une variation du retard peut induire la stabilité ou l'instabilité.

1.1.5   Autres exemples

Le domaine de l'ingéniérie n'est pas la seule source d'exemples de systèmes à retard. De nombreux autres exemples sont donnés dans : GOPALSAMY [82] (écologie), MACDONALD [157] (biomédical, voir également NICULESCU [179]), ou KUANG [135].

Par exemple, des modèles de la forme :

$$\begin{cases} \dot{x}_1(t) = -a_1 x_1(t) - f_1(x_1(t - \tau_1), x_2(t - \tau_2)) \\ \dot{x}_2(t) = -a_2 x_2(t) - f_2(x_1(t - \tau_1), x_2(t - \tau_2)) \end{cases}$$

sont utilisés pour l'étude de la régulation des proteines (voir [29]) ou dans l'étude de l'évolution démographique [135].

Tous ces exemples montrent *l'intérêt de l'étude des propriétés de stabilité des systèmes à états retardés par rapport au retard τ*.

Les exemples de *l'industrie chimique*, de *reseaux de neurones* et de *retour de sortie retardé* sont détaillés dans le chapitre suivant en utilisant les techniques *d'analyse de stabilité* qu'on propose.

1.2   Définitions, notions de base

Dans cette section on considère quelques notions de base et quelques particularités des équations différentielles fonctionnelles retardées (EDFR). On introduit la notion de *stabilité asymptotique* dans le cadre de deux approches : approche fréquentielle et approche temporelle.

Dans ce sens, on a simplifié la présentation en considérant surtout les liens existants avec les équations différentielles ordinaires (EDO).

1.2.1 Existence de solutions pour EDFR

On considère l'équation différentielle fonctionnelle retardée (EDFR) de la forme suivante :

$$\dot{x}(t) = f_1(t, x(t), x(t - \tau)), \tag{1.6}$$

où τ est le retard et $x(t) \in \mathbb{R}^n$ est l'état[1] du système et où la fonction f_1 : $\mathbb{R} \times \mathbb{R}^n \times \mathbb{R}^n \to \mathbb{R}^n$ est supposée continue dans tous les arguments.

Soit $t_0 \in \mathbb{R}^+$ le temps initial. Pour construire la solution $x(t)$, la connaissance d'une valeur $x(t_0) = x_0 \in \mathbb{R}^n$ n'est pas suffisante comme dans le cas des équations différentielles ordinaires (EDO), il est nécessaire de connaître l'*état* sur un intervalle de taille τ : $[t_0 - \tau, t_0]$ [2]. Soit $\phi(\cdot)$ une fonction continue, supposée connue de $[t_0 - \tau, t_0]$ dans $\mathbb{R}^n$.

Si on considère maintenant l'EDFR (1.6) sur l'intervalle $[t_0, t_0 + \tau]$, elle devient une équation différentielle ordinaire (EDO) :

$$\dot{x}(t) = f_1(t, x(t), \phi(t - \tau)), \quad t_0 \le t \le t_0 + \tau.$$

Dans ce cas la solution $x(t) \in \mathbb{R}^n$ existe sur cet intervalle et elle est définie par continuité si on impose $x(t_0) = \phi(t_0)$.

On peut procéder de la même façon pour construire la solution sur l'intervalle $[t_0 + \tau, t_0 + 2\tau]$ et par itération, sur n'importe quel intervalle $[t_0 + (k - 1)\tau, t_0 + k\tau]$, $k > 1$. L'idée est que la solution finale est obtenue en intégrant d'un intervalle à l'autres des EDOs.

Cette méthode s'appelle la *méthode "pas-par-pas"* (ou la méthode d'intégration séquentielle, voir également GÓRECKI *et al.* [83]). Une construction complète, en utilisant cette méthode a été proposée par HALANAY [94], BELLMAN ET COOKE [16] (cas retard constant) ou par EL'SGOL'TS ET NORKIN [62] (cas retard variant dans le temps). Du point de vue numérique, cette méthode (spécifique aux EDFR) peut être mise en œuvre en la combinant avec les méthodes spécifiques aux EDO (Runge-Kutta, Adams etc.). Un tour d'horizon sur les techniques numériques utilisées pour la construction des solutions des équations différentielles fonctionnelles peut être trouvé dans CRYER [44] (pour des outils informatiques voir également SZYMKAT ET MACIEJOWSKI [251], KOKAME ET MORI [130], ŞTEFAN [252], ŞTEFAN ET NICULESCU [253]).

La fonction $x(t)$ ainsi construite est une fonction continue et différen-tiable sur chaque intervalle $(t_0 + (k - 1)\tau, t_0 + k\tau)$, $k \ge 1$, dont la dérivée est continue aux points $t = t_0 + k\tau$, $k > 1$. Au point t_0, seule la dérivée à droite existe.

---

[1] dans le sens évolution dans l'espace Euclidien $\mathbb{R}^n$; l'état vu comme une évolution dans un espace de fonctions sera considéré ultérieurement.

[2] dans le sens *point par point*

De plus, si $f_1(t, x, y)$ est lipschitzienne en x et en y, alors *il existe une solution unique qui a comme condition initiale la fonction* $\phi(\cdot)$ définie sur l'intervalle $[t_0 - \tau, t_0]$. Dans ce cas, on peut conclure à *l'existence* et à *l'unicité de la solution* $x(\cdot)$ *pour la condition initiale* $\phi(\cdot)$ *donnée*.

On peut montrer également que la solution est "continûment dépendante" de la condition initiale (voir HALE ET VERDUYN LUNEL [97], KOLMANOVSKII ET NOSOV [132]).

La solution "$x(t)$" de l'équation (1.6) avec la condition initiale $\phi : [t_0 - \tau, t_0] \to \mathbb{R}^n$ dans "t_0" sera notée : $x(t_0, \phi)(\cdot)$. Quand il n'existe pas de risque de confusion, on l'appelle simplement $x(\cdot)$.

De plus, si on suppose f_1 "autonome"

$$f_1(t, x(t), x(t - \tau)) = f_1(x(t), x(t - \tau)),$$

et linéaire, i.e.

$$f_1(t, x(t), x(t - \tau)) = A x(t) + A_d x(t - \tau), \tag{1.7}$$

on trouve la classe des équations différentielles linéaires à états retardés, qui sera considérée tout au long de ce livre.

L'utilisation de l'opérateur *translation* $\mathscr{T}_t(\theta) = \mathscr{T}(t + \theta)$, permet de considérer la condition initiale comme une fonction de l'intervalle $[-\tau, 0]$ dans $\mathbb{R}^n$, i.e. une fonction dans l'espace des fonctions

$$\mathscr{C}_{n,\tau} = \mathscr{C}([-\tau, 0]; \mathbb{R}^n).$$

Comme la solution $x(t_0, \phi)$ a été construite d'un intervalle $[t_0 + (k-1)\tau, t_0 + k\tau]$ au suivant $[t_0 + k\tau, t_0 + (k+1)\tau]$, l'*information* à chaque instant "t" sur un intervalle de taille τ suffit pour *construire* la solution sur l'intervalle suivant de taille τ.

En appliquant l'opérateur *translation* pour $x(t_0, \phi)(t)$ de $[t - \tau, t]$ à $[-\tau, 0]$ on a

$$x_t \in \mathscr{C}_{n,\tau}, \quad x_t(\theta) = x(t + \theta), \quad \forall \theta \in [-\tau, 0]$$

et l'EDFR peut être vue dans un *espace de fonctions* $\mathscr{C}_{n,\tau}$. Cet espace est un *espace de Banach* (voir RUDIN [225]) si on associe comme norme d'un élément $\phi \in \mathscr{C}_{n,\tau}$:

$$\|\phi\|_c = \sup_{-\tau \le \theta \le 0} \|\phi(\theta)\|,$$

où $\| \cdot \|$ est la norme euclidienne du vecteur. Si le retard τ est fini, alors *"sup"* peut être remplacé par *"max"*.

En utilisant cet opérateur de translation, la relation (1.7) peut être réécrite en termes de x_t comme suit :

$$f_1(t, x_t) = Ax_t(0) + A_d x_t(-\tau), \tag{1.8}$$

En conclusion, la solution de l'équation (1.6) peut être interprétée de deux "manières" différentes :

- ► soit comme une *évolution dans* $\mathbb{R}^n$, où n est la dimension du vecteur d'état (interprétation "naturelle" pour les équations différentielles ordinaires);
- ► soit comme une *évolution dans un espace de fonctions* $\mathscr{C}_{n,\tau}$ via la translation sur l'échelle des temps présentée dans le paragraphe précédent (liée à la construction de la solution par la méthode "pas-par-pas" dans ce cas, mais qui est plus générale que l'autre type de représentation).

Dans la Section suivante on va montrer quelles sont les différences *qualitatives* et *quantitatives* du point de vue de la *stabilité* en fonction de l'interprétation de la solution. Notons qu'on a choisi délibérément cette manière de présentation en regardant les liens de "dimension finie" avec les équations diff'erentielles ordinaires pour garder une cohérence de présentation. Pour une étude complète sur l'existence et l'unicité des solutions pour des équations différentielles fonctionnelles générales voir HALE AND VERDUYN LUNEL [97] et les références incluses.

1.2.2 Notions de stabilité

L'interprétation de f_1 (dans le cas linéaire) en termes de x_t sur $[-\tau, 0]$ permet d'introduire une classe plus générale d'équations différentielles fonctionnelles qui incluent aussi le cas du *retard ponctuel* $(x(t - \tau))$ décrite par :

$$\dot{x}(t) = f(t, x_t), \quad t \geq t_0 \tag{1.9}$$

$$x_{t_0}(\theta) = \phi(\theta), \qquad \forall \theta \in [-\tau, 0] \tag{1.10}$$

où $x_t(\cdot)$, pour $t \geq t_0$ donné, représente la restriction de $x(\cdot)$ sur l'intervalle $[t - \tau, t]$ translaté sur $[-\tau, 0]$, i.e.

$$x_t(\theta) = x(t + \theta), \quad \forall \theta \in [-\tau, 0].$$

Hypothèses :

- $\phi \in \mathscr{C}_{n,\tau}^{v}$
- l'application $f(t, \phi) : \mathbb{R}^{+} \times \mathscr{C}_{\tau}^{v} \to \mathbb{R}^{n}$, $f(t, 0) = 0$ est continue et lipschitzienne dans la deuxième variable (ϕ),
- $x(t_0, \phi)(\cdot) = x_{(t_0, \phi)}(\cdot)$ représente la solution de l'équation différen-tielle fonctionnelle (1.9), avec la condition initiale $(t_0, \phi) \in \mathbb{R}^{+} \times \mathscr{C}_{n,\tau}^{v}$.

Soit $\mathscr{B}(0, b)$ avec $b > 0$ un voisinage de l'origine dans l'espace $\mathscr{C}_{n,\tau}^{b}$, on a alors la définition suivante de *stabilité* :

Définition (1.2.1) [HALE ET VERDUYN LUNEL [97]]

(a) La solution tri-viale $x(t) \equiv 0$ de (1.9)-(1.10) est dite *"stable"* si pour n'importe quel $\kappa > 0$ et pour n'importe quel t_0, il existe un $\delta = \delta(t_0, \kappa)$ tel que pour toutes les valeurs initiales $\phi \in \mathscr{B}(0, \delta)$, la solution $x(t_0, \phi)$ satisfait $x_t(t_0, \phi) \in \mathscr{B}(0, \kappa)$ pour tout $t \geq t_0$.

(b) La solution triviale de (1.9)-(1.10) est dite *"asymptotiquement stable"* si elle est stable et s'il existe un $b_0 = b_0(t_0) > 0$ tel que pour toutes les valeurs initiales $\phi \in \mathscr{B}(0, b_0)$, la solution $x(t_0, \phi)(t) \to 0$ quand $t \to +\infty$.

(c) La solution triviale de (1.9)-(1.10) est dite *"uniformément stable"* si pour n'importe quel $\kappa > 0$ et pour n'importe quel $t_0 \geq 0$, il existe un $\delta = \delta(\kappa)$ indépendant de t_0 tel que pour toutes les valeurs initiales $\phi \in \mathscr{B}(0, \delta)$ la solution $x(t_0, \phi)$ satisfait $x_t(t_0, \phi) \in \mathscr{B}(0, \kappa)$ pour tout $t \geq t_0$.

(d) La solution triviale de (1.9)-(1.10) est dite *"uniformément asymptotiquement stable"* si la solution triviale est uniformément stable et si pour n'importe quel $\eta > 0$ et pour n'importe quel $t_0 \geq 0$, il existe un $T(\eta)$ indépendant de t_0 et un $b_0 > 0$ indépendant de η et t_0 tels que pour toutes les valeurs initiales $\phi \in \mathscr{B}(0, b_0)$ la solution $x_t(t_0, \phi) \in \mathscr{B}(0, \eta)$ pour tout $t \geq t_0 + T(\eta)$.

(e) La solution triviale de (1.9)-(1.10) est dite *"exponentiellement stable"* s'il existe un $B > 0$, un $\alpha > 0$ tels que pour n'importe quelle condition initiale $\phi \in \mathscr{C}_{n,\tau}^{v}$, $\|\phi\|_c \leq v_0 \leq v$, la solution satisfait l'inégalité :

$$\|x(t_0, \phi)(t)\| \leq B e^{-\alpha(t - t_0)} \|\phi\|_c$$

$\square$

Interprétation

Cette définition signifie que l'EDFR (1.9)-(1.10) est *stable* si pour n'importe quel voisinage de l'origine $\mathscr{B}(0, \kappa)$ dans $\mathscr{C}_{n,\tau}^{v}$ et pour toute valeur initiale t_0, on peut toujours trouver un autre voisinage de l'origine $\mathscr{B}(0, \delta)$, $\delta = \delta(t_0, \kappa)$

tel que pour n'importe quelle condition initiale dans $\mathscr{B}(0,\delta)$ on garantit que la solution $x_t(\cdot)$ se trouve dans $\mathscr{B}(0,\kappa)$ pour tout $t \geq t_0$.

De plus, s'il existe un b_0 dépendant du point t_0 tel que l'origine soit un attracteur du système pour n'importe quelle condition initiale $\phi \in \mathscr{B}(0,b_0)$, alors on a la *stabilité asymptotique*.

Si le δ est indépendant de t_0 alors on a la *stabilité uniforme* par rapport à la condition initiale. De plus, si l'origine est un attracteur pour ce système, alors on a la *stabilité uniforme asymptotique*.

La notion de stabilité exponentielle implique l'existence d'un *taux de décroissance* "α" tel que toutes les solutions sont bornées par une exponentielle "$\exp(-\alpha(t-t_0))$" "modulo" la condition initiale ϕ. ∎

Exemple (1.2.2)

Avant de donner le Théorème de Krasovskii, où l'étude de la stabilité est "réduite" à un certain nombre de propriétés d'une *fonctionnelle de Lyapunov-Krasovskii* définie sur l'espace des fonctions $\mathscr{C}_{n,\tau}^v$, on considère un exemple simple de système scalaire qui met en lumière les différentes notions de stabilité présentées. Soit le système :

$$\dot{x}(t) = -ax(t) - bx(t-\tau),$$

où a, τ sont des réels positifs et b est un réel négatif. Cette équation peut être traitée comme une 'équation différentielle ordinaire' (EDO) "$\dot{x}(t) = -ax(t)$" à laquelle on a introduit la "perturbation" "$bx(t-\tau)$."

On considère deux cas : $a \geq b$, $a > b$ et on va montrer que la solution triviale est *uniformément stable* dans le cas $a + b \geq 0$ et *uniformément asymptotiquement stable* dans le cas $a + b > 0$.

Considérons d'abord $a + b \geq 0$. Soit t_0 un réel arbitraire et soit une fonction continue (quelconque) $\phi : [t_0 - \tau, t_0] \to \mathbb{R}^n$ la condition initiale appartenant à $\mathscr{C}_{n,\tau}^v$. On définit la fonctionnelle :

$$V(x_t) = x(t)^2 + |b| \int_{t-\tau}^{t} x(\theta)^2 d\theta.$$

La dérivée de $V(\cdot)$ le long des trajectoires du système est :

$$\dot{V}(x_t) = 2x(t)\dot{x}(t) + |b|(x(t)^2 - x(t-\tau)^2) \leq (-2a + 2|b|)x(t)^2 \leq 0,$$

i.e. la fonctionnelle $V(\cdot)$ est non croissante. On a donc :

$$x(t)^2 \leq V(x_t) \leq V(\phi_{t_0}),$$

et on obtient les inégalités suivantes

$$x(t)^2 \leq \phi(t_0)^2 + b \int_{t_0-\tau}^{t_0} \phi(\theta)^2 d\theta \leq (1 + b\tau)\|\phi_{t_0}\|_c^2,$$

Pour n'importe quel $\kappa > 0$, on considère maintenant n'importe quelle condition initiale ϕ vérifiant $\|\phi_{t_0}\|_c < \delta$, où $\delta = \delta(\kappa) = \sqrt{\kappa/(1 + b\tau)}$, alors on a $x_t \in \mathscr{B}(0, \kappa)$, i.e. *stabilité uniforme*.

Considérons maintenant $a + b > 0$. Par hypothèse $x(t)$, $x(t - \tau)$ et $\dot{x}(t)$ sont bornées. De plus, la dérivée de $V(\cdot)$ satisfait :

$$\dot{V}(x_t) \leq -2(a- \mid b \mid)x(t)^2 < 0 \text{ si } x(t) \neq 0.$$

Ceci permet de conclure que $x(t) \to 0$ quand $t \to +\infty$ et la *stabilité asymptotique* suit.

Pour démontrer la stabilité uniforme asymptotique, on considère la fonctionnelle :

$$V_1(x_t) = x(t)^2 + k \int_{t-\tau}^{t} x(\theta)^2 d\theta,$$

où k est un réel positif qui satisfait $\mid b \mid < k < a$. Après quelques calculs, on a :

$$\dot{V}_1(x_t) = -(a - k)x(t)^2 - (1/a)\left(\dot{x}(t)\right)^2 - kx(t - \tau)^2 \left[1 - b^2/(ak)\right]$$

$$\leq -(a - k)x(t)^2 - (1/a)\left(\dot{x}(t)\right)^2.$$

En utilisant V_1 on peut montrer que chaque solution a un arc fini à l'extérieur de n'importe quel voisinage de l'origine (voir également BURTON [27]) et en conclusion la solution triviale est *uniformément asymptotiquement stable*.

De plus, on peut montrer en utilisant une idée de HALANAY [94] que la solution triviale de cette EDFR est exponentiellement stable. D'autres considérations sur les liens qui existent entre les types de stabilité mentionnés sont données dans les paragraphes suivants.

Une méthode simple pour étudier la *stabilité* des solutions triviales des équations différentielles fonctionnelles (EDFR) est la *méthode de fonctionnelles de Lyapunov-Krasovskii*, qui est une extension de résultats de Lyapunov (1892) au cas des EDFR. Cette extension, due à KRASOVSKII [134] (1956), permet d'analyser la stabilité en termes de *propriétés* de certaines fonctionnelles associées aux EDFR considérées :

Théorème (1.2.3) **[Théorème de Krasovskii]**

On suppose que la fonction $f : \mathbb{R} \times \mathscr{C}_{n,\tau} \to \mathbb{R}^n$ est telle que l'image par f de $\mathbb{R} \times$ (un ensemble borné de $\mathscr{C}_{n\tau}$) est un ensemble borné de $\mathbb{R}^n$ et que les fonctions u, v et $w : \mathbb{R}^+ \to \mathbb{R}^+$ sont continues, nondécroissantes, $u(\theta)$ et $v(\theta)$ positives pour tout $\theta > 0$ et $u(0) = v(0) = 0$.
S'il existe une fonctionnelle $V : \mathbb{R} \times \mathscr{C}_{n,\tau}^v \to \mathbb{R}^n$ telle que :

(a) $u(\|\phi(0)\|) \leq V(t, \phi) \leq v(\|\phi\|_c)$,
(b) $\dot{V}(t, x_t) \leq -w(\|x(t)\|)$, pour tout $t \in \mathbb{R}$ (où $\dot{V}(t, x_t)$ est la dérivée dans le sens de Dini),

alors la solution triviale $x \equiv 0$ de l'EDFR (1.9)-(1.10) est uniformément stable. Si de plus $w(\theta) > 0$ quand $\theta > 0$, alors la solution triviale est uniformément asymptotiquement stable.
S'il existe une fonctionnelle $V : \mathbb{R} \times \mathscr{C}_{n,\tau}^v \to \mathbb{R}^n$ telle que :

(a') $u(\|\phi\|_c) \leq V(t, \phi) \leq v(\|\phi\|_c)$,
(b') $\dot{V}(t, x_t) \leq -w(\|x_t\|_c)$ pour tout $t \geq t_0$, oó $w(\theta) > 0$ si $\theta > 0$,
(c') Il existe un $K > 0$ tel que $\|V(t, \phi) - V(t, \psi)\| \leq K\|\phi - \psi\|_c$ pour toutes les fonctions $\phi, \psi \in \mathscr{C}_{n,\tau}^v$, alors la solution triviale est exponentiellement stable

(la dérivée de V dans le sens de Dini est donnée par

$$\dot{V}(t, x_t) = \lim_{\varepsilon \to 0^+} \sup \frac{V(t + \varepsilon, x_{t+\varepsilon}) - V(t, x_t)}{\varepsilon}).$$

Interprétation

Le problème de la stabilité uniforme ou uniforme asymptotique est réduit à trouver une *fonctionnelle* appelée *fonctionnelle de Lyapunov-Krasovskii* qui satisfait les conditions (a) et (b). La condition (a) n'est pas directement liée à l'EDFR (1.9) et elle dit que la fonctionnelle est *positive-définie* (l'existence de la fonction $u(\cdot)$) et a *une borne supérieure infinitésimale* (l'existence de la fonction $v(\cdot)$), i.e. un comportement "borné" de la fonctionnelle V pour toutes les valeurs de $t \in \mathbb{R}$ et $\phi \in \mathscr{C}_{n,\tau}^v$ (voir KOLMANOVSKII ET NOSOV [132]).

Par contre, la condition (b) qui dit *la dérivée de la fonctionnelle $V(\cdot, \cdot)$ calculée au long de trajectoires de l'EDFR (1.9)-(1.10) est négative définie* exprime le comportement de V le long des solutions de l'EDFR (1.9).

Le problème de *stabilité exponentielle* est réduit au problème de trouver une fonctionnelle qui satisfait les propriétés (a')-(c') plus fortes que les propriétés (a)-(b) données antérieurement.

Si on considère maintenant l'*Exemple* 1.2.2 en utilisant le *Théorème de Lyapunov-Krasovskii*, on obtient la *stabilité uniforme* (cas $a + b \geq 0$) et la *stabilité uniforme asymptotique* (cas $a + b > 0$) *directement* via la même fonctionnelle :

$$V(x_t) \;=\; x(t)^2 + \mid b \mid \int_{-\tau}^{0} x(t + \theta)^2 d\theta.$$

Les fonctions u, v et w considérées sont : $u(\theta) = \theta^2$, $v(\theta) = (1 + b)\theta^2$ et $w(\theta) = (a - |b|)\theta^2$ respectivement. Notons que la stabilité, soit uniforme, soit uniforme asymptotique *ne dépend pas de la taille du retard*.

Remarque (1.2.4) – *D'après* LAKSHMIKANTAM *[139], la fonctionnelle con-sidérée pour l'*Exemple 1.2.2 *est en effet une fonction définie sur l'espace produit* $\mathbb{R}^n \times \mathscr{C}_{n,\tau}$ *sous la forme :*

$$V : \mathbb{R} \times \mathbb{R}^n \times \mathscr{C}_{n,\tau} \to \mathbb{R}^n, \quad V(t, x(t), x_t) \;=\; x(t)^2 + |b| \int_{-\tau}^{0} x_t(\theta) d\theta.$$

Les liens qui existent entre cette "fonction" et les notions de "stabilité indépendante" ou "stabilité dépendante" de la taille du retard seront présentés dans le chapitre suivant.

La solution de l'EDFR (1.9) peut être vue aussi comme une évolution dans l'espace euclidien $\mathbb{R}^n$. Dans ce cas, l'approche pour caractériser la *stabilité* est différente et utilise une *fonction de Lyapunov-Razumikhin* (voir RAZUMIKHIN [220], 1956). Du point de vue historique, la première démonstration correcte du résultat a été donnée par KRASOVSKII en 1956 (voir les références incluses dans [134]) en utilisant une fonctionnelle de Lyapunov-Krasovskii, suivie d'une autre démonstration donnée par DRIVER [59] basée sur des techniques de comparaison EDFR / EDO. Un contre-exemple sur l'erreur de démonstration de Razumikhin a été donné par MIKOLJSKA [167] en 1969 (voir également HADDOCK ET TERJECKI [93]).

Théorème (1.2.5) **[Théorème de Razumikhin]** ────────────────────

On suppose que la fonction $f : \mathbb{R} \times \mathscr{C}_{n,\tau} \to \mathbb{R}^n$ est telle que l'image par f de $\mathbb{R} \times$ (un ensemble borné de $\mathscr{C}_{n\tau}$) est un ensemble borné de $\mathbb{R}^n$ et que les fonctions u, v et $w : \mathbb{R}^+ \to \mathbb{R}^+$ sont continues, nondécroissantes, $u(\theta)$ et $v(\theta)$ positives pour tout $\theta > 0$, $u(0) = v(0) = 0$ et v strictement croissante.
S'il existe une fonction $V : \mathbb{R} \times \mathbb{R}^n \to \mathbb{R}$ telle que

(a) $u(\| x \|) \leq V(t,x) \leq v(\| x \|), t \in \mathbb{R}, x \in \mathbb{R}^n$

(b) $\dot{V}(t, x(t)) \leq -w(\| x(t) \|)$ si $V(t+\theta, x(t+\theta)) \leq V(t, x(t))$, $\forall \theta \in [-\tau, 0]$

Alors, la solution triviale de (1.9)-(1.10) est uniformément stable.

De plus, si $w(\theta) > 0$ quand $\theta > 0$ et s'il existe une fonction $p : \mathbb{R}^+ \to \mathbb{R}^+$, $p(\theta) > \theta$ quand $\theta > 0$ telle que :

(a') $u(\| x \|) \leq V(t,x) \leq v(\| x \|), t \in \mathbb{R}, x \in \mathbb{R}^n$

(b') $\dot{V}(t, x(t)) \leq -w(\| x(t) \|)$ si $V(t+\theta, x(t+\theta)) < p(V(t, x(t)))$, $\forall \theta \in [-\tau, 0]$

Alors, la solution triviale de (1.9)-(1.10) est uniformément asymptotiquement stable.

Interprétation

Le théorème de Razumikhin donne une condition suffisante pour l'analyse de la *stabilité* d'une EDFR en termes d'une *fonction* de Lyapunov, appelé *fonction de Lyapunov-Razumikhin*. La condition *(a)* (ou *(a')*) est la condition classique de Lyapunov sur la fonction "candidate" et la condition *(b)* (ou *(b')*) est la condition de *négativité* de la dérivée de la fonction (qui est une fonctionnelle) tout au long des solutions de l'EDFR (1.9). En effet l'idée de Razumikhin est de ne pas considérer toutes les solutions, i.e. toutes les conditions initiales, mais seulement les solutions pour lesquelles le système quitte le voisinage considéré. ∎

Les conditions de stabilité obtenues sont seulement *suffisantes* et on ne peut pas construire de théorèmes réciproques contrairement à l'approche par fonctionnelles de Lyapunov-Krasovskii.

Si on applique le Théorème de Razumikhin sur l'*Exemple 1.1*, on a la *stabilité uniforme* (cas $a + b \geq 0$) et la *stabilité uniforme asymptotique* (cas $a + b > 0$) via la même fonction V :

$$V(x(t)) = \frac{1}{2}x(t)^2.$$

et $u(\theta) = v(\theta) = \theta^2$, $w(\theta) = (b - a)\theta^2$, $p(\theta) = q^2\theta$, où $q > 1$ est suffisamment petit, i.e. la condition $V(x(t+\theta) < p(Vx(t))$ (pour toute valeur du $\theta \in [-\tau, 0]$ et pour $p(\theta) > \theta$ si $\theta > 0$) peut être mise sous la forme $| x(t+\theta) | < q | x(t) |$ pour $q > 1$, mais suffisamment petit. Une analyse plus détaillée est donnée dans le chapitre suivant.

Maintenant on considère seulement les aspects *géométriques* de la condition *(b)* ou *(b')* du *Théorème du Razumikhin*. Dans ce contexte, on voit plus clairement pour le système du premier ordre considéré que la dérivée doit être *négative* seulement dans les points *critiques* t^+, où la trajectoire du système quitte l'ensemble :

$$\mathscr{V}_{x_t}(\tau) = \left\{ \xi \in \mathbb{R} \quad : \quad |\xi| \leq \sup_{\theta \in [-\tau, 0]} |x(t + \theta)| \right\},$$

(ensemble qui contient la *trajectoire du système* scalaire considéré sur l'intervalle $[t - \tau, t]$).

Cette manière de voir la condition de *négativité* de la dérivée de la *fonction de Lyapunov-Razumikhin* peut être facilement étendue au cas du système sous la forme générale (1.9)-(1.10), où l'ensemble $\mathscr{V}_{x_t}(\tau)$ est défini *via* la fonction V sous la forme :

$$\mathscr{V}_{x_t}(\tau) = \left\{ \xi \in \mathbb{R}^n \quad : \quad V(\xi) \leq \sup_{\theta \in [-\tau, 0]} V(x(t + \theta)) \right\},$$

On considère maintenant le cas de systèmes à retard autonomes (i.e. $f(t, x_t) = f(x_t)$) d'une forme particulière :

$$\dot{x}(t) = L(x_t),$$

où la fonctionnelle (supposée continue) $L : \mathscr{C}_{n,\tau} \mapsto \mathbb{R}^n$ est linéaire. Pour simplifier la présentation on considère le cas de l'équation différentielle linéaire aux différences :

$$\dot{x}(t) = Ax(t) + A_d x(t - \tau) \tag{1.11}$$

(voir STÉPÁN [239] pour le cas général).

On a la notion de *fonction caractéristique* suivante :

Définition (1.2.6) [STPÁN [239]]

La fonction $\mathscr{F} : \mathbb{C} \mapsto \mathbb{C}$, donnée par :

$$\mathscr{F}(\lambda) = \det\left(\lambda I_n - A - A_d e^{-\lambda\tau}\right)$$

est appelée *fonction caractéristique* associée à l'EDFR (1.11). □

La fonction caractéristique peut être obtenue soit en remplaçant la solution $x(t) = ke^{\lambda t}$, $k \in \mathbb{R}^n$ dans l'équation (1.11), soit en appliquant la transformée de Laplace à l'équation (1.11). On introduit maintenant la notion de *stabilité de la fonction caractéristique* :

Définition (1.2.7) [STPÁN [239]]

La fonction caractéristique associée à l'EDFR (1.11) est dite *"stable"* si :

$$\{\lambda \in \mathbb{C} \quad : \quad \mathscr{R}e(\lambda) \geq 0, \quad \mathscr{F}(\lambda) = 0\} = \emptyset,$$

où l'égalité "$\mathscr{F}(\lambda) = 0$" est appelée l'*équation caractéristique* associée à l'EDFR (1.11).   □

Interprétation

La stabilité de la fonction caractéristique est exprimée en termes de distribution de racines de l'équation caractéristique associée dans le plan complexe.

Dans le cas d'une équation différentielle ordinaire (EDO), la stabilité de la fonction caractéristique est équivalente à la *stabilité exponentielle* de la solution triviale.

Notons que dans le cas d'une EDFR générale (incluant des retards infinis), la stabilité de la fonction caractéristique est seulement une *condition nécessaire* pour la stabilité exponentielle (voir STÉPÁN [239] et les références incluses). ∎

> **Remarque** (1.2.8) – *Si l'EDFR est linéaire et autonome, alors la stabilité asymptotique implique la stabilité uniforme asymptotique (voir KOLMANOVSKII ET NOSOV [132]) et aussi la stabilité exponentielle (voir également HALANAY [94]).*

Nous avons le résultat suivant qui permet de lier la stabilité asymptotique de l'équation (1.11) à la stabilité de la fonction caractéristique associée :

Théorème (1.2.9) [STPÁN [239]]

La solution triviale $x(t) \equiv 0$ de l'EDFR (1.11) est asymptotiquement stable si et seulement si la fonction caractéristique associée est stable.

Interprétation

L'étude de la stabilité asymptotique d'une équation différentielle à retard est réduite (en termes *nécessaire et suffisante*) à l'analyse de la stabilité d'une fonction caractéristique, i.e. à la connaissance de la distribution des valeurs propres de l'*équation algébrique transcendantale* :

$$\det\left(\lambda I_n - A - A_d e^{-\lambda \tau}\right) = 0, \tag{1.12}$$

dans le plan complexe $\mathbb{C}$. Si dans le cas des équations différentielles ordinaires

(EDO) linéaires, l'équation caractéristique associée a un nombre fini de racines, dans le cas de l'équation (1.12), on a un *nombre infini de racines*. ▪

Malgré cet inconvénient, on a un résultat intéressant (voir BELLMAN ET COOKE [16]) :

Proposition (1.2.10)

S'il existe une séquence $\{\lambda_k\}$ des racines de l'équation caractéristique (1.12) telle que $| \lambda_k | \to +\infty$, alors $\mathscr{R}e(\lambda_k) \to -\infty$ quand $k \to +\infty$.

La démonstration de ce résultat est donnée dans STÉPÁN [239] (cas général) ou HALE ET VERDUYN LUNEL [97] (cas scalaire). Cette proposition permet de conclure que *si l'équation caractéristique (1.12) a des racines dans le demi-plan droit, alors ces racines instables se trouvent à l'intérieur d'un compact de* $\mathbb{C}$, *qui a comme frontière l'axe imaginaire.*

Pour l'*Exemple* 1.2.2 l'équation caractéristique associée est

$$\lambda + a + be^{-\lambda\tau} = 0.$$

Considérons $a + b > 0$.

Si le retard est nul ($\tau = 0$), on a une racine stable sur l'axe réel

$$\lambda = -(a + b)$$

et de plus il n'existe pas de racines sur l'axe imaginaire

$$j\omega \neq -(a + b\cos(\omega\tau)) - jb\sin(\omega\tau), \quad \forall\omega \in \mathbb{R},$$

parce que la quantité "$a + b\cos(\omega\tau)$" est différente de zéro pour tout $\omega \in \mathbb{R}$. Comme les quantités :

$$\begin{cases} u_h = \max\left\{\mathscr{R}e(\lambda) \leq 0 \quad : \quad \lambda + a + b^{-h\lambda\tau} = 0\right\} \\ l_h = \min\left\{\mathscr{R}e(\lambda) \geq 0 \quad : \quad \lambda + a + b^{-h\lambda\tau} = 0\right\} \end{cases}$$

sont des fonctions continues par rapport au paramètre h (voir DATKO [49], HALE *et al.* [97], LOUISELL [155]) on a la stabilité asymptotique pour toutes les valeurs réelles positives du retard τ, i.e. *stabilité indépendante du retard*. Ce type de raisonnement sera détaillé dans le chapitre suivant sur la stabilité.

Considérons maintenant $a + b = 0$. L'équation caractéristique a une racine nulle à l'origine du plan complexe si le retard est nul et par conséquent le système ne peut pas être asymptotiquement stable *indépendamment* de la taille du retard. L'étude complète du cas scalaire sera donné dans le chapitre suivant.

> **Remarque** (1.2.11) – *Si on considère les matrices A et A_d comme des paramètres pour l'équation caractéristique (1.12), alors on peut définir les régions de stabilité dans l'espace des paramètres (A, A_d) (voir* DIEKMANN *et al. [55],* HALE ET VERDUYN LUNEL *[97]) en fonctions de liens qui existent entre A, A_d et le retard τ pour garantir la stabilité asymptotique. La caractérisation des régions de stabilité pour le cas scalaire a été complètement donnée (voir également* YONEYAMA *[297] si le retard est variant dans le temps), par contre le cas* général est encore *un problème ouvert. Dans le chapitre suivant on propose une approche basée sur les* techniques de type faisceaux matriciels *qui permet de donner une* caractérisation complète *de certaines régions de stabilité sous des hypothèses relativement faibles.*

1.3 Stabilité et stabilisation

On présente un tour d'horizon non exhaustif sur les principales techniques utilisées pour l'analyse de la stabilité et pour la stabilisation des systèmes à retards.

1.3.1 Stabilité. Un tour d'horizon

Les critères de stabilité des systèmes à états retardés peuvent être rangés dans deux classes : critères fréquentiels et temporels selon les techniques utilisées (soit l'approche fréquentielle par fonctions caractéristiques, soit l'approche temporelle - théorèmes de comparaison ou la théorie de Lyapunov). Un tour d'horizon sur les résultats éxistants dans la littérature sur la stabilité soit indépendamment, soit en fonction de la taille du retard est donné dans NICULESCU *et al.* [203]. Pour d'autres sources de références bibliographiques, voir NICULESCU [180] et DAMBRINE [47].

Pour simplifier la présentation, on reconsidère l'*Exemple* 1.2.2 d'un système linéaire scalaire :

$$\dot{x}(t) = -ax(t) - bx(t - \tau), \tag{1.13}$$

avec la condition initiale :

$$x(t_0 + \theta) = \phi(\theta), \quad \forall \theta \in [-\tau, 0], \quad \phi \in \mathscr{C}_{1,\tau}^v. \tag{1.14}$$

où τ est le retard du système et a et b sont des réels, tels que $a + b > 0$.

Stabilité. Techniques fréquentielles

Dans cette classe de critères, on inclut tous les critères qui utilisent la notion de *fonction caractéristique* ou d'*équation caractéristique*. On considère la sous-classification suivante : critères *analytiques*, *graphiques* et critères *spéciaux* (*polynômiaux*, basés sur *le principe de maximum*, sur les *techniques de type faisceaux matriciels* etc.).

Critères analytiques et graphiques

(1) Critères de Hurwitz généralisés aux quasi-polynômes.

Toutes les équations caractéristiques qui contiennent un *seul retard* ou *plusieurs retards commensurables* (i.e. rapport rationnel entre les retards) peuvent être mises sous la forme de *quasi-polynômes* :

$$P(\lambda, e^\lambda) = \sum_{i=0}^{p} \sum_{k=0}^{q} a_{ik} \lambda^i e^{k\lambda}. \tag{1.15}$$

Dans cette classe de critères on inclut le critère de PONTRYAGIN, le critère de CHEBOTAREV, le critère de YESIPOVICH-SVIRSKII.

Pontryagin (voir KOLMANOVSKII ET NOSOV [132] ou STÉPÁN [239]) donne des conditions *nécessaires et suffisantes* pour la stabilité du quasi-polynôme (1.15). Pour obtenir les résultats, il a étendu les méthodes utilisées pour démontrer que les racines d'un polynôme soient dans le demi-plan gauche (critère de Routh-Hurwitz).

Théorème (1.3.1) [Critère de Pontryagin]

(voir HALE ET VERDUYN LUNEL [97]) Soit $\triangle(\lambda) = P(\lambda, e^\lambda)$ où $P(\lambda, e^\lambda)$ est un polynôme avec terme principal (i.e. $a_{pq} \neq 0$). On suppose que $\triangle(j\omega) = F(\omega) + jG(\omega)$.

Si toutes les racines de $\triangle(\lambda)$ sont à partie réelle négative, alors les racines de $F(\omega)$ et $G(\omega)$ sont réelles, simples, alternantes et :

$$F'(\omega)G(\omega) - F(\omega)G'(\omega) > 0, \tag{1.16}$$

pour tout $\omega \in \mathbb{R}$.

Réciproquement, toutes les racines de $\triangle(\lambda)$ se trouvent dans le demi-plan gauche si une des conditions suivantes est satisfaite :

(i) Toutes les racines de $F(\omega)$ et $G(\omega)$ sont réelles, simples et alternatives et l'inégalité (1.16) est satisfaite pour au moins un $\omega \in \mathbb{R}$.

(ii) Toutes les racines de $F(\omega)$ (ou de $G(\omega)$) sont réelles, simples et pour chaque racine l'inégalité (1.16) est satisfaite.

On considère comme exemple l'équation (1.13) où $a = 0$. Dans ce cas $G(\omega) = \omega \sin(\omega\tau) + b$ et $F(\omega) = \omega \cos(\omega\tau)$. Les racines de F sont réelles et simples : $\omega_0 = 0, \omega_k = (k - 1/2)\pi/\tau, k = 1, 2, \ldots$ Des calculs simples montrent que la solution triviale est *asymptotiquement stable* si et seulement si $\tau < \dfrac{\pi}{2b}$.

Si $a \neq 0$, on a alors plusieurs situations, en fonction de la relation entre a et b. Une étude complète pour l'équation (1.13) (en utilisant une autre méthode) sera donnée dans le chapitre suivant.

Cette méthode devient très compliquée en présence de plusieurs retards ou pour des systèmes multidimensionnels. Le cas d'un système linéaire du deuxième ordre à un seul retard a été analysé dans BHATT ET HSU [18] et HSU ET BHATT [108]. Dans le même esprit, des conditions suffisantes pour garantir l'*instabilité* ont été proposées par BUSLOWICZ [28].

Le critère de CHEBOTAREV (voir STÉPÁN [239]) est la généralisation directe de critère de Routh-Hurwitz pour le cas de quasi-polynômes. L'application de ce type de critère à des exemples n'est pas pratique parce qu'on doit calculer une infinité de déterminants de Hurwitz. Une méthode dérivée de ce critère pour l'étude de la stabilité exponentielle d'une classe linéaire des EDFR a été considérée par OLBROT [206].

On peut mentionner également dans cette classe le critère de YESIPOVICH-SVIRSKII (voir STÉPÁN [239]) applicable seulement pour une classe spéciale de quasi-polynômes.

(2) La méthode du lieu des racines.

Dans cette classe de méthodes, on a considéré la *méthode de D-subdivision* et la *méthode de τ-décomposition*. L'idée de la méthode est de trouver les valeurs des paramètres telles que l'équation caractéristique a des racines sur l'axe imaginaire. Chaque cas limite correspond en réalité à un 'changement' du système.

La méthode de D-subdivision (NEIMARK [176]) permet de construire les *domaines de stabilité* dans l'espace de paramètres de l'EDFR. Cette méthode est toujours combinée avec d'autres critères de stabilité analytiques ou numériques. L'idée est de construire une *subdivision* de l'espace des coefficients par des *hypersurfaces* qui correspondent aux racines des quasi-polynômes sur l'axe imaginaire (voir également KOLMANOVSKII ET NOSOV [132]). Dans le chapitre suivant on utilise cette méthode pour caractériser les domaines de stabilité dans le cas scalaire (1.13)-(1.14). De plus, le cas d'un système scalaire avec deux retards commensurables (τ et 2τ) a été complètement traité par SCHOEN ET GEERING [229] en utilisant cette méthode.

La méthode de τ-décomposition (voir LEE ET HSU [145], HSU [107]). Pour appliquer cette méthode, l'équation caractéristique doit être reécrite sous la forme :

$$e^{\tau\lambda} = D(\lambda)\left(= \frac{P(\lambda)}{Q(\lambda)}\right).$$

où $P(\cdot)$ et $Q(\cdot)$ sont deux polynômes à coefficients réels. Cette méthode ne peut être appliquée que dans le cas d'un système à un *seul retard*.

L'idée du critère est d'*analyser le contour* $D(j\omega)$, $\omega \in \mathbb{R}^+$ *autour du cercle unité* dans le plan complexe (pour $\lambda = j\omega$, $e^{j\omega\tau}$ est sur le cercle unité). Par exemple, dans le cas où le système à retard nul est stable et le contour n'intersecte pas le cercle unité, alors la stabilité est garantie pour toutes les valeurs positives du retard. Mais cette condition est seulement *suffisante* pour avoir la *stabilité indépendamment du retard*.

Pour avoir une condition nécessaire et suffisante, on doit avoir un deuxième pas qui consiste à analyser le comportement du lieu de racines dans un voisinagee de la *valeur critique* ainsi obtenue (voir WALTON ET MARSHALL [273]).

Autres commentaires et remarques sont données dans DAMBRINE [47]. De plus tous ces résultats ont été étendus au cas le plus général où P et Q sont des fonctions analytiques (voir sc Cooke et van den Driessche [43]).

Une autre méthode de type *lieu des racines* relativement difficile à utiliser a été proposée par SUH ET BIEN [250]. Une simplification de la procédure peut être donnée en appliquant l'algorithme du *pivot* (voir NISHIOKA *et al.* [204]).

(3) Méthodes basées sur le principe de l'argument

(voir AHLFORS [4] pour le principe de l'argument). Dans cette classe on inclut les critères *géométriques* de NYQUIST et MICHAILOV (voir KOLMANOVSKII ET NOSOV [132], STÉPÁN [239]). Si ces méthodes sont efficaces pour les systèmes décrits par des équations différentielles ordinaires (EDO), elles deviennent plus compliquées pour le cas des systèmes décrits par EDFR et relativement difficiles à utiliser. Une idée similaire à l'*hodographe de* MICHAILOV est donnée par SATCHE, 1949 (la *diagramme de* SATCHE, voir STÉPÁN [239]). Un autre critère qui est basé sur le même principe est le critère *intégral de stabilité* (MELKUNJAM, voir KOLMANOVSKII ET NOSOV [132]).

Critères spéciaux

Dans cette classe de critères, on inclut les critères spécifiques à un problème donné comme, par exemple, l'*effet du retard sur la stabilité*, i.e. stabilité assurée *indépendamment de la taille du retard* ou *en fonction de la taille du retard*. Parmi les techniques utilisées dans ce cas on peut mentionner : les techniques *polynômiales*, les techniques basées sur le *principe du maximum pour une fonction harmonique ou sous-harmonique*, les techniques de type *faisceaux matriciels* etc. On considère comme intéressantes les approches suivantes :

(1) *Approche par polynômes à une seule variable ou à plusieurs variables*

Polynômes à une seule variable. Le critère le plus connu est le critère de TSYPKIN [132]. Considérons un système en boucle ouverte de la fonction de transfert :

$$H_0(s) = \frac{P(s)e^{-s\tau}}{Q(s)},$$

où $P(s)$ et $Q(s)$ sont des polynômes de degrés $(n-1)$ et (n) respectivement. Le système en boucle fermée a la fonction de transfert :

$$H(s) = \frac{P(s)e^{-s\tau}}{Q(s) + P(s)e^{-s\tau}}. \tag{1.17}$$

On a le résultat suivant :

Théorème (1.3.2) [Critère de Tsypkin]

Considérons que le polynôme $Q(s)$ est stable. Alors le système en boucle fermée (1.17) est stable indépendamment de la taille du retard si et seulement si :

$$| Q(j\omega) | > | P(j\omega) |,$$

pour tout $\omega \in \mathbb{R}$.

Ce critère est parmi les premiers résultats sur la stabilité *indépendamment de la taille du retard* et il a une interprétation graphique très simple : la courbe "$P(j\omega)/Q(j\omega)$" se trouve à l'intérieur du cercle unité pour toutes les valuers réelles de ω.

Une généralisation de ce critère au cas de plusieurs retards, où le dénominateur "$P(s)exp(-s\tau)$" est remplacé par une somme finie

$$\sum_k P_k(s)exp(-s\tau_k)$$

a été donnée par EL'SGOL'TS ET NORKIN [62].

Polynômes à deux variables

La particularité de l'équation caractéristique dans ce cas (retard paramètre "libre") est qu'elle peut être considérée comme un *polynôme à deux variables indépendantes* : une variable sur l'axe imaginaire et l'autre sur le cercle unité $\mathscr{C}(0,1)$. Dans le cas de l'EDFR (1.13), on a

$$a + b > 0, \quad p(j\omega, z) = j\omega + a + bz \neq 0, \quad \forall \omega \in \mathbb{R}, \quad \forall z \in \mathscr{C}(0,1).$$

qui permet de dire que l'EDFR est asymptotiquement stable pour n'importe quel retard fini si $a > |b|$.

L'idée de base pour assurer la stabilité d'une EDFR *indépendamment de la taille du retard* pour n'importe quel retard fini en termes de polynômes à deux variables est la suivante :

- premièrement, la solution triviale de l'équation différentielle qui correspond au cas du retard nul doit être asymptotiquement stable;
- deuxièmement, l'équation caractéristique (1.12) ne doit pas avoir de racines sur l'axe imaginaire quand le retard τ est vu comme un paramètre libre.

Ce type d'idée a été exploité par KAMEN [115, 116] pour des systèmes à retards commensurables. Dans le même esprit, mais en utilisant des techniques différentes, d'autres résultats ont été proposés par HERTZ *et al.* [100, 101] (voir également ZEHEB [302], HOCHERMAN ET ZEHEB [105]), GU ET LEE [89]. Une méthode basée sur l'utilisation de deux polynômes à deux variables a été proposée par CHIASSON [36] pour donner des conditions suffisantes de stabilité dépendantes de la taille du retard.

Un résultat différent a été proposé par REPIN [222]. Selon REPIN [222], la solution triviale de l'EDFR (1.13) est asymptotiquement stable pour n'importe quel retard fini si et seulement si $a > 0$ (i.e. la stabilité de la matrice A dans le cas général) et pour n'importe quel réel non nul μ, l'équation

$$\det \begin{bmatrix} -\lambda a - b & -\lambda \mu \\ \lambda \mu & -\lambda a - b \end{bmatrix} = 0$$

a des racines λ qui satisfont $|\lambda| < 1$. Des calculs simples montrent que cette condition est équivalente à $a > |b|$.

Réconsidérons le cas général :

$$\dot{x}(t) = Ax(t) + A_d x(t - \tau). \tag{1.18}$$

Alors on a le résultat suivant :

Théorème (1.3.3) [HALE *et al.* [98]]

Le système (1.18) est asymptotiquement stable indépendamment du retard si et seulement si :

(i) $A + A_d$ est une matrice stable au sens du Hurwitz.
(ii) La propriété suivante est satisfaite :

$$\det(j\omega I_n - A - A_d z) \neq 0, \quad \forall z \in \mathscr{C}(0,1), \forall \omega \in j\mathbb{R}^*$$

Ce résultat sera reconsidéré dans les sections suivantes en utilisant l'approche par faisceaux matriciels. Notons que si la condition (*i*) peut être facilement testé, par contre la condition (*ii*) est beaucoup plus difficile. Inspirés par les résultats de KAMEN [115, 116, 117], on va proposer des conditions de *dimension finie* pour vérifier (*ii*).

Polynômes à plusieurs variables
Les même idées, mais pour le cas plusieurs retards qui ne sont pas commensurables nécessitent l'utilisation des polynômes *à plusieurs variables* : HALE *et al.* [98] (une classe spéciale d'EDFR à plusieurs retards) ou HERTZ *et al.* [101] (le cas général). Leur techniques sont difficilement applicables sur des exemples.

(2) Critères basés sur le principe du maximum pour une fonction harmonique ou sous-harmonique
(pour le principe de maximum, voir AHLFORS [4]). Dans cette classe de critères, on a inclus les critères *basés sur le Théorème du petit gain* et le critère de DE MORI ET KOKAME [171].

Critères basés sur le Théorème du petit gain.
Ce type de critère s'applique généralement pour la *stabilité asymptotique pour n'importe quel retard fini*. L'idée de base est la suivante :

- premièrement, on suppose que la matrice A est asymptotiquement stable;
- deuxièmement, on considère la fonction de transfert entre $u(t)$ et $x(t)$ pour le système :

$$\dot{x}(t) = Ax(t) + A_d u(t),$$

i.e. le transfert entrée-état

$$H_{xu}(s) = (sI_n - A)^{-1}A_d$$

ou $H_{xu}(j\omega) = (j\omega I_n - A)^{-1}A_d$ si elle est évaluée sur l'axe imaginaire. De plus, si le

$$\max_\omega \|H_{xu}(j\omega)\| < 1,$$

alors on peut garantir en utilisant le principe du maximum que pour n'importe quel retard τ positif et fini,

$$\sup \|H_{xu}(s)\| \exp(-s\tau) < 1$$

pour s dans le demi-plan gauche, i.e.

$$\det\left(I_n - (sI_n - A)^{-1}A_d e^{-s\tau}\right) \neq 0$$

pour tout s dans le demi-plan droit du plan complexe $\mathbb{C}$.

Cette idée a été exploitée par DATKO [50] (un seul retard ou plusieurs retards), VERRIEST *et al.* [270] (lien avec "Strict bounded real lemma"), CHEN ET LATCHMAN [31] (la technique de valeurs singulières structurées), CHEN *et al.* [32] (mesure de matrices) ou par COOKE ET FERREIRA [42] (EDFR plus générales). Notons que les résultats obtenus ne dépendent de la taille du retard.

Pour l'EDFR (1.13), on a la stabilité asymptotique garantie pour n'importe quel retard constant et fini si :

$$a > 0, \quad |\, b/(j\omega + a)\,| < 1, \quad \forall \omega \in \mathbb{R}$$

qui conduit à la condition $a > |\, b\,|$.

Critère de

MORI ET KOKAME [171]. Il utilise le principe du maximum pour une fonction harmonique (voir AHLFORS [4]) et une conséquence de la *Proposition* 1.2.10 : s'il existe des racines instables pour (1.12), alors elles se trouvent dans un compact dans le plan complexe.

En "réduisant" le compact dans le demi-plan droit où les racines instables peuvent se trouver, WANG [276] améliore le critère. D'autres améliorations ont été proposées par SU [244], SU *et al.* [245] et WANG ET WANG [278]. Du point de vue de l'applicabilité, tous ces résultats sont seulement des conditions suffisantes et ne sont toujours facilement utilisables sur des exemples.

(3) D'autres critères

ont été proposés par DEVANATHAN [53] qui utilise la *théorie d'interpolation de Nevanlinna-Pick* pour calculer une borne sous-optimale sur le retard, SU [246], qui transforme le problème de stabilité dans un problème de *valeurs propres d'une matrice* de dimension augmentée par rapport à la dimension du vecteur d'état ou CHEN *et al.* [33], CHEN [30] qui utilise une technique *de faisceaux matriciels* pour donner des conditions suffisantes (nécessaires et suffisantes) pour la stabilité asymptotique indépendante ou dépendante de la taille du retard. Autres remarques et commentaires eront considérés dans lers sections suivantes.

Stabilité. Techniques temporelles

Dans cette classe de critères, on a inclus tous les critères qui utilisent soit les *principes de comparaison* EDFR/EDO, soit la *théorie de Lyapunov* ou soit *des techniques spéciales* (systèmes sur un anneau, systèmes $2 - D$, matrices caractéristiques etc).

Principes de comparaison

L'idée de base des principes de comparaison est de trouver une équation différentielle ordinaire (EDO) ou une équation différentielle fonctionnelle (EDFR) (appelé génériquement système B) pour laquelle on connaît le comportement asymptotique dont la stabilité implique la stabilité du système initiale considéré est appelé A. Dans ce cas, le système B est dit d'être un système de comparaison pour le système A.

Parmi les premiers résultats dans le domaine, on peut mentionner les résultats de HALANAY [94], LAKSHMIKANTAM ET LEELA [138] et DRIVER [59]. Un tour d'horizon sur ce type de méthodes peut être trouvé dans DAMBRINE [47]. L'outil qui semble mieux adapté pour ce type d'approche est la em fonction de Lyapunov vectorielle (voir MATROSOV [165] et BELLMAN [15]).

Le résultat suivant est dû à DRIVER [59] et il est une généralisation d'un résultat de KAMKE (1930) :

Proposition (1.3.4) [DRIVER [59]]

Soit une fonction continue, non-négative $\omega(t, r)$, $t \in [t_0, \beta)$, $r \in \mathbb{R}^+$ et soit $V(t)$, $t \in [\alpha, \beta)$ une fonction continue non-négative, telle que la dérivée "sup" dans le sens de Dini vérifie :

$$\dot{V}(t) \leq \omega(t, V(t))$$

pour les valeurs de $t \in [t_0, \beta)$ où

$$V(\theta) \leq V(t), \quad \forall \theta \in [\alpha, t].$$

Soit r un réel tel que $r \geq \sup_{\{\alpha \leq \theta \leq t_0\}} V(\theta)$ donné et on suppose que la solution continue "maximale" $r(t)$ de l'équation

$$\dot{r}(t) = \omega(t, r(t)), \quad t \geq t_0, \quad r(t_0) = r_0$$

existe pour tout $t_0 \leq t \leq \beta$ (En t_0, $\dot{r}(t)$ signifie la dérivée à droite.)

Alors $v(t) \leq r(t)$ pour tout t, $t_0 \leq t \leq \beta$.

Ce résultat permet, par exemple, de voir que la condition de Lipschitz sur f est une condition suffisamment forte pour garantir l'existence et l'unicité d'une solution pour une EDFR sous la forme générale (1.9)-(1.10) (voir DRIVER [59]) et pour donner d'autres démonstrations plus élégantes pour les théorèmes de stabilité de KRASOVSKII et de RAZUMIKHIN (voir également LAKSHMIKAN-TAM ET LEELA [138]) ou pour proposer d'autres techniques pour l'analyse de la stabilité des EDFR (voir, par exemple, FURUMOCHI [73]).

En utilisant les *principes de comparaison* combinés avec des *techniques matricielles*, les approches suivantes sont intéressantes (voir également DAMBRINE [47] et GOUBET-BARTHOLOMEÜS [85]) :

(1) M-matrices

(voir DAMBRINE [47] pour un tour d'horizon). L'idée de base pour le cas indépendamment du retard (système linéaire à un seul retard) peut être résumée comme suit :

► Premièrement, on introduit un système de comparaison de la forme :

$$\dot{y}(t) = My(t) + Ny(t - \tau),$$

où les matrices M et N sont calculées àpartir des matrices A et A_d du système :

$$\dot{x}(t) = Ax(t) + A_d x(t - \tau).$$

► Deuxièmement, on vérifie si la matrice $M + N$ est opposé à une M-matrice [3].

---

[3] D est une *M-matrice* si les éléments sur la diagonale sont non-positifs et de plus D est non-singulière et tous les éléments de D^{-1} sont non-négatifs.

En termes de fonctions de Lyapunov vectorielles, on utilise :

$$V(x) = \begin{bmatrix} \mid x_1 \mid \\ \vdots \\ \mid x_n \mid \end{bmatrix}.$$

(voir également le principe de comparaison proposé par sc Tokumaru *et al.* [257] et les résultats de AMEMIYA [6]).

En utilisant cette approche, la condition de stabilité indépendante de la taille du retard pour le cas scalaire (1.13) devient :

$$-a+ \mid b \mid < 0.$$

Ce type d'approche est suffisamment général, mais il ne permet de donner que des conditions *suffisantes*, soit indépendamment de la taille du retard (voir AMEMIYA [6], DAMBRINE ET RICHARD [48]), soit en fonction du retard (voir GOUBET *et al.* [84]).

(2) Mesures de matrices

(pour la notion de mesure, voir DESOER ET VIDYASAGAR [52] ou l'Annexe A). Une de premières applications de cette approche au cas des systèmes linéaires à états retardés est due à MORI *et al.* [169], MORI [168]). Ainsi, leur condition suffisante de *stabilité indépendamment du retard* pour le système (1.11) est :

$$\mu(A) + \|A_d\| < 0$$

(où $\mu(A)$ est la mesure de la matrice A), condition qui est assez restrictive. En effet, il existe des systèmes asymptotiquement stables indépendamment de la taille du retard tels que $\mu(A) + \|A_d\| > 0$ (voir MORI ET KOKAME [171]). Autres améliorations du résultat ont été proposées dans ALASTRUEY *et al.* [3], HMAMED [102].

Si on utilise l'approche par fonction de Lyapunov vectorielles, alors on utilise la fonction :

$$V(x) = \|x\|, \quad x \in \mathbb{R}^n$$

combinée avec la technique de TOKUMARU *et al.* [257] (voir également DAMBRINE [47]).

De plus, si on veut que la solution de l'EDFR (1.11) ait un taux de décroissance α (i.e. "α-stabilité," voir BOURLÈS [23]), cette condition devient (voir MORI *et al.* [170]) :

$$\mu(A) + \|A_d\|e^{\alpha\tau} + \alpha < 0.$$

Des améliorations pour ce résultat ont été proposées par HMAMED [102] et BOURLÈS [23].

Le cas du *retard variant dans le temps* a été également considéré par LEHMAN ET SHUJAEE [150], mais leur condition de stabilité n'est donnée que pour le cas indépendant de la taille du retard.

L'approche par *mesures de matrices* ne permet d'avoir que des conditions *suffisantes*, soit indépendamment, soit en fonction de la taille retard.

Théorie de Lyapunov

Dans la Section 1.2, on a introduit les deux techniques temporelles pour l'étude de la stabilité au sens de Lyapunov : la *technique par fonctionnelles de Lyapunov-Krasovskii* ou la *technique par fonction de Lyapunov-Razumikhin*. Pour garantir la *négativité de la dérivée* d'une fonctionnelle de Lyapunov-Krasovskii ou d'une fonction de Lyapunov-Razumikhin (sous certaines contraintes concernant l'évolution de l'état) pour les *systèmes linéaires à états retardés*, deux approches nous semblent intéressantes :

(1) L'approche par équations algébriques matricielles (de Lyapunov ou de Riccati)

L'idée de base de cette approche est de transformer la condition de négativité de la dérivée de la fonctionnelle candidate ou de la fonction candidate pour avoir la stabilité au sens de Lyapunov en l'*existence d'une solution symétrique* et *positive définie* d'une *équation de Lyapunov* ou d'une *équation algébrique matricielle de Riccati (EARM)*. Ce type d'approche sera considéré dans les chapitres suivants.

(2) L'approche par LMIs

(pour une introduction à ce type d'approche, voir BOYD *et al.* [24] et les références incluses). L'idée de base de cette approche est semblable à la précédente, mais les *techniques* utilisées sont *différentes*. De plus, cette approche permet de transformer *le problème de stabilité asympytotique* soit en un *problème de faisabilité* (conditions indépendantes du retard) ou en un *problème d'optimisation convexe* (conditions indépendantes ou en fonction de la taille du retard). Ce type d'approche sera également considéré dans les chapitres suivants.

Critères basés sur d'autres interprétations de l'EDFR

Dans cette classe, on inclut les *interprétations* des EDFR soit comme *équations différentielles sur un anneau*, soit comme *équations* 2 − D ou l'approche par *équations caractéristiques matricielles*.

(1) Equations différentielles sur un anneau

L'idée de base de cette approche est de rééecrire l'équation (1.11) en utilisant l'opérateur translation $\mathscr{D}_\tau f(t) = f(t - \tau)$ comme :

$$\dot{x}(t) = F(\mathscr{D}_\tau)x(t),$$

où $F = A + A_d \mathscr{D}_\tau$. A cette équation différentielle (linéaire dans $\mathscr{D}_\tau$), on peut associer l'équation différentielle linéaire sur l'anneau $\mathbb{R}[z]$:

$$\dot{x}(t) = F(z)x(t).$$

Une idée semblable à la technique proposée par KAMEN [115] a permis de transformer le problème de stabilité indépendante de taille du retard (pour des retards finis) en un *problème d'existence* d'une solution hermitienne et positive définie pour une *équation matricielle complexe de Lyapunov* (voir BRIERLEY *et al.* [26]), mais la condition de stabilité est seulement suffisante (voir également HMAMED [102]).

(2) Equations $2 - D$

(voir AGATHOKLIS ET FODA [2]). L'idée de base de cette approche est de rééecrire l'EDFR comme une équation $2 - D$, i.e. pour le cas scalaire (1.13) :

$$\begin{bmatrix} x_1(t + \tau) \\ \dot{x}_2(t) \end{bmatrix} = \begin{bmatrix} 0 & 1 \\ -b & -a \end{bmatrix} \begin{bmatrix} x_1(t) \\ x_2(t) \end{bmatrix},$$

qui est une équation fonctionnelle scalaire combinée avec une équation différentielle "ordinaire." Des conditions suffisantes en termes d'*équations matricielles fréquentielles $2 - D$ de Lyapunov* ont été proposées par AGATHOKLIS ET FODA [2]), mais ce type d'approche est mieux adapté au cas de la stabilité asymptotique indépendamment de la taille du retard.

D'autres critères de stabilité $2 - D$ avec des applications aux EDFR linéaires ont été également considérés par CHIASSON *et al.* [37, 38].

(3) Approche par équations caractéristiques matricielles

(voir FIAGBEDZI ET PEARSON [66]). L'idée de base de cette approche est de transformer l'EDFR (1.11) en une équation différentielle ordinaire

$$\dot{z}(t) = A_{mc}z(t)$$

via la transformation linéaire :

$$z(t) = T(x, u)(t) = x(t) + \int_{-\tau_1}^{0} e^{-A_{mc}(\theta+\tau)} A_d x(t + \theta) d\theta,$$

où la matrice A_{mc} vérifie l'*équation caractéristique matricielle* :

$$A_{mc} = A + e^{-A_{mc}\tau} A_d,$$

qui est une *équation matricielle transcendentale, de dimension infinie*, difficilement utilisable sur des exemples numériques. Des algorithmes ont été proposés par FIAGBEDZI ET PEARSON [66] (cas des valeurs propres simples) et ZHENG *et al.* [304] (valeurs propres multiples).

1.3.2 Stabilisation – Un tour d'horizon

On considère le problème général de *stabilisation* d'un système linéaire à états retardés décrit par :

$$\dot{x}(t) = Ax(t) + A_d x(t - \tau_1) + Bu(t) + B_1 u(t - \tau_2), \qquad \text{(1.19)}$$

avec une condition initiale $\phi \in \mathscr{C}_{n,\bar{\tau}}^{v}$, $\bar{\tau} = \max\{\tau_1, \tau_2\}$ où $x(\cdot) \in \mathbb{R}^n$ représente l'état du système et $u(\cdot) \in \mathbb{R}^m$ représente l'entrée du système.

Si $A_d \equiv 0$ et $B \equiv 0$, alors le système (1.19) est un *système linéaire à entrée retardée* (voir également ARTSTEIN [8], KWON ET PEARSON [136], PANDOLFI [209, 210], SHANMUGATHASAN ET JOHNSON [233], DE LA SEN [231], VERRIEST ET IVANOV [271]). Dans ce mémoire on ne considère pas explicitement ce type de *problème de stabilisation*.

Considérons successivement trois approches : *temporelles, sur un anneau* et par *des équations caractéristiques* :

(1) Stabilisation via une approche temporelle

Cette classe inclut les approches basées sur les *fonctionnelles de Lyapunov-Krasovskii, fonctions de Lyapunov-Razumikhin* ou sur les *principes de comparaison*. Il existe beaucoup de résultats dans la littérature sur ce type de techniques. Pour simplifier la présentation, on a considéré seulement le *problème de stabilisation par retour d'état sans mémoire*, i.e.

$$u(t) = -Kx(t), \quad K \in \mathbb{R}^{m \times n}$$

dans le cas où $B_1 \equiv 0$ dans (1.19).

Fonctionnelles de Lyapunov-Krasovskii

Un premier résultat sur la stabilisation des systèmes linéaires à états retardés par un *retour d'état sans mémoire* construit à partir d'une équation de Riccati obtenue en utilisant une approche basée sur une *fonctionnelle de Lyapunov-Krasovskii* a été porposé par IKEDA ET ASHIDA [110] (voir également l'approche de TRINH ET ALDEEN [260]). Des résultats similaires en utilisant des inégalités matricielles via l'approche de Krasovskii ont été proposés par FELIACHI ET THOWSEN [64] et FERON *et al.* [65]. Un résultat différent a été proposé par NOLDUS [205] qui interprète une certaine classe de systèmes décrits par des EDFR comme des *équations de convolution distributionnelles sur des supports compacts*. La stabilisation des systèmes à états retardés via l'approche basée sur une fonctionnelle de Lyapunov-Krasovskii sera considérée dans les chapitres suivants.

Fonctions de Lyapunov-Razumikhin

A notre connaissance, le premier résultat utilisant l'approche de Lyapunov-Razumikhin pour la stabilisation par retour d'état *sans mémoire* des systèmes décrits par des EDFR est dû à THOWSEN [255]. D'autres résultats sur ce type d'approche ont été présentés par GOODALL [81].

Principes de comparaison

Les principes de comparaison peuvent être utilisés pour construire des lois de commande pour stabiliser les systèmes à états retardés. Par exemple, la stabilisation simultanée d'une classe de systèmes nonlinéaires à états retardés par un seul *retour d'état sans mémoire* a été proposée par WU ET MIZUKAMI [286].

(2) Stabilisation sur un anneau

(voir KAMEN [116], KAMEN *et al.* [118], EMRE ET KNOWLES [63], WANG *et al.* [274], WATANABE [283]).

L'idée de base est d'introduire l'opérateur $\mathscr{D}_{\tau_i} f(t) = f(t - \tau_i)$ $(i = 1, 2)$ et de réécrire le système dynamique (1.19) comme :

$$\dot{x}(t) = F(\mathscr{D}_{\tau_1}, \mathscr{D}_{\tau_2})x(t) + G((\mathscr{D}_{\tau_1}, \mathscr{D}_{\tau_2}))u(t),$$

où $F = A + A_d\mathscr{D}_{\tau_1}$ et $G = B + B_1\mathscr{D}_{\tau_2}$. A ce système, on peut associer le système suivant, linéaire sur l'anneau $\mathbb{R}[z]$:

$$\dot{x}(t) = F(z)x(t) + G(z)u(t),$$

où $z = [z_1 \ z_2]^T$.

La spécificité du problème de la *stabilisation* dans ce cas est de donner des conditions pour l'*existence d'un régulateur de dimension finie* (i.e. sur le corp $\mathbb{R}$, voir KAMEN *et al.* [117]) qui assure la *stabilité asymptotique* du système en boucle fermée. Ce type d'approche permet d'étudier la *stabilisation indépendamment de la taille du retard* (voir KAMEN [117]), condition qui est relativement restrictive.

Un problème différent est de trouver des *retours d'état sans mémoire* pour que certaines valeurs propres du système en boucle fermée se trouvent dans un ensemble complexe pre-établi (voir WATANABE [282, 283]).

(3) Approche par équations caractéristiques matricielles

(voir FIAGBEDZI ET PEARSON [66], ZHENG *et al.* [304]).

L'idée de base est de *transformer* le système (1.19) en un système linéaire sans retard sur l'état et sur l'entrée. Cette idée a été utilisée pour la première fois par ARTSTEIN [8] pour le problème de stabilisation d'un système qui n'a que l'entrée retardée. La transformation linéaire proposée par FIAGBEDZI ET PEARSON [66] est la suivante :

$$z(t) \;=\; T(x,u)(t) = x(t) + \int_{-\tau_1}^{0} e^{-A_{mc}(\theta+\tau_1)} A_d x(t+\theta) d\theta$$

$$+ \int_{-\tau_2}^{0} e^{-A_{mc}(\theta+\tau_2)} B_1 u(t+\theta) d\theta.$$

où les matrices A_{mc} et B_{mc} satisfont les *équations matricielles caractéristiques* :

$$A_{mc} \;=\; A + e^{-A_{mc}\tau_1} A_d, \quad B_{mc} = B + e^{-A_{mc}\tau_2} B_1,$$

qui sont des équations *transcendentales* en termes de matrices et le système est ainsi transformé en un système linéaire :

$$\dot{z}(t) \;=\; A_{mc} z(t) + B_{mc} u(t).$$

Cette méthode est difficilement utilisable en pratique malgré certaines propriétés "spectrales" des matrices A_{mc} et B_{mc} données par FIAGBEDZI ET PEARSON [66] et ZHENG *et al.* [304].

On doit mentionner que dans le cas des systèmes sans retard sur l'état (retard seulement sur l'entrée), l'équation caractéristique matricielle de B_{mc} devient une équation matricielle de dimension finie. (voir ARTSTEIN [8]).

Remarque (1.3.5) – *Dans ce paragraphe on n'a considéré que les techniques de stabilisation pour les systèmes à états retardés (i.e. la stabilité du système en boucle fermée). D'autres problèmes de commande, comme par exemple la stabilisation avec contraintes sur les pôles du système en boucle fermée, la stabilisation dans le cas d'entrée contrainte ou la stabilisation $\mathscr{H}_\infty$ seront étudiés dans les chapitres suivants.*

1.4 Formulation des problèmes étudiés

1.4.1 Stabilité

On considère une classe de systèmes linéaires à états retardés décrite par l'équation :

$$\dot{x}(t) = Ax(t) + A_d x(t - \tau) \tag{1.20}$$

avec la condition initiale :

$$x(t_0 + \theta) = \phi(\theta), \quad \theta \in [-\tau, 0], \quad \phi \in \mathscr{C}_{n,\tau}^v \tag{1.21}$$

où τ est le retard du système supposé inconnu.

Dans un premier temps, on suppose le retard constant. On s'intéresse à la *caractérisation des régions de stabilité asymptotique* du système (1.20)-(1.21) par rapport au paramètre "τ." On fait l'*Hypothèse* suivante sur le système linéaire considéré :

Hypothèse (1.4.1)

Le système (1.20)-(1.21) sans retard ($\tau \equiv 0$), i.e. le système :

$$\dot{x}(t) = (A + A_d)x(t), \quad x(t_0) = x_0 \in \mathbb{R}^n \tag{1.22}$$

est asymptotiquement stable, i.e. la matrice $A + A_d$ est stable au sens de Hurwitz (toutes les valeurs propres de cette matrice se trouvent dans le demi-plan gauche).

Cette hypothèse est assez naturelle, elle consiste à supposer que le système est *asymptotiquement stable* pour un retard $\tau \equiv 0$ et on va considérer l'analyse de la stabilité dans les *deux cas* suivants qui sont les seuls possibles si l'*Hypothèse* 1.4.1 est vérifiée :

- la stabilité asymptotique pour toutes les valeurs positives du retard "τ," et dans ce cas la stabilité est dite *indépendante de la taille du retard*,
- il existe une valeur non nulle τ^*, telle que le système est asymptotiquement stable pour n'importe quel retard positif τ, $0 \leq \tau < \tau^*$ et le système devient instable pour $\tau = \tau^*$. Dans ce cas, la stabilité est dite *dépendante de la taille du retard*.

Un premier problème abordé est :

Problème (1.4.2)

Donner des conditions suffisantes (ou nécessaires et suffisantes) pour la stabilité asymptotique du système (1.20)-(1.21) (vérifiant l'Hypothèse 1.4.1) indépendamment ou en fonction de la taille du retard.

Quand la stabilité du système dépend de la taille du retard, donner une borne sous-optimale (optimale) τ^* pour assurer la stabilité asymptotique pour n'importe quel retard positif plus petit que τ^*.

On propose deux approches différentes :

▶ une *approche fréquentielle* via une technique de type *faisceaux matriciels*
▶ une *approche temporelle* via une technique de type *inégalités linéaires matricielles (LMIs).*

D'autres problèmes abordés dans le même esprit concernent le cas du *retard variant dans le temps* et le cas de *plusieurs retards*, soit *commensurables*, soit *non-commensurables*.

Notons que les résultats obtenus pour le cas de systèmes à plusieurs *retards commensurables* sont similaires au cas d'un *seul retard* (voir également NICULESCU *et al.* [203] et les références incluses).

Si les *retards* ne sont *pas commensurables*, alors les notions de stabilité indépendamment ou en fonction du retard sont données *via* chaque retard, i.e. on peut avoir la stabilité assuré en fonction ou indépendamment de chaque retard ou en fonction d'un retard et indépendamment d'un autre, etc. Chaque cas sera traité d'une manière unitaire.

Si le *retard* est *variant dans le temps*, l'étude sera faite en fonction de la classe des fonctions admissible pour le retard, etc.

1.4.2 Stabilisation

On considère une classe de systèmes linéaires à états retardés décrits par l'équation :

$$\dot{x}(t) = Ax(t) + A_d x(t - \tau_1) + Bu(t) + B_1(t - \tau_2) \qquad (1.23)$$

avec la condition initiale :

$$x(t_0 + \theta) = \phi(\theta), \quad \theta \in [-\tau, 0], \quad \phi \in \mathscr{C}_{n,\tau}^v \qquad (1.24)$$

où $\tau = \max\{\tau_1, \tau_2\}$, et τ_1 et τ_2 sont les retards du système sur l'état, et respectivement sur l'entrée ; $u(\cdot) \in \mathbb{R}^m$ est l'entrée du système. Tenant compte qu'on s'interesse à l'analyse de la stabilité du système em boucle fermée, l'intérêt sera porté sur les deux cas limites : $B_1 \equiv 0$ (retour sans mémoire [4] et $B \equiv 0$ et $A_d \equiv 0$ (retour retardé), respectivement. L'analyse pour le cas général peut être fait en utilisant les notions présentées dans les chapitres suivantes.

Soit $B_1 \equiv 0$. Dans un premier temps on considère le retard constant. On suppose, ce qui est assez naturel, que le système (1.23)-(1.24) est stabilisable pour un retard nul.

Hypothèse (1.4.3)

Le système (1.23)-(1.24) sans retard ($\tau \equiv 0$), i.e. le système :

$$\dot{x}(t) = (A + A_d)x(t) + Bu(t), \quad x(t_0) = x_0 \in \mathbb{R}^n \tag{1.25}$$

est stabilisable, i.e. la paire de matrices $(A + A_d, B)$ est stabilisable (il existe une loi de commande $u(t) = -Kx(t)$, $K \in \mathbb{R}^{n \times m}$ telle que le système en boucle fermée soit asymptotiquement stable).

Comme dans le cas de la stabilité cette hypothèse permet d'identifier deux situations :

➤ il existe un retour d'état sans mémoire

$$u(t) = -Kx(t), K \in \mathbb{R}^{m \times n}$$

tel que le système en boucle fermée est asymptotiquement stable *indépendamment de la taille du retard* ;

➤ on ne peut pas stabiliser le système indépendamment du retard, mais il existe des retours d'état sans mémoire tels que le système en boucle fermée est asymptotiquement stable *en fonction de la taille du retard*.

On va montrer dans le Chapitre 3 que l'*Hypothèse* 1.4.3 permet toujours de stabiliser le système (1.23)-(1.24) si le retard est suffisamment petit. Le premier problème abordé consiste à :

Problème (1.4.4)

Donner des conditions suffisantes pour stabiliser le système (1.23)-(1.24) (vérifiant l'Hypothèse 1.4.3) indépendamment ou en fonction de la taille du retard.

---

[4]Le terme de "retour sans mémoire" est lié surtout à l'interprétation de la solution du système en boucle fermée comme une évolution dans un espace Euclidien, etc.

Si le système est stabilisable en fonction du retard, donner une borne sous-optimale (optimale) sur le retard et la loi de commande stabilisante correspondante.

Pour ce type d'étude, on utilise l'*approche temporelle* basée sur une technique de type *inégalités linéaires matricielles (LMIs)*.

Similairement au cas de la stabilité, d'autres problèmes abordés dans le même esprit concernent le cas du *retard variant dans le temps* et le cas de *plusieurs retards, commensurables* ou *non*.

Considérons maintenant l'autre cas $A_d \equiv 0$ et $B \equiv 0$. L'hypothèse 1.4.3 devient :

Hypothèse (1.4.5)

Le système (1.23)-(1.24) sans retard ($\tau \equiv 0$), i.e. le système :

$$\dot{x}(t) = Ax(t) + Bu(t), \quad x(t_0) = x_0 \in \mathbb{R}^n \tag{1.26}$$

est stabilisable, i.e. la paire de matrices (A, B) est stabilisable (il existe une loi de commande $u(t) = -Kx(t)$, $K \in \mathbb{R}^{n \times m}$ telle que le système en boucle fermée soit asymptotiquement stable).

Le problème considéré sera identique et l'approche considérée est basée sur une technique de type *inégalités linéaires matricielles (LMIs)*.

L'approche considérée pour la stabilisation par retour d'état sans mémoire soit indépendamment, soit en fonction de la taille du retard permet de revoir certains *problèmes de commande* d'un point de vue différent. On a considéré le problème de *stabilisation avec des contraintes de type α-stabilité pour le système en boucle fermée*, le problème de *construction de plans de discontinuité pour les modes glissants*, le *problème de stabilité absolue* d'un système en boucle fermée avec une caractéristique nonlinéaire dans un secteur et le problème *de synthèse d'une commande $\mathcal{H}_\infty$*.

1.4.3 Conclusions

Dans ce chapitre on a présenté plusieurs résultats tirés de la littérature sur la *stabilité* et la *stabilisation* des systèmes linéaires à états retardés. Les *méthodes* utilisées ont été classifiées en *deux catégories* : *fréquentielles* ou *temporelles* en fonction du type d'*approche* utilisée. Il est difficile en général de dire quelle est la *meilleure méthode* parce qu'il est relativement difficile de *comparer* les techniques entre elles. On peut dire seulement que pour un *problème particulier*, une technique est *mieux adaptée* qu'une autre. Par exemple, les techniques *fréquentielles* semblent mieux adaptées à l'étude de la stabilité asymptotique pour le cas d'un système linéaire à *un seul retard constant*. Par contre, pour le cas d'un système à *un retard variant dans le temps*, les techniques *temporelles* donnent des résultats moins conservatifs que les techniques fréquentielles, mais les conditions obtenues ne sont que des *conditions suffisantes*. De plus, le *cas de plusieurs retards non-commensurables* est très compliqué quelle que soit l'approche.

Malgré un certain nombre d'approches sur les *problèmes de stabilité asymptotique*, il n'existe pas une approche *unitaire* qui permet d'*avoir une caractérisation complète* d'un tel problème. De plus, les résultats sur la stabilité *indépendamment du retard* sont parfois contradictoires du point de vue de la notion de stabilité utilisée (voir, par exemple, KAMEN [115, 116, 117], WANG *et al.* [274]).

Il nous a donc paru intéressant de faire une revue de toutes ces approches et d'essayer ensuite d'obtenir des résultats plus généraux et unitaires. Dans cet ouvrage, on a essayé de généraliser les conditions existantes et comparer nos résultats avec ceux qui existent dans la littérature.

Ces aspects seront développés dans les chapitres suivants, où on considère *deux techniques* différentes :

➤ l'approche *fréquentielle* par *faisceaux matriciels*
➤ l'approche *temporelle* basée sur *la deuxième méthode de Lyapunov* combinée avec des techniques de type *inégalités linéaires matricielles (LMIs)*,

qui nous ont permis de *reformuler* le problème de la *stabilité* et de la *stabilisation* comme des *problèmes algébriques* plus simples à analyser :

➤ la localisation des valeurs propres généralisées de *deux faisceaux matriciels réguliers* par rapport au *cercle unité* (approche fréquentielle),
➤ un problème d'optimisation convexe exprimé en termes d'inégalités linéaires matricielles (approche temporelle).

Stabilité – Caractérisation ($\mathscr{S}_\tau, \mathscr{S}_\infty$)

CHAPITRE 2

Stabilité – Caractérisation $(\mathscr{S}_\tau, \mathscr{S}_\infty)$

Dans le chapitre précédent on a présenté les notions de base pour l'analyse d'un système à états retardés et on a fait un tour d'horizon des principales techniques tirées de littérature pour l'analyse de la stabilité et de la stabilisation de ces systèmes. On a conclu qu'il n'existe pas une approche unique qui permet de traiter *globalement* les deux cas de stabilité ou de stabilisation : *indépendamment* ou *en fonction de la taille du retard*.

Dans ce chapitre on considère *le problème de stabilité* sous deux approches différentes pour un système linéaire à états retardés ayant le *retard comme paramètre* : une approche fréquentielle via la *technique des faisceaux matriciels* et une approche temporelle via la *théorie de Lyapunov* combinée avec les *techniques de type LMI*.

On introduit deux sous-ensembles de l'espace des paramètres du système :

- $\mathscr{S}_\infty$ (qui correspond aux systèmes qui sont stables indépendamment de la taille du retard) et
- $\mathscr{S}_\tau$ (qui correspond aux systèmes dont la stabilité depend de la taille du retard).

Une construction exacte de ces deux ensembles est donnée via l'approche fréquentielle proposée dans le cas du retard constant. En effet, en utilisant ce type d'approche, on a *transformé le problème de stabilité* en un *problème de localisation des valeurs propres généralisées de deux faisceaux matriciels de dimension finie par rapport au cercle unité*. Malgré cette construction exacte, la technique des faisceaux matriciels ne peut pas être étendue au cas des systèmes à plusieurs retards non-commensurables ou à celui des systèmes à retard variant dans le temps.

Des conditions suffisantes sont ensuite obtenues via une approche temporelle en utilisant soit une fonction de Lyapunov-Krasovskii sur un espace produit (Théorème de stabilité de Krasovskii), soit une fonction de Lyapunov-Razumikhin (Théorème de stabilité de Razumikhin) combinée avec les techniques LMI. En utilisant ce type d'approche, le *problème de stabilité asymptotique* est transformé en un *problème d'optimisation convexe en termes d'inégalités linéaires matricielles* (LMIs). Le cas du retard variant dans le temps et le cas de plusieurs retards, commensurables ou non sont également considérés. Les liens entre le *théorème de Razumikhin* et la $\mathscr{S}$-*procédure* sont également considérés.

Le chapitre est structuré comme suit : après une *Introduction*, dans laquelle on précise le cadre général de l'étude et où on introduit, dans l'espace des paramètres, les ensembles $\mathscr{S}_\tau$ et $\mathscr{S}_\infty$, on donne une analyse complète de stabilité pour le *cas scalaire* et on présente les idées qui nous seront utiles pour le cas général. Ensuite, on présente les résultats obtenus en utilisant les deux approches, *fréquentielle* et *temporelle*. On montre que ces ensembles sont *complètement caractérisés* (conditions nécessaires et suffisantes) en termes de certaines *propriétés* des *deux faisceaux matriciels* de dimension finie en utilisant l'approche fréquentielle. L'approche temporelle ne donne qu'une caractérisation en termes de *conditions suffisantes* basée sur la *deuxième méthode de Lyapunov* combinée avec les *techniques de type LMI*. De plus, les résultats obtenus en utilisant l'*approche temporelle* sont étendus aux systèmes à retard variant dans le temps ou à plusieurs retards. L'exemple de l'*industrie chimique* et le cas d'un *réseau de neurones* (présentés dans le chapitre 1) sont ensuite considérés. Quelques *Conclusions et perspectives* sont données en fin de chapitre.

2.1 Introduction

On considère le système linéaire suivant :

$$\dot{x}(t) = Ax(t) + A_d x(t - \tau) \qquad (2.1)$$

avec la condition initiale :

$$x(t_0 + \theta) = \phi(\theta), \quad \forall \theta \in [-\tau, 0], \quad \phi \in \mathscr{C}_{n,\tau}^v \qquad (2.2)$$

où $A, A_d \in \mathbb{R}^{n \times n}$ et $\tau \in \mathbb{R}^+$ est le retard du système supposé inconnu. De plus, on suppose que le système sans retard ($\tau \equiv 0$), i.e.

$$\dot{x}(t) = (A + A_d)x(t) \qquad (2.3)$$

est asymptotiquement stable (*Hypothèse* 1.4.1, Section 1.4).

Pour simplifier la présentation, on considère le cas du *retard τ constant*. Les aspects retard variant dans le temps ou plusieurs retards sont étudiés dans les sections suivantes, où on précise également les différences par rapport au cas d'*un seul retard*. On a le résultat suivant :

Proposition (2.1.1)

On considère le système (2.1)-(2.2) qui vérifie l'Hypothèse 1.4.1. Alors :

(1) Il existe toujours un retard positif $\bar{\tau}$ pour lequel le système est asymptotiquement stable. De plus, la stabilité est garantie pour tout retard τ, $\tau \in [0, \bar{\tau}]$.

(2) S'il existe un retard τ_1 pour lequel le système est instable, alors il existe un retard $0 < \tau^* \leq \tau_1$ tel que le système est asymptotiquement stable pour tout $\tau \in [0, \tau^*)$ et pour $\tau = \tau^*$ le système est instable et l'équation caractéristique associée a des racines sur l'axe imaginaire.

Preuve : (1) A l'équation caractéristique associée à l'EDFR (2.1)

$$\det(sI_n - A - A_d e^{-s\tau}) = 0 \qquad (2.4)$$

on associe les "quantités" suivantes :

$$\begin{cases} u_h = \max \left\{ \mathscr{R}e(\lambda) \leq 0 \quad : \quad \det\left(\lambda I_n - A - A_d e^{-\lambda h}\right) = 0 \right\} \\ l_h = \min \left\{ \mathscr{R}e(\lambda) \geq 0 \quad : \quad \det\left(\lambda I_n - A - A_d e^{-\lambda h}\right) = 0 \right\} \end{cases}, \qquad (2.5)$$

avec $u_h = -\infty$ et $l_h = +\infty$ si les ensembles correspondants sont vides. Ces quantités donnent la partie réele des racines de l'équation caractéristique qui sont *plus proches* de l'axe imaginaire $j\mathbb{R}$. En utilisant l'argument de DATKO [49], u_h et l_h sont continûment dépendantes de h, A et A_d (voir également HALE *et al.* [98]).

Comme pour le cas $\tau = 0$, toutes les racines (les valeurs propres de la matrice $A + A_d$) sont à partie réele négative, pour des retards[1] "suffisamment" petits, les racines "restent" encore dans le demi-plan gauche et la propriété suit.

(2) En utilisant la partie (1) et la propriété de continuité mentionnée auparavant, on a la stabilité garantie pour tous les retards $\tau \in [0, \bar{h}]$. Donc si $\tau = \bar{\tau}$, alors toutes les racines de l'équation caractéristique (2.4) se trouvent dans le demi-plan gauche.

Comme l'équation caractéristique a des racines instables (soit sur l'axe imaginaire, soit dans le demi-plan droit) si le retard $\tau = \tau_1 > \bar{h}$, alors, en utilisant la propriété de continuité de u_h et l_h par rapport au paramètre h, il existe *un plus petit* retard τ^* pour lequel l'équation caractéristique a des racines sur l'axe imaginaire, et pour tout $\tau \in [0, \tau^*)$, les racines de l'équation caractéristique (2.4) se trouvent dans le demi-plan gauche.

Par conséquent, il est évident que si le système sans retard est asymptotiquement stable, il existe seulement deux possibilités de *garantir la stabilité asymptotique* en supposant le *retard* comme un *paramètre* du système :

► soit la propriété est garantie pour toutes les valeurs positives du retard, dans ce cas la stabilité est dite *indépendante de la taille du retard*,

---

[1] le retard vu comme un paramètre du système

► soit la propriété est garantie pour toutes les valeurs positives du retard inférieures à une valeur finie, dans ce cas la stabilité est dite *dépendante de la taille du retard*.

Remarque (2.1.2) – *Notons que, en général, on dit que le système est stable en fonction de la taille du retard, s'il existe au moins deux valeurs du retard : τ_1 et τ_2, tels que le système est stable pour un retard et instable pour l'autre. D'autres commentaires sur ces aspects sont donnés dans* NICULESCU *et al.* [203]. *Ces notions seront considérées dans les paragraphs suivants.*

Avant d'introduire les *ensembles* qui correspondent aux deux types de stabilité asymptotique - *indépendamment du retard* et respectivement *en fonction de la taille du retard* - on introduit dans *l'espace des paramètres* (A, A_d), l'ensemble :

$$\mathscr{S}(r) = \{(A, A_d) \quad : \quad \text{(2.1)-(2.2) asymptotiquement stable quand}$$

$$\tau = r\}, \tag{2.6}$$

qui est appelé la *région de stabilité dans l'espace* (A, A_d) *relativement au retard* $\tau = r$.

Dans le cas $r = 0$, l'ensemble $\mathscr{S}(r)$ devient :

$$\mathscr{S}(0) = \{(A, A_d) \quad : \quad A + A_d \quad \text{Hurwitz stable}\},$$

et donc l'*Hypothèse* 1.4.1 permet de conclure que si le système linéaire sans retard $(\tau \equiv 0)$ (2.3) est asymptotiquement stable, alors $(A, A_d) \in \mathscr{S}(0)$.

On peut réexprimer la *Proposition* 2.1.1 en termes de *régions* $\mathscr{S}(r)$:

Corollaire (2.1.3)

On a les propriétés suivantes :

(1) Si $(A, A_d) \in \mathscr{S}(0)$, alors il existe un $\bar{\tau} > 0$ tel que $(A, A_d) \in \mathscr{S}(r)$ pour tout $r, 0 \leq r \leq \bar{\tau}$.

(2) Si $(A, A_d) \in \mathscr{S}(0)$ et s'il existe un $\tau_1 > 0$ tel que $(A, A_d) \notin \mathscr{S}(\tau_1)$, alors il existe un $\tau^* \leq \tau_1$ tel que $(A, A_d) \in \mathscr{S}(r)$ pour tout $r, 0 \leq r < \tau^*$, mais $(A, A_d) \notin \mathscr{S}(\tau^*)$.

La notion de *région de stabilité* $\mathscr{S}(r)$ permet de donner une *construction algébrique* de régions de stabilité dans l'espace des paramètres (A, A_d). Ces régions correspondent soit au cas de la *stabilité asymptotique indépendamment du retard*, soit au cas de la *stabilité asymptotique en fonction de la taille du retard*. Ceci est détaillé dans la suite.

2.1.1 L'ensemble $\mathscr{S}_\infty$

On introduit la notion suivante de *régions de stabilité dans l'espace des paramètres* (A, A_d) *indépendamment de la taille du retard* :

Définition (2.1.4)

L'ensemble $\mathscr{S}_\infty$ dans l'espace des paramètres (A, A_d) défini par :

$$\mathscr{S}_\infty = \{(A, A_d) \quad : \quad \text{(2.1)-(2.2) asymptotiquement stable}$$
$$\forall \tau \in \mathbb{R}^+, \quad \tau \text{ fini}\}, \tag{2.7}$$

s'appelle *la région de stabilité* dans l'espace des paramètres (A, A_d) *indépendamment de la taille du retard*.

De plus, si $(A, A_d) \in \mathscr{S}_\infty$ le système (2.1)-(2.2) est dit $\mathscr{S}_\infty$ asymptotiquement stable.

□

La *Définition* 2.1.4 permet de voir que l'*Hypothèse* 1.4.1 est également une condition *nécessaire* pour avoir la stabilité $\mathscr{S}_\infty$.

De plus, $\mathscr{S}_\infty$ a une *interprétation* simple en termes de *régions de stabilité* $\mathscr{S}(r)$: si la paire (A, A_d) se trouve dans $\mathscr{S}_\infty$, elle doit appartenir à tous les ensembles $\mathscr{S}(r)$ pour tout r positif et réciproquement si la paire (A, A_d) se trouve dans tous les *ensembles* $\mathscr{S}(r)$, elle doit se trouver dans $\mathscr{S}_\infty$:

$$\mathscr{S}_\infty = \bigcap_{r \in \mathbb{R}^+} \mathscr{S}(r)$$

De plus, on a le résultat suivant :

Proposition (2.1.5)

L'ensemble $\mathscr{S}_\infty$ est un cône.

Démonstration : Quel que soit le retard $\tau > 0$, on a l'équivalence :

$$z \in \left\{\lambda \in \mathbb{C} \quad : \quad \det\left(\lambda I_n - \alpha A - \alpha A_d e^{-\lambda \tau}\right) = 0\right\} \Leftrightarrow$$

$$\frac{z}{\alpha} \in \left\{\lambda \in \mathscr{C} \quad : \quad \det\left(\lambda I_n - A - A_d e^{-\alpha \lambda \tau}\right) = 0\right\}$$

pour toute valeur positive $\alpha \in (0, \infty)$.

Ceci implique que si $(A, A_d) \in \mathscr{S}_\infty$, alors $(\alpha A, \alpha A_d) \in \mathscr{S}_\infty$ pour tout $\alpha > 0$.

Dans ce contexte, le problème de *stabilité asymptotique indépendamment de la taille du retard dans le sens faible* peut être reformulé *algébriquement* comme suit :

Problème (2.1.6) [Formulation algébrique $\mathscr{S}_\infty$]

Trouver le plus grand cône inclus dans chaque ensemble $\mathscr{S}(r)$, où r est positif.

Remarque (2.1.7) – *Notons que la notion de stabilité $\mathscr{S}_\infty$ n'est pas la seule notion de stabilité indépendamment de la taille du retard. Une notion différente de stabilité $\mathscr{S}_\infty$ dans le sens fort a été introduit dans* NICULESCU *[180]. Ces aspects, ainsi que les liens qui existent entre les deux notions seront considérés dans les paragraphes suivants.*

2.1.2   Ensemble $\mathscr{S}_\tau$

On introduit la notion suivante :

Définition (2.1.8)

L'ensemble $\mathscr{S}_\tau$ dans l'espace des paramètres (A, A_d) défini par :

$$\mathscr{S}_\tau = \{(A, A_d) \quad : \quad \exists\, \tau^* \in (0, \infty)\, \text{(2.1)-(2.2) asymtotiquement stable}$$
$$\forall\, \tau \in [0, \tau^*),\ \text{(2.1)-(2.2) instable si } \tau = \tau^*\}. \tag{2.8}$$

s'appelle *la région de stabilité* dans l'espace des paramètres (A, A_d) *en fonction de la taille du retard.*

De plus, si $(A, A_d) \in \mathscr{S}_\tau$, alors le système (2.1)-(2.2) est dit $\mathscr{S}_\tau$ stable. □

Si (A, A_d) est un élément de l'ensemble $\mathscr{S}_\tau$, alors la stabilité asymptotique est garantie pour toutes les valeurs positives du retard τ inférieures à la borne maximale τ^*.

L'ensemble $\mathscr{S}_\tau$ a une interprétation aussi simple que $\mathscr{S}_\infty$ en termes de régions de stabilité $\mathscr{S}(0), \mathscr{S}_\infty$:

Proposition (2.1.9)

$$\mathscr{S}_\tau = \mathscr{S}(0) - \mathscr{S}_\infty.$$

Preuve : Si la paire (A, A_d) se trouve dans $\mathscr{S}_\tau$, alors on a directement $(A, A_d) \in \mathscr{S}(0)$ et de plus $(A, A_d) \notin \mathscr{S}_\infty$ (*Définition* 2.1.8), i.e.

$$\mathscr{S}_\tau \subset \mathscr{S}(0) - \mathscr{S}_\infty.$$

Soit $(A, A_d) \in \mathscr{S}(0) - \mathscr{S}_\infty$, alors le système (2.1)-(2.2) est asymptotiquement stable pour le retard nul (vérifie l'*Hypothèse* 1.4.1) et de plus il existe un retard $\tau_1 > 0$ pour lequel le système n'est pas asymptotiquement stable $((A, A_d) \notin \mathscr{S}_\infty)$. En utilisant la *Proposition* 2.1.1 (2), on a l'existence du τ^* et par conséquent $(A, A_d) \in \mathscr{S}_\tau$. Donc :

$$\mathscr{S}(0) - \mathscr{S}_\infty \subset \mathscr{S}_\tau,$$

et la propriété suit.

Les *Définitions* 2.1.4 et 2.1.8 et la *Proposition* 2.1.9 entrainent le résultat suivant :

Proposition (2.1.10)

Soit le système (2.1)-(2.2) qui satisfait l'Hypothèse 1.4.1.
Alors le système est soit $\mathscr{S}_\infty$ stable, soit $\mathscr{S}_\tau$ stable.

Dans ce contexte, le problème de *stabilité asymptotique en fonction de la taille du retard* peut être reformulé *algébriquement* comme suit :

Problème (2.1.11) [Formulation algébrique $\mathscr{S}_\tau$]

Trouver des conditions nécessaires et suffisantes pour garantir qu'une paire (A, A_d) *est un élément de l'ensemble* $\mathscr{S}_\tau$ *(dans l'espace paramétrique* (A, A_d)*).*
De plus, si cette propriété est vérifiée, calculer la borne maximale correspondante sur le retard.

2.1.3 Retard variant dans le temps

Dans les sous-sections précédentes, le *problème de stabilité asymptotique indépendamment de la taille du retard* ($\mathscr{S}_\infty$) *ou en fonction du retard* ($\mathscr{S}_\tau$) n'a été étudié que dans le cas du système *invariant*, à un *seul retard constant*.

Considérons maintenant le cas du *retard variant dans le temps*. On introduit les ensembles suivants :

$$\mathscr{V}(\bar{\tau}) = \left\{ \tau \in \mathscr{C}^0 \quad : \quad 0 \leq \tau(t) \leq \bar{\tau} \right\} \tag{2.9}$$

$$\mathscr{V}(\bar{\tau}, \beta) = \left\{ \tau \in \mathscr{C}^1 \quad : \quad 0 \leq \tau(t) \leq \bar{\tau}, \quad \dot{\tau}(t) \leq \beta < 1 \right\} \tag{2.10}$$

L'ensemble $\mathscr{V}(\bar{\tau})$ correspond au cas où le *retard* est une *fonction continue bornée* et l'ensemble $\mathscr{V}(\bar{\tau}, \beta)$ correspond au cas où le *retard* est une *fonction différentiable bornée, avec la dérivée bornée*. De plus, $\tau \in \mathscr{V}(\bar{\tau})$ ou $\tau \in \mathscr{V}(\bar{\tau}, \beta)$ imposent de *définir* la *condition initiale* de façon différente :

$$x(\theta) = \phi(\theta), \quad \forall \; \theta \in \mathscr{E}_{t_0} \qquad (2.11)$$

où $\phi : \mathscr{E}_{t_0} \mapsto \mathbb{R}^n$ est une fonction continue et bornée et

$$\mathscr{E}_{t_0} = \{t \in \mathbb{R} \;\; : \;\; t = \eta - \tau(\eta) \leq t_0, \;\; \eta \geq t_0\}.$$

Il est évident qu'une *analyse fréquentielle* n'est pas applicable aux systèmes dont les retards se trouvent dans les deux classes $\mathscr{V}(\bar{\tau})$ et $\mathscr{V}(\bar{\tau}, \beta)$. Cependant l'approche fréquentielle peut donner une première *information* pour ces systèmes.

Avant de présenter d'autres considérations, on *reformule* les ensembles $\mathscr{S}_\infty$ *indépendamment du retard* et $\mathscr{S}_\tau$ *en fonction du retard*. Tout au long de cette sous-section on ne considère que le cas où $\tau(t)$ est une fonction continue et bornée de l'ensemble $\mathscr{V}(\bar{\tau})$. L'autre cas peut être traité de manière similaire.

Comme dans le cas du *retard constant*, on introduit l'*ensemble* :

$$\mathscr{S}_v(r) = \{(A, A_d) \;\; : \;\; \text{(2.1)-(2.11) uniformément}$$
$$\text{asymptotiquement stable si } \tau \in \mathscr{V}(r)\}, \qquad (2.12)$$

qui est appelé la *région de stabilité dans l'espace* (A, A_d) *relativement au retard* $\tau \in \mathscr{V}(r)$.

De plus, si $r = 0$ on a l'égalité des ensembles $\mathscr{S}_v(0)$ et $\mathscr{S}(0)$

$$\mathscr{S}_v(0) = \{(A, A_d) \;\; : \;\; A + A_d \text{ Hurwitz stable}\} = \mathscr{S}(0)$$

parce qu'on peut construire une seule fonction $\tau \in \mathscr{V}(0)$, $\tau(t) = 0$.

Introduisons maintenant les ensembles $\mathscr{S}_{v,\infty}$ (stabilité uniforme asymptotique indépendamment de la taille du retard) et $\mathscr{S}_{v,\tau}$ (stabilité uniforme asymptotique en fonction du retard) :

Définition (2.1.12)

(1) L'ensemble $\mathscr{S}_{v,\infty}$ dans l'espace des paramètres (A, A_d) donné par :

$$\mathscr{S}_{v,\infty} = \{(A, A_d) \;\; : \;\; \text{(2.1), (2.11) uniformément}$$
$$\text{asymptotiquement stable } \forall \tau \in \mathscr{V}(r),$$

$$\forall r \in \mathbb{R}^+\} \tag{2.13}$$

s'appelle *la région de stabilité* dans l'espace des paramètres (A, A_d) *indépendamment de la taille du retard* $\tau \in \mathscr{V}(r)$, r un réel positif quelconque. De plus, si $(A, A_d) \in \mathscr{S}_{v,\infty}$, alors le système (2.1), (2.11) est dit $\mathscr{S}_{v,\infty}$ stable.

(2) L'ensemble $\mathscr{S}_{v,\tau}$ dans l'espace des paramètres (A, A_d) donné par :

$$\mathscr{S}_{v,\tau} = \{(A, A_d) \quad : \quad \exists\, \tau^* \in (0, \infty) \text{ } et \text{ } \tau_1 \in \mathscr{V}(\tau^*)$$

$$(2.1), (2.11) \text{ uniformément asymptotiquement stable}$$

$$\forall\, \tau \in \mathscr{V}(r), \quad \forall\, r \in [0, \tau^*),$$

$$(2.1), (2.11) \text{ instable si} \quad \tau = \tau_1 \in \mathscr{V}(\tau^*)\} \tag{2.14}$$

s'appelle *la région de stabilité* dans l'espace des paramètres (A, A_d) *en fonction de la taille du retard* $\tau \in \mathscr{V}(r)$, r un réel positif tel que $0 \leq r < \tau^*$. De plus, si $(A, A_d) \in \mathscr{S}_{v,\tau}$, alors le système (2.1), (2.11) est dit $\mathscr{S}_{v,\tau}$ stable.

□

La *Définition* 2.1.12 permettent d'énoncer le résultat suivant (similaire au cas du retard constant) :

Proposition (2.1.13)

(1) $\mathscr{S}_{v,\infty} = \bigcap\limits_{r \in \mathbb{R}^+} \mathscr{S}_v(r)$.

(2) $\mathscr{S}_{v,\tau} = \mathscr{S}(0) - \mathscr{S}_{v,\infty}$.

Les relations qui existent entre les ensembles $\mathscr{S}_{v,\infty}$ et $\mathscr{S}_\infty$ seront considérés seulement pour le cas scalaire.

Dans les Sections suivantes on donne quelques *conditions suffisantes* pour la stabilité $\mathscr{S}_{v,\infty}$, ou la stabilité $\mathscr{S}_{v,\tau}$, en utilisant une approche temporelle, soit basée sur une *fonction de Lyapunov-Razumikhin* (cas où le retard τ est une fonction de l'ensemble $\mathscr{V}(r)$), soit basée sur une *fonction de Lyapunov-Krasovskii sur un espace produit* (cas où le retard est une fonction de l'ensemble $\mathscr{V}(r, \beta)$).

2.1.4 Autres remarques

La construction des *régions de stabilité asymptotique* dans l'espace des paramètres pour un système linéaire à états retardés à un seul retard est encore un *problème ouvert* (voir Chapitre 1). On connaît, pour le moment, une *carac-*

térisation complète des régions de stabilité pour un système du premier ordre (représentation graphique) dans le cas du *retard constant* (voir HALE ET VERDUYN LUNEL [97], DIEKMANN *et al.* [55]).

Une *interprétation* différente des régions de stabilité dans l'espace des paramètres a été proposée par BOESE [21] pour le cas scalaire (en utilisant les propriétés de la fonction "retard" par rapport aux paramètres "A" et "A_d"). Il introduit deux ensembles $\mathscr{C}_\infty$ (région de stabilité indépendamment de la taille du retard) et $\mathscr{C}_\tau$ (région de stabilité/instabilité en fonction du retard). $\mathscr{C}_\infty$ représente l'ensemble $\mathscr{S}_\infty$, et $\mathscr{C}_\tau$ représente l'ensemble $\mathscr{S}_\tau$. L'approche par *faisceaux matriciels* proposée dans ce mémoire permet de retrouver les conditions nécessaires et suffisantes de BOESE [20], en exploitant le comportement des valeurs propres généralisées de deux faisceaux matriciels, l'un correspondant au retard fini et l'autre au retard infini.

Plusieurs études sur la région de stabilité asymptotique $\mathscr{S}_\infty$ existent dans la littérature (voir, par exemple, HALE *et al.* [97], COOKE ET FERREIRA [42]). La région $\mathscr{S}_\tau$ n'a pas été analysée de manière systématique (excepté l'étude de BOESE [20, 21] qui ne peut pas être généralisée directement aux systèmes non-scalaires).

Dans le cas scalaire, $\mathscr{S}_\infty$ et $\mathscr{S}_\tau$ permettent de caractériser complètement la stabilité asymptotique du système. Dans le cas multidimmensionel, les choses sont beaucoup plus compliqués car on peut avoir une situation de *stabilité en fonction de la taille du retard* différente de $\mathscr{S}_\tau$, i.e. *la région de stabilité* $\mathscr{S}_{\tau_1,\tau_2}$ définie comme suit :

$$\mathscr{S}_{(\tau_1,\tau_2)} = \{(A, A_d) \quad : \quad \text{(2.1)-(2.2) asymptotiquement stable}$$
$$\forall\, \tau \in (\tau_1, \tau_2),$$
$$\text{(2.1)-(2.2) instable si } \tau = \tau_1 \text{ ou } \tau = \tau_2\}.$$

Cette situation est considérée dans l'exemple de système oscillant stabilisé par un retour de sortie retardé (Section 1.1). Ce type de stabilité *en fonction de la taille du retard* nécessite comme hypothèse la stabilité asymptotique du système (2.1)-(2.2) pour une certaine valeur non-nulle du retard (par exemple, un $\bar\tau$ dans l'intervalle (τ_1, τ_2)). Ce cas sera consdéré dans les paragraphes suivants.

L'intérêt de l'étude proposée est *de donner une information qualitative et quantitative complète sur la stabilité du système en fonction de la taille du retard*. Les deux concepts introduits, de *stabilité indépendamment de la taille du retard* et de *stabilité en fonction de la taille du retard* permettent d'établir de nouveaux liens entre la *théorie de la stabilité des équations différentielles* et les *techniques de type faisceaux matriciels* dans le cas du *retard constant*.

Dans le cas du *retard variant dans le temps*, il n'existe pas de résultats systématiques pour une analyse soit *indépendamment du retard*, soit *en fonction du retard*. Tenant compte que l'approche fréquentielle ne peut pas être utilisée pour une analyse "cohérente" dans l'espace paramétrique, l'approche considérée pour ce cas est *l'approche temporelle* via, soit une *fonctionnelle de Lyapunov-Krasovskii*, soit une *fonction de Lyapunov-Razumikhin*.

Parmi les résultats proposés dans la littérature on peut citer : EL'SGOL'TS ET NORKIN [62] (le retard est de la forme la plus générale : $\tau(t, x)$, où x est l'état du système), ou HALE ET VERDUYN LUNEL [97]. Une analyse de la *région de stabilité* $\mathscr{S}_{v,\infty}$ a été proposée par AMEMIYA [7] pour un système du premier ordre. Une analyse qui permet de lier les approches *fréquentielle* et *temporelle* pour un *retard variant dans le temps* dans la classe $\mathscr{S}_{v,\infty}$ a été proposé par LOUISELL [155].

Une autre étude pour le cas des matrices A et A_d variantes dans le temps et du retard $\tau \in \mathscr{V}(r, \beta)$, où $r \in (0, \infty)$ et $\beta < 1$, a été proposée par VERRIEST [269]. Tous ces résultats concernent essentiellement les aspects *indépendamment du retard* $((A, A_d) \in \mathscr{S}_{v,\infty})$. Dans les Sections suivantes, on considère également les aspects $\mathscr{S}_{v,\tau}$.

De plus, si on considère le cas de *plusieurs retards non-commensurables*, il n'existe pas de résultats systématiques dans la littérature. Pour le cas d'un système du premier ordre à *deux retards commensurables* $\tau_2 = 2\tau_1$ une construction des régions de stabilité dans l'espace des paramètres du système a été proposé par SCHOEN ET GEERING [229] en utilisant une approche fréquentielle. Une idée différente pour le même système, mais avec *deux retards quelconques* (τ_1, τ_2) a été proposée par HALE ET HUANG [99] qui construisent les régions de stabilité dans l'*espace des retards* en utilisant une approche fréquentielle. Trois situations sont considérées : *indépendamment du retard* pour chaque retard, *indépendamment d'un retard et en fonction de l'autre* et *en fonction du retard* pour chaque retard. Dans les Sections suivantes on propose une approche *temporelle* basée sur le Théorème de Razumikhin pour donner des conditions suffisantes dans l'espace des retards.

2.2 Système scalaire

On considère le système linéaire à état retardé scalaire suivant :

$$\dot{x}(t) = -ax(t) - bx(t - \tau) \tag{2.15}$$

$$(a, b, \tau) \in \mathbb{R} \times \mathbb{R} \times \mathbb{R}^+ \tag{2.16}$$

avec la condition initiale

$$x(t_0 + \theta) = \phi(\theta), \quad \forall \theta \in [-\tau, 0], \quad \phi \in \mathscr{C}_{1,\tau}^v \tag{2.17}$$

Dans cette sous-section *on fait une étude complète de la stabilité pour le système monovariable* (2.15)-(2.17). Dans un premier temps, on analyse la stabilité suivant plusieurs approches : deux approches fréquentielles (la méthode de *D*-subdivision et la technique de type faisceaux matriciels) et deux approches temporelles (fonction de Lyapunov-Razumikhin, fonction de Lyapunov-Krasovskii sur un espace produit et fonctionnelle de Lyapunov-Krasovskii). Une construction des *régions de stabilité* dans l'espace de paramètres (a, b) est également proposée. Une comparaison entre les résultats obtenus par les approches considérées est ensuite donnée.

2.2.1 Approche fréquentielle

L'équation caractéristique associée au système (2.15) est :

$$s + a + be^{-s\tau} = 0 \tag{2.18}$$

Pour l'étude de la stabilité on utilise la *méthode de D-subdivision* (KOLMANOVS-KII ET NOSOV [132]) dans l'espace paramétrique (a, b).

Si $a + b = 0$, l'équation (2.18) a une racine nulle.

Pour $s = j\omega$, on a les équations suivantes :

$$a + b\cos(\omega\tau) = 0 \tag{2.19}$$

$$\omega - b\sin(\omega\tau) = 0 \tag{2.20}$$

Les frontières du seul domaine de stabilité dans l'espace des paramètres (a, b) sont données par $a + b = 0$ et les équations (2.19), (2.20), i.e. $\mathscr{S}(r)$ où $r = \tau$. Dans cette analyse, on a considéré le retard fixé.

Si on considère maintenant le problème de caractérisation des régions de stabilité $\mathscr{S}_\infty$ et $\mathscr{S}_\tau$ dans l'espace des paramètres (a, b), on a (voir fig. 1, le retard τ^* spécifique à l'ensemble $\mathscr{S}_\tau$ sera explicité ultérieurement) :

$$\mathscr{S}_\infty = \{(a, b) \quad : \quad a \geq | \, b \, |, a + b > 0\} \tag{2.21}$$

$$\mathscr{S}_\tau = \{(a, b) \quad : \quad b > | \, a \, |\}. \tag{2.22}$$

Dans le cas d'un système où le vecteur d'état est de dimension $n > 1$, l'équation caractéristique associée est beaucoup plus compliquée et à partir de la méthode de D-subdivision il est difficile d'obtenir une *caractérisation explicite* des ensembles $\mathscr{S}_\tau$ et $\mathscr{S}_\infty$.

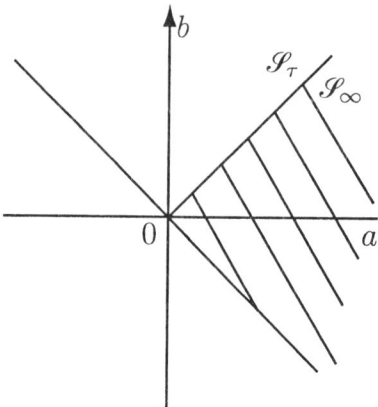

Fig. 2.1 : La région de stabilité dans l'espace des paramètres.

2.2.2 Approche par faisceaux matriciels

Cette approche est basée sur une *interprétation différente* de l'équation caractéristique (2.18). Pour fixer les idées, on considère la région de stabilité $\mathscr{S}_\infty$.

En utilisant la propriété de continuité des "quantités" u_h et l_h introduites dans la démonstration de la *Proposition* 2.1.1, on a la *stabilité asymptotique indépendamment de la taille du retard* si et seulement si le système sans retard est asymptotiquement stable et l'équation (2.18) n'a pas de racines sur l'axe imaginaire pour tous les retards τ positifs et de plus (voir également HALE *et al.* [98])

L'équation (2.18) sur l'axe imaginaire est donnée par :

$$j\omega + a + b e^{-j\omega\tau} = 0,$$

qui ne doit avoir aucune solution $\omega \neq 0$ quel que soit $\tau \in \mathbb{R}^+$. Comme ω est également variable, on peut réécrire cette équation comme une équation algébrique à *deux variables* : $\omega \in \mathbb{R}$ et $z \in \mathscr{C}(0,1)$ ($\exp(-j\omega\tau)$ est sur le cercle unité $\mathscr{C}(0,1)$ pour tous τ et ω réels) :

$$j\omega + a + bz \neq 0, \quad \forall \omega \in \mathbb{R}^*, \quad \forall z \in \mathscr{C}(0,1).$$

De plus, des calculs simples permettent de réécrire la dernière relation (en supposant que $(a,b) \in \mathscr{S}(0)$) en termes d'une propriété d'un faisceau matriciel de dimension deux :

$$\Sigma_1(z) = z \begin{bmatrix} 1 & 0 \\ 0 & -b \end{bmatrix} + \begin{bmatrix} 0 & -1 \\ -b & -2a \end{bmatrix} \neq 0, \quad \forall\, z \in \mathscr{C}(0,1),$$

ou sinon toutes les racines $z \in \mathscr{C}(0,1)$ du Σ_1 doivent être des racines de l'équation complexe :

$$a + bz = 0.$$

Dans ce contexte, la condition nécessaire et suffisante de stabilité $\mathscr{S}_\infty$ devient :

Proposition (2.2.1) [Cas scalaire, faisceaux matriciels]

Le système scalaire (2.15)-(2.17) est $\mathscr{S}_\infty$ asymptotiquement stable si et seulement si $(a, b) \in \mathscr{S}(0)$ et soit le faisceau matriciel :

$$\Sigma_1(z) = z \begin{bmatrix} 1 & 0 \\ 0 & -b \end{bmatrix} + \begin{bmatrix} 0 & -1 \\ -b & -2a \end{bmatrix}, \tag{2.23}$$

n'a pas des valeurs propres généralisées sur le circle unité $\mathscr{C}(0,1)$, soit toutes les racines de Σ_1 sur $\mathscr{C}(0,1)$ sont des racines de l'équation :

$$a + bz = 0.$$

Les valeurs propres généralisées du faisceau matriciel Σ dans le cas $b \neq 0$ ($b =$, système stable ; la racine $z = 0$ ne se trouve pas sur le cercle unité) sont :

$$z_1 = -\frac{a}{b} - \sqrt{\left(\frac{a}{b}\right)^2 - 1}, \quad z_2 = \frac{a}{b} + \sqrt{\left(\frac{a}{b}\right)^2 - 1}.$$

Elles ne se trouvent pas sur le cercle unité si et seulement si : $\mid a \mid > \mid b \mid$. Comme $a + b > 0$, on a :

$$a \geq \mid b \mid, \quad a + b > 0,$$

i.e. les conditions obtenues en utilisant la méthode de la $\mathscr{D}$-subdivision.

Considérons maintenant la région de stabilité $\mathscr{S}_\tau$ et on s'intéresse à calculer la *borne maximale* sur le retard τ^*. et à la *Proposition* 2.1.1, τ^* est le *plus petit* retard pour lequel l'équation caractéristique associée (2.18) a des racines sur l'axe imaginaire :

$$\tau^* = \min \left\{ \tau \in \mathbb{R}^+ \quad : \quad \exists \, \omega \in \mathbb{R}^+ \; t.q. \; j\omega + a + be^{-j\omega\tau} \neq 0 \right\},$$

qui peut être formulé en termes de *deux variables* $\omega \in \mathbb{R}$= et $z \in \mathscr{C}(0,1)$ comme suit :

$$\tau^* = \min \left\{ \frac{\alpha}{\omega} > 0 \quad : \quad j\omega + a + bz = 0, \quad z = e^{-j\alpha} \right\}.$$

En termes de *faisceaux matriciels*, le calcul de la borne τ^* se réécrit comme :

$$\tau^* = \min_{1 \leq k \leq 2} \left\{ \frac{\alpha_k}{\omega_k} \right\} > 0,$$

où $\exp(-j\alpha_k)$ est une valeur propre généralisée de Σ sur le cercle unité et $j\omega_k$ est une valeur propre de la *matrice complexe* : $a + \exp(-j\alpha_k)b$ (on utilise le formalisme matriciel, bien que dans ce cas, les matrices soient des scalaires).

Théorème (2.2.2) **[Cas scalaire, $\mathscr{S}_\infty$, $\mathscr{S}_\tau$]** ⌐

Soit le système scalaire (2.15)-(2.17). Alors on a :

(1) $\mathscr{S}_\infty = \{(a,b) : a \geq \mid b \mid, \; a + b > 0\}$
(2) $\mathscr{S}_\tau = \{(a,b) : b > \mid a \mid\}$.

De plus, si $(a,b) \in \mathscr{S}_\tau$, alors le système est asymptotiquement stable pour n'importe quel retard τ, $0 \leq \tau < \tau^*$, où τ^* est donné par :

$$\tau^* = \frac{\arccos\left(-\frac{a}{b}\right)}{\sqrt{b^2 - a^2}} \tag{2.24}$$

Remarque (2.2.3) — *En utilisant une approche différente*, BOESE *[21] propose les mêmes résultats pour garantir la stabilité soit* indépendamment du retard, *soit en fonction de la taille du retard. Les* frontières des régions de stabilité *sont fournies par les* discontinuités de la fonction $\tau(a,b)$. *L'approche proposée par* BOESE *[21] n'est pas utilisable dans le cas général parce que la forme de la fonction complexe $\tau(A, A_d)$ n'est pas calculable.*

On reconsidère le cas $a = b > 0$ et on montre qu'il peut être vu comme un *cas limite* de stabilité en fonction de la taille du retard.

Soit $b = a + \varepsilon$, où $\varepsilon > 0$ est suffisamment petit. Dans l'espace des paramètre (a, b), cette condition représente une droite "suffisamment" proche (dans le sens ε suffisamment petit) de la première bissectrice. Le *Théorème* 2.2.2 garantit la stabilité asymptotique pour n'importe quel retard τ, $\tau < \tau^*$:

$$\tau^*(a, a + \varepsilon) \simeq \frac{\pi}{\sqrt{2a\varepsilon}}.$$

Si $\varepsilon \to 0^+$, on voit que $\tau^* \to +\infty$, i.e. on a la *frontière* de la région de *stabilité asymptotique* en fonction *de la taille du retard* (i.e. $\tau^* = \infty$).

En effet, la définition du retard τ^* (2.24) permet de voir les deux cas limites à travers les *discontinuités* de $\tau^*(a, b)$ par rapport aux paramètres a et b : $a + b = 0$ et respectivement $a = b > 0$, qui sont les frontières (non-incluses) de la *région de stabilité asymptotique* $\mathscr{S}_\tau$.

2.2.3   Approche temporelle

Comme nous l'avons précisé dans le Chapitre 1, il existe plusieurs approches pour établir des théorèmes de type Lyapunov dans le cas des équations différentielles fonctionnelles de type retardées (EDFR). Ces approches dépendent de la façon de considérer la *solution*, soit comme *une évolution dans un espace de fonctions* ($\mathscr{C}_{n,\tau}$), soit comme *une évolution dans l'espace euclidien* pour toutes les valeurs futures.

L'idée de considérer les solutions comme éléments d'un espace de fonctions est attractive dans le sens où on peut développer, en utilisant le concept de *fonctionnelle de Lyapunov-Krasovskii*, une théorie de la stabilité des équations différentielles fonctionnelles de la même façon que pour les équations différentielles ordinaires. Par contre il est relativement difficile de construire des fonctionnelles de Lyapunov-Krasovskii pour des problèmes réels (voir KRASOVSKII [134], HALE ET VERDUYN LUNEL [97]). Pour surmonter cette difficulté, il est avantageux de considérer la *solution dans un espace euclidien*. L'avantage important de cette approche est l'utilisation des *fonctions de Lyapunov* (appelées *fonctions de Lyapunov-Razumikhin*) plutôt que les fonctionnelles de Lyapunov-Krasovskii.

Dans le Chapitre 1, on a considéré l'approche par *fonctionnelles de Lyapunov-Krasovskii* sur un exemple scalaire, sans détailler l'autre approche temporelle par *fonctions de Lyapunov-Razumikhin*. Par conséquent, dans cette section on présente plutôt les *idées* fondamentales de l'approche par *fonctions de Lyapunov-Razumikhin* et les applications de ce type de technique pour obtenir des conditions de stabilité soit *indépendamment du retard*, soit *en fonction de la taille du retard*.

Si, dans le cas de l'approche par fonctionnelles de Lyapunov-Krasovskii, la dérivée de la fonctionnelle candidate doit être négative sur toute la trajectoire du système considéré, dans le cas de l'approche par fonction de Lyapunov-Razumikhin, la *dérivée* qui est *une fonctionnelle* (elle inclut le terme $\dot{x}(t)$, et donc implicitement x_t) *doit être négative* seulement dans *les points "t^+" où la trajectoire du système* quitte un certain *ensemble défini par l'évolution du système sur un intervalle de taille τ antérieur* $[t - \tau, t]$. Dans ce cas, la *négativité de la dérivée* (vue dans le sens de Dini) dans chaque point t^+ devient une *condition suffisante* pour avoir la stabilité (on suppose que la fonction V satisfait toutes les autres conditions du Théorème de Razumikhin). L'avantage de cette *méthode* réside dans l'interprétation de la solution comme une évolution dans un espace euclidien (similaire au cas des équations différentielles ordinaires EDO), l'inconvénient majeur est que les résultats obtenus sont seulement des conditions *suffisantes*. D'autres interprétations de ce théorème pour la stabilité $\mathscr{S}_\infty$ et la stabilité $\mathscr{S}_\tau$ sont données dans les sections suivantes.

En utilisant l'approche de Razumikhin pour le cas scalaire (2.15)-(2.17) on donne des bornes τ^* 'suffisantes' sur le retard τ dans le cas $b > \mid a \mid$ (stabilité $\mathscr{S}_\tau$) et on retrouve les conditions de stabilité indépendamment de la taille du retard $\mathscr{S}_\infty$.

Pour illustrer la façon d'utiliser le théorème de Razumikhin, l'analyse est faite pour deux situations : $a = 0$, $b > 0$ et $a \neq 0$, $b > \mid a \mid$. Examinons la *première situation* :

➤ $a = 0$, $b > 0$

Dans ce cas l'équation (2.15) devient :

$$\dot{x}(t) = -bx(t - \tau) \tag{2.25}$$

En utilisant la formule de Leibniz-Newton :

$$x(t - \tau) = x(t) - \int_{-\tau}^{0} \dot{x}(t + \theta)d\theta$$

(2.25) peut être interprétée comme une équation dans l'espace $\mathscr{C}_{1,2\tau}^{v}$:

$$\dot{x}(t) = -bx(t) + b^2 \int_{-2\tau}^{-\tau} x(t + \theta)d\theta \tag{2.26}$$

avec la condition initiale :

$$x(t_0 + \theta) = \phi(\theta), \quad \forall \theta \in [-2\tau, 0], \quad \phi \in \mathscr{C}_{1,2\tau}^{v} \tag{2.27}$$

L'équation (2.26) prend en considération *une intégration* de l'équation différentielle (2.25) sur un intervalle de taille τ. Ce changement artificiel, combiné avec le Théorème de Razumikhin donne des conditions suffisantes de stabilité dépendant de la taille du retard.

> **Remarque** (2.2.4) – *En utilisant la technique dite "backward continuation", on peut montrer facilement que chaque solution de l'équation (2.25)-(2.17) est aussi une solution de l'équation (2.26)-(2.27) et qu'une condition suffisante de stabilité pour (2.26)-(2.27) est aussi une condition suffisante de stabilité pour (2.25)-(2.17).*

On a le résultat suivant :

Proposition (2.2.5)

La solution triviale $(x(t) \equiv 0)$ de l'équation différentielle fonctionnelle (2.26)-(2.27) est asymptotiquement stable si

$$\tau < \frac{1}{b}$$

Preuve : Considérons la fonction de Lyapunov suivante :

$$V(x(t)) = \frac{x(t)^2}{2}.$$

La dérivée de cette fonction sur les solutions de l'équation (2.26)-(2.27) est :

$$\dot{V}(x(t)) = -bx(t)^2 + b^2 x(t) \int_{-2\tau}^{-\tau} x(t+\theta) d\theta.$$

S'il existe des constantes $q > 1$, $\eta > 0$ telles que $\dot{V}(x(t)) \leq -\eta \mid x(t) \mid^2$ si $V(x(\xi)) < qV(x(t))$, $t - 2\tau \leq \xi \leq t$, alors le théorème de Razumikhin permet de conclure à la stabilité uniforme et asymptotique de la solution triviale $x(t) \equiv 0$.

Si $V(x(\xi)) < qV(x(t))$, $t - 2\tau \leq \xi \leq t$, alors $\mid x(\xi) \mid < \sqrt{q} \mid x(t) \mid$, $t - 2\tau \leq \xi \leq t$ et la dérivée $\dot{V}(x(t))$ devient :

$$\dot{V}(x(t)) < -b(1 - b\tau\sqrt{q}) \mid x(t) \mid^2$$

En conséquence, si $b\tau < 1$, alors il existe un $q > 1$, tel que $\sqrt{q}b\tau < 1$ et en utilisant le Théorème de Razumikhin, on obtient la stabilité uniforme et asymptotique de la solution triviale.

Remarque (2.2.6) *– En utilisant une approche différente,* BARNEA *[10] (voir également* HALE ET VERDUYN LUNEL *[97]) obtient comme condition suffisante*
$\tau < \dfrac{3}{2b}$. *Cette condition est moins restrictive et approche la condition nécessaire et suffisante* $\dfrac{\pi}{2b}$ *(voir* Théorème 2.2.2 *quand* $a = 0$*).*

Si le retard est variant dans le temps, *la borne* $\dfrac{3}{2b}$ *est* nécessaire et suffisante. *Par exemple, si* $\tau = \dfrac{3}{2b}$ *il existe des solutions oscillantes (voir* YONEYAMA *[297],* HALE ET VERDUYN LUNEL *[97] et les références incluses).*

Examinons maintenant la *deuxième situation* :

► $a \neq 0,\ b > |\,a\,|$

Dans ce cas l'équation différentielle fonctionnelle associée est :

$$\dot{x}(t) = -(a + b)x(t) + b \int_{-\tau}^{0} [ax(t + \theta) + bx(t - \tau + \theta)]d\theta \qquad (2.28)$$

avec la condition initiale (2.27).

Proposition (2.2.7)

La solution triviale $(x(t) \equiv 0)$ de l'équation différentielle fonctionnelle (2.28)-(2.27) est asymptotiquement stable si

$$\tau < \frac{a + b}{b(|\,a\,| + b)}. \qquad (2.29)$$

La démonstration est analogue à celle du cas $a = 0$.

Remarque (2.2.8) *– La borne supérieure maximale* τ^* *sur le retard* τ *est donnée dans le* Théorème 2.1. *Par exemple, si* $a < 0$ *et* $b - |\,a\,| > 0$ *est suffisamment petit, alors on a dans l'équation (2.24)*

$$\tau^* = \frac{\arctan\left(\frac{\sqrt{b^2 - a^2}}{|a|}\right)}{\sqrt{b^2 - a^2}} = \frac{1}{|\,a\,|}\left[1 - \frac{b^2 - a^2}{3a^2} + \mathcal{O}\left\{\left(\frac{b^2 - a^2}{a^2}\right)^2\right\}\right].$$

qui est proche de $|\,a\,|^{-1}$. *Le résultat obtenu en utilisant la Proposition 2.2.5 est proche de zéro* $(b - |\,a\,|)/(b^2 + b\,|\,a\,|)$. *En conclusion, dans ce cas, l'approche de Razumikhin* ne donne pas de bons résultats en fonction de la taille du retard *si le système est "proche" de la limite de stabilité* $a + b = 0$ *dans la région de stabilité* $\mathscr{S}_\tau$. *Un argument similaire peut être donné si* $a > 0$.

Si on considère le cas $a = b > 0$, alors la *Proposition* 2.2.5 donne comme borne sur le retard la valeur $\tau_1 = \dfrac{1}{a} = \dfrac{1}{b}$. Cette condition de stabilité en fonction du retard est donc relativement restrictive car le système est asymptotiquement stable indépendamment de la taille du retard dans le sens faible.

Si on considère maintenant le problème de stabilité indépendamment de la taille du retard via une approche basée sur le Théorème de Razumikhin, on obtient la Proposition suivante :

Proposition (2.2.9)

On considère le système (2.15)-(2.17). La solution triviale $x(t) \equiv 0$ est asymptotiquement stable pour n'importe quel retard τ si

$$a > |b|$$

La démonstration est semblable à celle de la *Proposition* 2.2.5, mais pour le système (2.15)-(2.17) (sans considérer une intégration supplémentaire).

Remarque (2.2.10) *– Une autre démonstration de la* Proposition 2.2.9 *peut être donnée en utilisant la fonction de Lyapunov-Krasovskii sur l'espace produit* $\mathbb{R} \times \mathscr{C}_{n,\tau}^v$:

$$V(t, x_t) = \frac{1}{2} x(t)^2 + \frac{|b|}{2} \int_{-\tau}^{0} x^2(t + \theta) d\theta.$$

Une analyse complète, dans l'esprit région de stabilité (en utilisant ce type de fonctionnelle), a été proposée par HALE *(voir* HALE ET VERDUYN LUNEL [97]*) qui caractérise la région de stabilité* $\mathscr{S}_\infty$.

Si on considère $a = b$, la *Proposition* 2.2.9 ne permet pas de garantir la stabilité pour tout retard positif. En utilisant soit l'approche par fonction de Lyapunov-Razumikhin, soit l'approche par fonctionnelle de Lyapunov-Razumikhin, dans le cas $a = b$ on peut garantir seulement la *stabilité uniforme indépendamment du retard* comme pour l'*Exemple 1*, si l'EDFR (2.15)-(2.17) est asymptotiquement stable pour $\tau = 0$, or l'*Exemple 1* a une racine à l'origine du plan complexe si $\tau = 0$. On ne peut donc pas conclure directement que $(a, b) \in \mathscr{S}_\infty$ asymptotiquement dans ce cas limite.

Pour montrer que $(a, b) \in \mathscr{S}_\infty$, on considère le *principe d'invariance* proposé par HALE (voir HALE ET VERDUYN LUNEL [97]), une extension du *Principe de*

LaSalle dans le contexte fonctionnelle de Lyapunov-Krasovskii. Notons qu' on peut développer également un principe d'invariance dans le contexte fonction de Lyapunov-Razumikhin (voir HADDOCK ET TERJECKI [93]).

Soit V_a la fonctionnelle :

$$V_a(x_t) = \frac{1}{a}x(t)^2 + \int_{-\tau}^0 x(t+\theta)^2 d\theta.$$

La dérivée de la fonctionnelle V_a est :

$$\dot{V}_a(x_t) = -(x(t) + x(t-\tau))^2,$$

alors l'ensemble S pour lequel la dérivée est égale à zéro est :

$$S = \{\phi \in \mathscr{C}_{n,\tau} \quad : \quad \phi(0) = -\phi(-\tau)\}.$$

Le plus grand ensemble invariant M, $M \subset S$ est défini par toutes les conditions initiales telles que

$$x(t) = x(t-\tau), \quad \forall t \in \mathbb{R},$$

i.e. $\dot{x}(t) = 0$ et $x(t) = c$, où c est une constante réelle. Mais $x(t) = -x(t-\tau)$ implique $c = 0$ et donc la solution triviale est *asymptotiquement stable*. Notons que ce type d'approche ne sera pas considéré systématiquement dans les chapitres suivants.

Tous ces résultats sur le système scalaire (en utilisant le Théorème de Razumikhin, excepté le cas limite $a = b > 0$ où on a préféré considérer l'approche par le principe d'invariance dans le sens fonctionnelle et pas dans le sens fonction) permettent de formuler le théorème suivant :

Théorème (2.2.11) **[Cas scalaire, Approche temporelle]**

Soit le système scalaire (2.15)-(2.17). On a :

(1) Si $a \geq |b|$, $a + b > 0$, alors $(a, b) \in \mathscr{S}_\infty$.
(2) Si $b > |a|$, alors $(a, b) \in \mathscr{S}_\tau$. De plus, la stabilité est garantie pour n'importe quel retard τ, $0 \leq \tau < \tau_1$, où

$$\tau_1 = \frac{a + b}{b |a| + b^2}.$$

Remarque (2.2.12) – *Le Théorème de Razumikhin permet de traiter d'une manière similaire le cas de la stabilité* asymptotique indépendamment du retard *quand b est une fonction du temps $b = b(t)$. Dans ce cas, la stabilité est garantie si $a > \sup_t | b(t) | (a > | b |)$ pour toutes les valeurs du temps t.*

2.2.4 Retard variant dans le temps

Supposons maintenant que le *retard est variant dans le temps*. On considère seulement le cas où le *retard* est une *fonction continue et bornée*, i.e. $r \in \mathcal{V}(r)$ (Section 1.3). Dans ce cas, la condition initiale (2.17) devient :

$$x(t_0 + \theta) = \phi(\theta) \tag{2.30}$$

où $\phi : \mathcal{E}_{t_0} \mapsto \mathbb{R}$ est une fonction continue et bornée (l'ensemble $\mathcal{E}_{t_0}$ a été défini dans la section précédente).

On a vu déjà que dans le cas de l'approche par *fonction de Lyapunov-Razumikhin* pour des systèmes à un *retard constant*, il est suffisant que la dérivée, dans le sens de Dini, de la fonction candidate soit négative dans les points "t^+" où la trajectoire du système *quitte un certain* ensemble défini par l'évolution du système sur un intervalle de taille τ antérieur $[t - \tau, t]$. Cette propriété est plus générale et s'applique aussi aux systèmes à *retard variant dans le temps* quand le retard est *une fonction continue et bornée*. On utilise également le fait que la fonction candidate $(V(x) = x^2)$ ne dépend pas explicitement du temps.

Dans ces conditions, on peut appliquer directement le *Théorème de Razumikhin* sur un système *à retard variant dans le temps* $\tau \in \mathcal{V}(r)$ et le *Théorème 2.2* peut être mis sous la forme :

Théorème (2.2.13) ────────────────────────

Soit le système scalaire (2.15), (2.30). On a :

(1) Si $a > | b |$, alors $(a, b) \in \mathcal{S}_{v,\infty}$.
(2) Si $b > | a |$, alors $(a, b) \in \mathcal{S}_{v,\tau}$. De plus, la stabilité est garantie pour n'importe quel retard $\tau \in \mathcal{V}(r)$, $0 \leq r < \tau_1$, où

$$\tau_1 = \frac{a + b}{b | a | + b^2}.$$

La démonstration est similaire à la démonstration du *Théorème 2.2.11*.

Reconsidérons maintenant le cas $a = 0$.

- *retard constant.* La *Proposition* 2.2.7 garantit que le système (2.15), (2.11) est asymptotiquement stable si $\tau < \dfrac{1}{b}$. La condition exacte de stabilité est $\tau < \dfrac{3\pi}{2b}$ (*Théorème* 2.2.2).

- *retard variant dans le temps.* La *Proposition* 2.2.7 garantit la même borne $(1/b)$ si le retard est variant dans le temps $\tau \in \mathscr{H}(r)$. La condition exacte de stabilité obtenue par LILO (voir HALE ET VERDUYN LUNEL [97], YONEYAMA [297] et les références incluses) est $r < \dfrac{3}{2b}$. Cette discontinuité avec le résultat précédent $\tau < \dfrac{3\pi}{2b}$ vient du fait qu'il n'y a aucune restriction sur la variation du retard dans la classe $\mathscr{V}(r)$.

Une analyse détaillée sur les relations qui existent entre les ensembles $\mathscr{S}_{v,\infty}$ et $\mathscr{S}_\infty$ donnée dans AMEMYIA [7]. Notons que ces résultats ne peuvent pas s'étendre facilement au cas non-scalaire.

Remarque (2.2.14) – *Comme dans le cas du* Théorème 2.2.11, *la condition de stabilité (1) indépendam-ment de la taille du retard peut être étendue au cas où le coefficient b est une fonction de temps et le système est asymptotiquement stable indépendamment du retard $\tau \in \mathscr{V}(r)$ $(r > 0)$ si $a > \sup_t \mid b(t) \mid$.*

2.2.5 Autres remarques

Jusqu'à présent, le *problème de stabilité asymptotique*, soit *indépendamment de la taille du retard*, soit *en fonction du retard* n'a été étudié que dans le cas d'un système *invariant*, à un *seul retard* (*constant* ou *variant dans le temps*). Avant de considérer quelques aspects concernant les systèmes scalaires à plusieurs retards, on doit mentionner qu'il existe également d'*autres méthodes* pour aborder les deux types de stabilité étudiés dans le paragraphe précédent pour un système du premier ordre à un seul retard, comme par exemple la *méthode* appelée *phase-amplitude* et l'approche par le *Théorème de Rouché*.

La première méthode (voir EL'SGOL'TS ET NORKIN [62]) utilise le *principe de l'argument* et la propriété que le terme $e^{-s\tau}$ avec s sur l'axe imaginaire, change seulement la *phase* du système, pas l'*amplitude*. Cette méthode permet de retrouver les résultats développés dans le *Théorème 2.1* et s'applique aussi aux systèmes à *plusieurs retards*, mais les calculs sont plus difficiles dans ce cas.

L'autre approche est basée sur le *Théorème de Rouché*. Ce théorème dit que pour deux fonctions complexes ψ_1 et ψ_2, analytiques à l'intérieur d'un *contour* fermé et sur le *contour* $\mathscr{C}_1$, telles que $\mid \psi_2(z) \mid < \mid \psi_1(z) \mid$ quand $z \in \mathscr{C}_1$, les fonctions ψ_1 et $\psi_1 + \psi_2$ ont le même nombre des racines à l'intérieur de

$\mathscr{C}_1$. Dans le cas d'un système du premier ordre, on applique ce résultat aux fonctions

$$\psi_1(z) = z + a$$
$$\psi_2(z) = be^{-z\tau}$$

avec un contour $\mathscr{C}_1$ bien choisi (voir également EL'SGOL'TS ET NORKIN [62], GOPALSAMY [82]).

Dans le cas des systèmes scalaires à plusieurs retards *commensurables*, les idées utilisées sont similaires à celles utilisées dans le cas d'*un seul retard*, mais la fonction complexe utilisée (du *premier ordre* dans la variable z pour le cas d'unseul retard) est une *fonction polynômiale* d'ordre supérieur à 1. Cette particularité permet d'utiliser l'*approche fréquentielle* par *faisceaux matriciels* proposée dans le paragraphe précédent, en utilisant une écriture sous la forme *compagnon* (voir également les remarques de la section suivante). Comme dans le cas d'un seul retard, les conditions obtenues sont *nécessaires et suffisantes*. Notons que dans le cas de l'*approche temporelle*, ce cas n'est traité que dans l'approche par *fonctions de Lyapunov-Razumikhin* qui ne donnent que des conditions suffisantes.

Dans le cas des systèmes scalaires à deux retards *vus comme paramètres*, la fonction complexe dans la variable z pour le cas d'un seul retard, devient une *fonction complexe à deux variables* : z_1 et z_2, pour laquelle l'approche par faisceaux matriciels proposée ne peut pas être étendue. Dans ce cas, on préfère l'approche temporelle par *fonctions de Lyapunov-Razumikhin* qui permet de donner des *conditions suffisantes* de stabilité soit indépendamment de chaque retard, soit en fonction d'un retard et indépendamment de l'autre, soit en fonction de chaque retard. A notre connaissance, il n'existe pas de résultats sur les systèmes multivariables à *deux retards* ou à *plusieurs retards*, où les retards sont vus comme *paramètres*. Ces problèmes sont considérés dans les sections suivantes.

2.2.6   Sur les cas non-scalaires

Dans cette sous-section, on a traité complètement le cas scalaire en utilisant plusieurs méthodes soit pour simplifier la présentation, soit pour montrer la richesse des systèmes à retard par rapport aux systèmes "linéaires" classiques, de dimension finie.

Du point de vue de la stabilité, on a vu que les deux type de régions de stabilité $\mathscr{S}_\infty$ et $\mathscr{S}_\tau$ nous permet de couvrir complètement toutes les situations rencontrées. De plus, dans ce cas, on a vu que le *retard* peut avoir un *effet déstabilisant*, si on augmente la taille du retard.

La situation est totalement différente si on considère le cas non scalaire. On va montrer que le retard peut avoir un *effet stabilisant* et de plus, une peut avoir des *séquences* dans l'espace des paramètres : *stable / instable /stable* , etc.

2.3 Approche par faisceaux matriciels

Dans cette partie, on considère l'*approche fréquentielle par faisceaux matriciels* pour le problème de *stabilité asymptotique* soit *indépendamment du retard*, soit *en fonction de la taille du retard*. On montre que le problème de stabilité peut être *converti* en un problème de *localisation des valeurs propres généralisées* par rapport au cercle unité pour *deux faisceaux matriciels de dimension finie* liés au système (2.1)-(2.2) (avec l'*Hypothèse* 1.4.1), i.e. le système linéaire sans retard (2.3) est asymptotiquement stable. Génériquement, un faisceau est associé aux *retards finis* et l'autre est associé au *retard infini*. On propose également une *étude comparative* entre notre méthode et d'autres résultats tirés de la littérature, comme par exemple : Su [244, 246], Chen *et al.* [33], Chen [30], Wang *et al.* [274].

L'approche par faisceaux matriciels permet aussi de considérer la région de stabilité asymptotique $\mathscr{S}_{(\tau_1,\tau_2)}$ (de type intervalle, voir la Section 3.1), le cas de *plusieurs retards commensurables* ou le cas de *points d'équilibres de type hyperbolique*. Dans cette Section, on donne seulement les idées concernant le cas de *plusieurs retards commensurables*.

Notre principale contribution est l'*introduction* et l'*utilisation* du *faisceau matriciel* associé au *retard infini*. D'autres résultats de la littérature n'utilisent que le faisceau associé aux *retards finis* et ne donnent que des conditions *suffisantes*. En effet, la répartition des valeurs propres généralisées de ces deux faisceaux par rapport au cercle unité permet de donner une *caractérisation complète* de la stabilité asymptotique *indépendamment* (dans les deux cas fort et faible) et *en fonction du retard*.

La Section est organisée comme suit : la première sous-section donne les *définitions et notions de base* nécessaires pour ce type d'approche. Ensuite on présente une *caractérisation* ($\mathscr{S}_\tau, \mathscr{S}_\infty$) en termes de distribution des valeurs propres généralisées des deux faisceaux matriciels construits à partir du système (2.1)-(2.3). Nous donnons quelques *extensions possibles* des résultats proposés à la fin de cette section.

2.3.1 Définitions

On introduit quelques concepts utiles sur les *faisceaux matriciels* qui nous permettent de donner une caractérisation *nécessaire et suffisante* pour les régions de stabilité $\mathscr{S}_\infty$ (dans les cas fort ou faible) et $\mathscr{S}_T$. On introduit les notions suivantes :

Définition (2.3.1) [GANTMACHER [76]]

Soit $M, N \in \mathbb{R}^{m \times n}$ deux matrices réelles.

La matrice $\Sigma = \Sigma(M, N) = zM + N$, où $z \in \mathbb{C}$ s'appelle *faisceau matriciel* associé aux matrices M et N.

Le faisceau $\Sigma = zM + N$ est dit *régulier* si M et N sont des matrices carrées de même dimension ($\in \mathbb{R}^{n \times n}$) et le déterminant $\det(zM + N)$ n'est pas identiquement nul. Dans tous les autres cas ($m \neq n$ ou $m = n$, mais $\det(zM + N) \equiv 0$), le faisceau est dit *singulier*. □

Une théorie des *faisceaux matriciels* est développée par GANTMACHER [76] (critères d'équivalence forte ou faible, formes canoniques, indices minimaux d'un faisceau). Le problème de calcul des *valeurs propres généralisées* et des *vecteurs propres généralisés* correspondants a été également considéré par GOLUB ET VAN LOAN [80] (la décomposition généralisée de Schur, la réduction triangulaire de Hessenberg). Pour développer notre approche, on introduit la notion suivante de *dichotomie*, soit *simple*, soit *séparable* par *rapport au cercle unité.*

Définition (2.3.2) ["dichotomie"]

Soit $\Sigma = zM + N$, $M, N \in \mathbb{R}^{n \times n}$ un faisceau régulier.

(1) Le faisceau matriciel Σ est dit *simplement dichotomique relativement au cercle unité* s'il n'a pas de valeurs propres généralisées sur le cercle unité.

(2) Le faisceau Σ est dit *dichotomiquement séparable par rapport au cercle unité* s'il existe r valeurs propres généralisées λ_i, $i = \overline{1, r}$ telles que : $| \lambda_i | > 1 > | \lambda_j |$, $j = \overline{(r + 1), n}$.

□

La notion de *dichotomie simple* pour un faisceau matricel associé à une certaine EAMR (équation algébrique matricielle de Riccati) peut être trouvée dans IONESCU ET WEISS [112]. La notion de *séparabilité dichotomique* a été introduite, à notre connaissance, par MEDANIC [166] dans un contexte matriciel pour construire les sous-espaces invariants pour une EAMR variante dans le temps.

2.3.2 Une caractérisation $(\mathscr{S}_\tau, \mathscr{S}_\infty)$

On introduit les matrices suivantes :

$$M_1 = \begin{bmatrix} I_{n^2} & O \\ O & A_d \otimes I_n \end{bmatrix} ; \quad N_1 = \begin{bmatrix} O & -I_{n^2} \\ I_n \otimes A_d^T & A \oplus A^T \end{bmatrix},$$

où $\otimes$, $\oplus$ représentent le produit et la somme de Kronecker (voir LANCASTER ET TISMENETSKY [141]).

On définit $\Sigma_1 = zM_1 + N_1$, $\Sigma_2 = zA_d + A$ et l'ensemble $\sigma_a = \sigma(\Sigma_1) - \sigma(\Sigma_2)$. Les faisceaux Σ_1 et Σ_2 ont les *propriétés* suivantes :

Lemme (2.3.3)

Les faisceaux matriciels Σ_1 et Σ_2 ont les propriétés suivantes :

(1) Si $(A, A_d) \in \mathscr{S}(0)$, alors Σ_1 et Σ_2 sont des faisceaux matriciels réguliers.

(2) Soit un complexe $z \in \mathscr{C}^*$, $\mid z \mid \neq 1$. Alors z est une valeur propre généralisée du faisceau matriciel Σ_1 si et seulement si $1/z$ est aussi une valeur propre généralisée de Σ_1.

(3) Si $z \in \mathscr{C}(0,1)$ est une valeur propre généralisée du faisceau Σ_2, alors z est aussi une valeur propre généralisée de Σ_1.

Preuve : *(1)* Si $(A, A_d) \in \mathscr{S}(0)$, alors $A + A_d$ est une matrice Hurwitz stable, donc

$$\lambda_i(A + A_d) + \lambda_j(A + A_d) \neq 0, \quad \forall i, j = \overline{1, 2n^2}.$$

En conclusion, le faisceau Σ_i $(i = \overline{1,2})$ n'a pas la valeur propre généralisée $z = 1$, donc Σ_i est régulier.

Les parties *(2)* et *(3)* sont algbriques et la démonstration se trouve dans NICULESCU [180].

En utilisant la *Définition* 2.3.1 et le *Lemme* 2.3.3, on a le résultat suivant :

Proposition (2.3.4) [NICULESCU [180]]

Les propriétés suivantes sont satisfaites :

(1) Si le faisceau matriciel Σ_1 est simplement dichotomique, alors il est dichotomiquement séparable.

(2) Si le faisceau matriciel Σ_2 n'est pas simplement dichotomique, alors le faisceau matriciel Σ_1 n'est pas simplement dichotomique.

Dans la Section précédente, on a vu que l'étude de la stabilité soit *indépendamment*, soit *en fonction du retard* peut être réduit à tester deux conditions :

- ► la stabilité du système sans retard, et
- ► une équation en deux variables (associée à l'équation caractéristique) ne doit pas avoir de solutions.

De plus, la *distribution des racines de cette équation* associée au système scalaire (2.15)-(2.17) peut être interprétée en termes de *distribution des valeurs propres généralisées* des *deux faisceaux matriciels de dimension finie*.

Les *idées* de base utilisées sont :

- ► la *transformation* de l'équation caractéristique sur l'axe imaginaire en *une équation algébrique à deux variables* : une variable sur le cercle unité et l'autre sur l'axe imaginaire (si le retard τ est un paramètre libre, alors $e^{-j\omega\tau}$ peut être vu "indépendamment" par rapport à $j\omega$, etc.);
- ► la *transformation* de la localisation des racines de cette équation algébrique en la localisation des valeurs propres généralisées d'un *faisceau matriciel* (Σ_1) par rapport au cercle unité.

Notons que pour avoir la stabilité $\mathscr{S}_\infty$ et de la stabilité $\mathscr{S}_{s,\infty}$, on doit considérer aussi un deuxième faisceau Σ_2 (pour couvrir le cas $s = j\omega = 0$ de l'équation caractéristique associée). sur l'axe imaginaire (2.4) quand le retard tend vers l'infini.

En utilisant ces *remarques*, on a le résultat suivant :

Théorème (2.3.5) **[Stabilité** $\mathscr{S}_\infty$**,** NICULESCU **[180]]**

Soit le système (2.1)-(2.2). Avec les notations et définitions données précédemment, les affirmations suivantes sont équivalentes :

(1) $(A, A_d) \in \mathscr{S}_\infty$.

(2) $(A, A_d) \in \mathscr{S}(0)$ et

$$\det\left(j\omega I_n - A - A_d z\right) \neq 0, \quad \forall\, \omega \in \mathbb{R}^*, \quad \forall\, z \in \mathscr{C}(0,1). \quad (2.31)$$

(3) $(A, A_d) \in \mathscr{S}(0)$ et

(3.a) soit le polynôme matriciel

$$\mathscr{P}_1(z) = (A_d \otimes I_n)z^2 + (A \oplus A^T)z + I_n \otimes A_d^T \quad (2.32)$$

n'a pas de racines sur le cercle unité,

(3.b) soit toutes les racines de $\mathscr{P}_1(z)$ sur le cercle unité sont aussi les racines du polynôme :

$$\mathscr{P}_2(z) = A_d z + A. \tag{2.33}$$

(4) $(A, A_d) \in \mathscr{S}(0)$ et :

(4.a) soit Σ_1 est dichotomiquement séparable par rapport au cercle unité,

(4.b) soit Σ_2 n'est pas simplement dichotomique et les valeurs propres généralisées du faisceau Σ_1 sur le cercle unité sont des valeurs propres généralisées du faisceau matriciel Σ_2 ($\sigma_a \cap \mathscr{C}(0,1) = \varnothing$).

Remarque (2.3.6) – *Selon* GOHBERG *et al.* [79], *le faisceau matriciel* Σ_1 *représente la* linéarisation *du polynôme matriciel* $\mathscr{P}_1$. *Notons que le polynôme* $\mathscr{P}_2$ *est du premier ordre, et par conséquent il est directment mis sous une forme de faisceau matriciel. Dans le cas général,* $\mathscr{P}_2$ *est un polynôme beaucoup plus compliqué.*

Remarque (2.3.7) – *Le* Théorème 2.3.5 *peut être vu comme la forme* polynômiale (3) *ou en termes de faisceaux matriciels* (4) *du résultat du* HALE *et al.* [98] *(voir* (2)*). L'avantage de cette forme est dû à la possibilité de vérifier la propriété de stabilité* $\mathscr{S}_\infty$ *en un nombre* fini *de pas : le calcul des valeurs propres généralisées des faisceaux matriciels* Σ_1 *et* Σ_2 *sur le cercle unité.*

Remarque (2.3.8) – *Dans l'*Introduction, *on a affirmé que la stabilité* indépendamment du retard *est donné en utilisant deux faisceaux, un associé aux retards* fini, *et l'autre au cas du retard infini.*

Essayons d'expliquer d'où vient la notion de faisceau matriciel *associé au* retard infini.

Regardons l'équivalence entre (2) *et* (4)*. Il est évident que la condition* (2.31)*, mais avec* $\omega \in \mathbb{R}$ *(au lieu de* $\omega \in \mathbb{R}^*$*) est équivalente à la propriété du faisceau* Σ_1 *d'être* dichotomiquement séparable *par rapport au cercle unité.*

Notons qu'on n'a pas des contraintes si $\omega = 0$*, i.e. on peut avoir*

$$\det(z A_d + A) = 0, \quad z \in \mathscr{C}(0,1). \tag{2.34}$$

Soit $z_1 = e^{-j\alpha}$ *(où* α *est un réel) un complexe qui satisfait cette propriété et revenons à l'équation caractéristique sur l'axe imaginaire :*

$$\det\left(j\omega I_n - A - A_d e^{-j\omega\tau}\right) = 0. \tag{2.35}$$

Si on considère $\omega = \dfrac{\alpha}{\tau}$, *alors si* $\tau \to +\infty$, $\omega \to 0+$, *et l'équation caractéristique (2.35) se "réduit" à (2.34).*

Par conséquent, on peut dire que le faisceau Σ_2 *caractérise "un comportement" du système qui "correspond" au cas* $\tau \to \infty$.

Remarque (2.3.9) – *Si au lieu d'avoir la condition (2.31), on considère :*

$$\det\left(j\omega I_n - A - A_d z\right) \neq 0, \quad \forall \omega \in \mathbb{R}, \quad \forall z \in \mathscr{C}(0,1), \tag{2.36}$$

alors on parle de stabilité indépendamment de la taille du retard dans le sens fort $\mathscr{S}_{s,\infty}$.

L'étude de ce type de stabilité, ainsi que les liens qui existent entre $\mathscr{S}_\infty$ *(dans le sens* faible*) ont été considérés dans* NICULESCU *[180].*

La différence essentielle entre les deux notions est donnée par une hypersurface définie par le faisceau Σ_2 *dans l'espace de paramètres* (A, A_d). *Dans le cas scalaire, cette hypersurface devient la demi-droite* $a = b > 0$, *etc.*

Théorème (2.3.10) [**Stabilité** $\mathscr{S}_\tau$, NICULESCU [180]]

Soit le système (2.1)-(2.2). Avec les notations et définitions données précédemment, les affirmations suivantes sont équivalentes :

(1) $(A, A_d) \in \mathscr{S}_\tau$.

(2) $(A, A_d) \in \mathscr{S}(0)$ et le faisceau Σ_1 n'est pas simplement dichotomique par rapport au cercle unité et il existe au moins une valeur propre généralisée de Σ_1 sur le cercle unité qui n'est pas valeur propre de Σ_2 ($\sigma_a \cap \mathscr{C}(0,1) \neq \varnothing$).

De plus, le système est asymptotiquement stable pour n'importe quel retard τ,

$$\tau < \tau^* = \min_{1 \leq k \leq 2n^2} \min_{1 \leq i \leq n} \frac{\alpha_k}{\omega_{ki}},$$

où $\alpha_k \in [0, 2\pi)$ et $e^{-j\alpha_k} \in \sigma_a = \sigma(\Sigma_1) - \sigma(\Sigma_2)$ et $j\omega_{ki}$ est une valeur propre de la matrice complexe $A + A_d e^{-j\alpha_k}$.

Interprétation

Considérons la matrice complexe $A + zA_d$ avec $z \in \mathscr{C}(0, 1)$. On donne une interprétation du *Théorème* 2.3.5 en termes de l'*inertie* de la matrice complexe $A + zA_d$:

$$In(A + zA_d) = (\pi(A + zA_d), \nu(A + zA_d), \delta(A + zA_d)),$$

où $\pi(\cdot)$, $\nu(\cdot)$ et $\delta(\cdot)$ représentent le nombre de valeurs propres de la matrice $A + zA_d$ à partie réelle positive, négative ou nulle.

Considérons le cas de la *stabilité asymptotique* $\mathscr{S}_\infty$.

La condition $(A, A_d) \in \mathscr{S}(0)$ est équivalente à la condition :

$$In(A + A_d) = (0, n, 0).$$

La condition Σ_1 *dichotomiquement séparable* garantit que le faisceau matriciel Σ_2 est *simplement dichotomique* (i.e. la matrice $A + zA_d$ n'est pas singulière sur le cercle unité $\mathscr{C}(0, 1)$) et que :

$$In(A + zA_d) = (0, n, 0),$$

pour toutes les valeurs z sur le cercle unité $\mathscr{C}(0, 1)$.

La *stabilité asymptotique* $\mathscr{S}_\infty$ est garantie si *la matrice complexe $A + zA_d$ ($z \in \mathscr{C}(0, 1)$) satisfait la condition*

$$\nu(A + zA_d) + \delta(A + zA_d) = \nu(A + A_d)$$

et si $\delta(A + zA_d) \neq 0$, la seule racine sur l'axe imaginaire de $A + zA_d$ se trouve à l'origine (i.e. les valeurs propres de la matrice complexe $A + zA_d$ se trouvent dans $\mathbb{C}^- \cup \{0\}$).

De manière similaire, on a la *stabilité asymptotique $\mathscr{S}_\tau$ s'il existe un $z \in \mathscr{C}(0, 1) - \{1\}$ tel que*

$$\delta(A + zA_d) \neq 0$$

et il existe une valeur propre de $A + zA_d$ sur $j\mathbb{R}^*$. Cette valeur propre existe si et seulement si le faisceau matriciel Σ_1 a des valeurs propres généralisées sur le cercle unité qui ne sont pas des valeurs propres généralisées de Σ_2. ∎

Aspects numériques

Les *Théorèmes* 2.3.5 et 2.3.10 donnent des *conditions nécessaires et suffisantes* en termes de valeurs propres généralisées de deux faisceaux matriciels constants :

- $2n^2$ valeurs propres généralisées de Σ_1 et
- n valeurs propres généralisées de Σ_2.

L'utilisation des *produits* et *somme de Kronecker* a un *inconvénient* majeur : la taille des matrices impliquées. Dans ce sens, l'utilisation d'autres *matrices composites* peut réduire la taille du problème et l'effort de calcul impliqué.

Dans ce sens, l'approche par *produits tensoriels* semble le mieux adapté (voir sc Qiu and Davison [219], MARCUS [163] et les références incluses).

Soit $p_\otimes(M, N)$ un produit tensoriel associé aux matrices carée de la même dimension M et N et soit $p_\oplus(M, N)$ la somme tensorielle associée (voir également l'*Annexe B* pour les définitions et les propriétés correspondantes).

Dans ce cas, le faisceau matriciel Σ_1 est défini par :

$$
\Sigma_{1p} = zM_1 + N_1 = z\begin{bmatrix} I_p & 0 \\ 0 & p_\otimes(A_d, I_n) \end{bmatrix} + \begin{bmatrix} 0 & -I_p \\ p_\otimes(I_n, A_d^T) & p_\oplus(A, A) \end{bmatrix},
$$

où p peut être $n(n+1)$ ou $n(n-1)$ (en fonction de définitions).

Notons que les *Théorèmes* 2.3.5-2.3.10 sont vérifiés si Σ_{1p} remplace le faisceau *Sigma* (voir NICULESCU ET COLLADO [201]).

Une deuxième *idée* qui semble raisonnable du point de vue calcul est l'*utilisation* des *sous-espaces de déflation avec le spectre imposé* (voir STEWART [241], VAN DOREN [267, 268]), qui nous permet de réduire le problème des valeurs propres généralisées des faisceaux matriciels Σ_1 (ou Σ_{1p}) et Σ_2 à l'intérieur ou sur le cercle unité en un *problème de calcul des valeurs propres* de matrices réelles, carrées et de *dimension inférieure*.

Autres résultats

En utilisant le *Théorème* 2.3.5 et les *Interprétations* qui suivent, on peut donner une *démonstration* très simple du résultat de MORI *et al.* [169] :

Proposition (2.3.11) [MORI, FUKUMA ET KUWAHARA [169]]

Soit le système (2.1)-(2.2). Si

$$
\mu(A) + \|A_d\| < 0,
$$

alors $(A, A_d) \in \mathscr{S}_\infty$.

Preuve : En utilisant les propriétés de la mesure de matrice (voir DESOER ET VIDYASAGAR [52] ou *Annexe A*), on a :

$$Re\left(\lambda_i(A + zA_d)\right) \leq \mu(A) + \|A_d\| < 0,$$

pour toutes les valeurs $z \in \mathscr{C}(0,1)$. Donc, les matrices $A + zA_d$ et $A + A_d$ ont la même inertie et de plus $A + A_d$ est asymptotiquement stable ($z = 1$ dans l'inégalité). En conclusion, le système (2.1)-(2.2) est asymptotiquement stable indépendamment du retard.

Toutes ces interprétations permettent également de donner quelques *conditions simples* pour la stabilité asymptotique *en= fonction du retard* :

Proposition (2.3.12)

Soit le système (2.1)-(2.2) qui satisfait l'Hypothèse 1.4.1. S'il existe un $z \in \mathscr{C}(0,1)$ tel que la matrice complexe $A + zA_d$ est non-singulière et

$$\nu(A + zA_d) \neq \nu(A + A_d),$$

alors $(A, A_d) \in \mathscr{S}_\tau$.

Preuve : Si la matrice $A + zA_d$ est non-singulière, alors elle n'a pas de valeurs propres nulles. Comme les matrices $A + zA_d$ et $A + A_d$ n'ont pas la même inertie et comme $z \notin \sigma(\Sigma_2)$, alors il existe une valeur propre généralisée de Σ_1 sur le cercle unité, qui n'est pas une valeur propre généralisée de Σ_2, donc la stabilité est en fonction de la taille du retard.

Corollaire (2.3.13)

Les conditions suivantes sont satisfaites :

(1) Si $(A, A_d) \in \mathscr{S}(0)$ et $A - A_d$ a une racine instable, alors $(A, A_d) \in \mathscr{S}_\tau$.
(2) Si $(A, A_d) \in \mathscr{S}(0)$ et A a une racine instable, alors $(A, A_d) \in \mathscr{S}_\tau$.

Preuve : Pour *(1)* on considère $z = -1$ dans la *Proposition* 2.3.12.

La condition *(2)* peut être obtenue plus difficilement en utilisant les propriétés de la fonction $Re(\lambda_i(A + zA_d))$, $i = \overline{1,n}$ pour tout $z \in \mathscr{C}$, $| z | \leq 1$ (voir HALE *et al.* [98]).

En utilisant les même *idées*, on montre également que :

Corollaire (2.3.14)

Si $(A, A_d) \in \mathscr{S}_\infty$, alors la matrice A est Hurwitz stable et la matrice $A - A_d$ peut être singulière avec toutes les autres valeurs propres stables.

Preuve : Dans le cas $\mathscr{S}_\infty$, la stabilité de la matrice A a été montrée par HALE *et al.* [98] et le cas de la matrice $A - A_d$ peut être analysé en utilisant les interprétations du *Théorème* 2.3.5 en termes d'inertie de la matrice complexe $A + zA_d$ quand z est sur le cercle unité.

Ce type de conditions simples est considéré dans les Sections suivantes où on utilise une *approche temporelle*. De plus, elles sont valables même si le retard est *variant dans le temps* (*Lemme* 2.3.13).

Dans le cas d'une matrice A *stable au sens de Hurwitz* avec $(A, A_d) \notin \mathscr{S}_\infty$, on peut formuler le problème suivant :

Problème (2.3.15) [Stabilité $\mathscr{S}_\infty$ sous-optimale]

Trouver le plus grand $\eta > 0$ tel que $(A, \eta A_d) \in \mathscr{S}_\infty$.

En utilisant les propriétés de continuité spécifiées dans la *Proposition* 2.1.1, si A_d est remplacée par ηA_d, il existe toujours un $\eta > 0$ *suffisamment petit*, tel que $(A, \eta A_d) \in \mathscr{S}_\infty$.

Pour démontrer cette propriété, il suffit de considérer un ε positif quelconque tel que $0 < \varepsilon < \mu(A)$ et $\eta = \varepsilon / \|A_d\|$ dans la *Proposition* 2.12. Ce *problème* sera considéré dans les Sections suivantes.

Remarque (2.3.16) – Dans le cas du système linéaire scalaire (2.15)-(2.17) on retrouve le Théorème 2.2.2. *En effet, les faisceaux matriciels Σ_1 et Σ_2 sont :*

$$\Sigma_1 = z \begin{bmatrix} 1 & 0 \\ 0 & -b \end{bmatrix} + \begin{bmatrix} 0 & -1 \\ -b & -2a \end{bmatrix},$$

$$\Sigma_2 = -zb - a.$$

qui ont les racines z_1, z_2 (Σ_1) et z' (Σ_2) pour $b \neq 0$:

$$z_1 = -\frac{a}{b} + \sqrt{\left(\frac{a}{b}\right) - 1}, \quad z_2 = -\frac{a}{b} + \sqrt{\left(\frac{a}{b}\right) - 1}, \quad z' = 3D - \frac{a}{b}.$$

La condition Σ_1 dichotomiquement séparable par rapport au cercle unité est équivalente à l'inégalité $a > |b|$. Σ_2 a des racines sur le cercle unité si et seulement si $|a| = |b|$, qui devient $a = -b$ si $(a, b) \in \mathscr{S}(0)$. En conclusion, *pour le système scalaire on retrouve la* condition nécessaire et suffisante *donnée dans le* Théorème 2.2.2.

Comparaisons

Dans les paragraphes suivants on fait une analyse *comparative qualitative* entre notre résultats et d'autres résultats similaires tirés de la littérature : CHEN et al. [33], SU [246] et WANG et al. [274].

L'approche de CHEN, GU ET NETT [33]

CHEN et al. [33] utilisent une approche fréquentielle basée sur la théorie des *faisceaux matriciels* pour donner des conditions *suffisantes* de stabilité asymptotique $\mathscr{S}_\infty$ ou $\mathscr{S}_\tau$. En effet, si on réécrit leur condition de stabilité indépendamment de la taille du retard en termes de propriétés du faisceau Σ_1, on a :

Proposition (2.3.17) [CHEN et al. [33]]

Le système (2.1)-(2.2) est asymptotiquement stable indépendamment du retard si $(A, A_d) \in \mathscr{S}(0)$ et le faisceau Σ_1 est simplement dichotomique.

Si $(A, A_d) \in \mathscr{S}(0)$ et Σ_1 a des racines sur le cercle unité, alors le système (2.1)-(2.2) est asymptotiquement stable en fonction de la taille du retard.

De plus, le système est asymptotiquement stable pour n'importe quel retard τ,

$$\tau < \tau^* = \min_{1 \leq k \leq 2n^2} \frac{\alpha_k}{\omega_k},$$

où $\alpha_k \in [0, 2\pi)$ et $e^{-j\alpha_k} \in \sigma_a = \sigma(\Sigma_1) - \sigma(\Sigma_2)$ et $j\omega_{ki}$ est une valeur propre de la matrice complexe $A + A_d e^{-j\alpha_k}$

En effet, si Σ_1 est *simplement dichotomique*, il est *dichotomiquement séparable* par rapport au cercle unité. Dans ce cas, on peut caractériser seulement les situations où le faisceau matriciel Σ_2 est également *simplement dichotomique* (voir *Lemme* 2.3.3 et la *Définition* 2.3.1), condition qui *n'est pas nécessaire* pour la stabilité $\mathscr{S}_\infty$, mais qui est *nécessaire et suffisante* pour la stabilité *indépendamment de la taille du retard* dans le *sens faible* (voir les paragraphes précédentes).

De plus, la borne sur le retard proposée par CHEN et al. [33] exclut la possibilité d'avoir plusieurs racines ω_{ki} sur l'axe imaginaire pour la même valeur propre généralisée $e^{-j\alpha_k}$ sur le cercle unité. Notons le fait qu'ils ont utilisé les techniques de linéarisation proposées par GOHBERG et al. [79] pour réduire des polynômes matriciels sous la forme des faisceaux matriciels équivalents.

L'approche de SU **[246]**

En utilisant une approche similaire, SU [246] propose la condition de stabilité $\mathscr{S}_{w,\infty}$ suivante :

Proposition (2.3.18) [SU [246]]

Le système (2.1)-(2.2) est asymptotiquement stable indépendamment du retard si $(A, A_d) \in \mathscr{S}(0)$ et si la matrice $\mathscr{M}$, définie par :

$$\mathscr{M} = \det\left((A + zA_d) \oplus (A + \bar{z}A_d)\right)$$

est non-singulière sur le cercle unité.

Des calculs simples montrent que la non-singularité de $\mathscr{M}$ sur le cercle unité est équivalente à la propriété de *dichotomie simple* du faisceau matriciel Σ_1. On retrouve donc la même condition de *stabilité asymptotique indépendamment du retard dans le sens fort*. De plus, selon SU [246], cette condition est *proche* d'une condition *nécessaire et suffisante* de stabilité asymptotique indépendamment du retard.

Les conditions de stabilité proposées par SU [246] exploitent la distribution des *valeurs propres* de la matrice $\mathscr{M}$ (définie auparavant) par rapport au cercle unité en transformant cette matrice "fréquentielle" (dans le sens $z = e^{-j\omega}$ sur le cercle unité) en une matrice *constante* de dimension plus grande. Le type de raisonnement utilisé pour avoir la *stabilité* $\mathscr{S}_\tau$ est similaire à celui donné dans CHEN [30] (un seul faisceau matriciel fréquentiel) et CHEN *et al.* [33].

L'approche de WANG, BOLEY ET LEE **[274]**

WANG *et al.* [274] proposent une condition de stabilité *indépendamment de la taille du retard* en termes de systèmes $1 - D$ (si on considère les définitions de AGATHOKLIS ET FODA [2]) :

Proposition (2.3.19) [WANG *et al.* [274]]

Le système (2.1)-(2.2) est asymptotiquement stable indépendamment du retard si Σ_2 est simplement dichotomique et si l'équation complexe de Lyapunov :

$$(A + \bar{z}A_d)^T P(z) + P(\bar{z})^T (A + zA_d) + Q(z) = 0$$

a une solution hermitienne $P(z)$ positive définie pour n'importe quelle matrice hermitienne et positive définie $Q(z)$.

En effet, leur condition de stabilité asymptotique indépendamment du retard est *nécessaire et suffisante* dans le sens *fort*.

Notons qu'on a donné la *formulation correcte* du résultat en remplaçant *la condition nécessaire et suffisante* par la *suffisance* (voir WANG *et al.* [274]).

Conclusions

Les *Théorèmes* 2.3.5 et 2.3.10 permettent de caractériser *complètement* la *stabilité asymptotique* d'un système linéaire à un seul retard en termes de *deux faisceaux matriciels* : Σ_1, qu'on appelle *faisceau matriciel associé aux retards finis* et Σ_2, qu'on appelle *faisceau matriciel associé au retard infini*.

Comme on a vu précédemment, le faisceau Σ_1, *seul*, *ne permet pas* d'obtenir des *conditions nécessaires et suffisantes* pour la stabilité asymptotique du système (2.1)-(2.2) sous l'*Hypothèse* 1.4.1. En effet, la propriété de *dichotomie* de Σ_1 par *rapport au cercle unité* permet d'avoir la *stabilité asymptotique* pour n'importe quel retard fini et pour *presque* tout système à retard de la forme (2.1)-(2.2) (sauf pour ceux dont les paramètres satisfont l'*Hypothèse 1* et sont dans l'*hyperplan* caractérisé par $\det(A + zA_d) = 0$).

WANG *et al.* citewabo ont remarqué l'*importance* du faisceau Σ_2 associé au *retard infini*, mais ils ont donné une *interprétation inexacte* de la *notion* de stabilité asymptotique indépendamment de la taille du retard utilisée par KAMEN [115, 116, 117]. Notons que tous ces résultats sont des conditions *nécessaires et suffisantes* si on utilise la notion de *stabilité asymptotique indépendamment du retard dans le sens fort* (voir NICULESCU [180]).

La différence *nette* entre les deux notions de stabilité indépendamment du retard est mise en évidence si on regarde la frontière de l'ensemble $\mathscr{S}(r)$ dans $\mathscr{S}(0) - \mathscr{S}_\infty$ comme une *fonction* $r = \tau$ de deux variables matricielles A et A_d. Alors $\mathscr{S}_\infty$ (l'intersection de tous les ensembles $\mathscr{S}(r)$) *inclut* la *frontière* $\det(A + zA_d) = 0$, qui ne se trouve pas dans l'autre ensemble $\mathscr{S}_{s,\infty}$.

La *définition* de la *stabilité asymptotique en fonction de la taille du retard* en termes de $\mathscr{S}(0) - \mathscr{S}_\infty$ permet de lever l'*ambiguïté* du résultat de CHEN *et al.* [33] sur le calcul de la *borne optimale* sur le retard. Excepté *une erreur de calcul*, leur résultat permet de calculer τ^* optimal dans $\mathscr{S}(0) - \mathscr{S}_{s,\infty}$, qui n'exclut pas le cas du retard *infini* pour les systèmes dont les paramètres sont dans l'*hyperplan* défini auparavant.

2.3.3 Le cas des retards commensurables

Dans les sous-sections précédentes on a considéré le problème de *stabilité asymptotique* dans le cas des systèmes linéaires à *un seul retard*.

Si on considère *plusieurs retards*, on peut avoir deux situations *différentes* : soit les *retards sont arbitraires un par rapport à l'autre* (retards non-commensurables), soit *le rapport entre n'importe quels retards est un rationnel* (retards commensurables). Le cas des *retards commensurables* peut être vu comme un cas particulier des *retards non-commensurables*, quand on impose des restrictions supplémentaires sur les retards.

Le premier cas est analysé dans les Sections suivantes en utilisant une *approche temporelle* basée sur les *Théorèmes de Razumikhin* et de *Krasovskii* combinée avec les *techniques de type LMIs*. Notons que pour le moment, excepté l'analyse de HALE ET HUANG [99] pour un système scalaire.

Dans les paragraphes concernant l'approche temporelle, on a préféré présenter seulement le cas général de *deux retards non-commensurables*, cas qui peut être facilement étendu à *plusieurs retards*.

Dans le cas le plus général, à notre connaissance, le problème de caractérisation de la stabilité asymptotique dans l'espace des retards *est encore un problème ouvert* (voir également les commentaires sur la complexité du problème de stabilité indépendamment de chaque retard données dans NICULESCU *et al.* [203] ou TOKER ET OZBAY [256]).

Le deuxième cas n'est considéré explicitement que dans ce paragraphe. Dans les paragraphes concernant l'approche temporelle, on a préféré présenter seulement le cas général de *deux retards non-commensurables*, cas qui peut être facilement étendu à *plusieurs retards*.

Considérons maintenant le système linéaire à états retardés sous la forme suivante :

$$\dot{x}(t) = Ax(t) + \sum_{i=1}^{n_d} A_i x(t - \tau_i), \tag{2.37}$$

avec la condition initiale :

$$x(t_0 + \theta) = \phi(\theta), \quad \forall \theta \in [-\bar{\tau}, 0], \quad \bar{\tau} = \max_{1 \le i \le n_d} \tau_i$$

$$\forall \phi \in \mathscr{C}_{n,\bar{\tau}}^v. \tag{2.38}$$

Le système (2.37)-(2.38) est la forme la plus générale d'un système à états retardés à *plusieurs retards*. Si $\tau_i = i\tau$ pour toutes les valeurs de $i = \overline{1, n_d}$, alors $\bar{\tau} = n_d \tau$ et nous sommes dans le cas d'un système à *retards commensurables*. Tout au long de cette sous-section on ne considère que ce cas.

L'équation caractéristique (2.4) associée au système (2.37)-(2.38) dans le cas des *retards commensurables* est donnée par :

$$\det\left(sI_n - A - \sum_{i=3D1}^{n_d} A_i e^{-is\tau}\right) = 0. \tag{2.39}$$

De plus l'*Hypothèse* 1.4.1 devient l'*Hypothèse* :

Hypothèse (2.3.20)

Le système linéaire sans retard ($\tau \equiv 0$) :

$$\dot{x}(t) = \left(A + \sum_{i=1}^{n_d} A_i\right) x(t), \quad x(t_0) = Dx_0 \tag{2.40}$$

est *asymptotiquement stable.*

Dans les sections précédentes on a défini les ensembles $\mathscr{S}_\infty$, et $\mathscr{S}_\tau$ dans l'espace des paramètres (A, A_d). Dans le cas de systèmes à états retardés *à plusieurs retards commensurables*, on peut réécrire ces ensembles dans un *espace paramétrique étendu* $(A, A_1, \ldots, A_{n_d})$ où A_d a été remplacé par $(A_1, A_2, \ldots, A_{n_d})$.

Une première approche pour l'*analyse de la stabilité asymptotique indépendamment du retard* d'un tel système dans le cas scalaire a été proposée par KAMEN [115] dans les années *1980*. Il a proposé des *conditions suffisantes* (proches des conditions *nécessaires* et suffisantes) de stabilité asymptotique $\mathscr{S}_\infty$ (voir également la section précédente et aussi KAMEN [117]) en termes de la *distribution des racines* (par rapport à l'axe imaginaire) d'un *polynôme à deux variables* : une variable sur l'axe imaginaire et l'autre sur le cercle unité. Dans le même esprit, HERTZ *et al.* [100] proposent une technique d'analyse de la stabilité asymptotique soit $\mathscr{S}_\infty$, soit $\mathscr{S}_\tau$ pour des systèmes linéaires non-scalaires.

D'une manière différente, GU ET LEE [90] ont considéré le problème de stabilité asymptotique $\mathscr{S}_\infty$ pour un système scalaire en utilisant le *test de Schur-Cohn* pour des polynômes complexes. Cette méthode est *fortement* liée au calcul d'*une norme* $\mathscr{H}_\infty$ pour une certaine fonction de transfert. Dans le même sens, les aspects $\mathscr{S}_\tau$ ont été considérés par CHEN *et al.* [33] en utilisant le comportement par rapport à l'axe imaginaire d'*une matrice hamiltonienne*. De plus, CHEN *et al.* [33] ont également étudié la stabilité asymptotique, soit $\mathscr{S}_\infty$, soit $\mathscr{S}_\tau$ pour le cas où le système à *plusieurs retards commensurables* est *non-scalaire* (voir la partie précédente).

Une approche système $1-D$ (dans le sens de la définition donnée par AGATHOKLIS ET FODA [2]) a été considérée par WANG *et al.* [274] (voir également la sous-section précédente), dont le résultat de stabilité asymptotique $\mathscr{S}_\infty$ combine une *équation complexe de Lyapunov* et *un faisceau matriciel de dimension finie* (le faisceau Σ_2 associé au cas du retard infini dans le cas d'un seul retard).

L'*idée* de base pour ce type d'approche est de *transformer* l'équation caractéristique (2.39) sous une forme matricielle *proche* d'une *forme compagnon* du système "scalaire" (si on considère les matrices A, A_i comme des scalaires). Cette idée a été utilisé par CHEN *et al.* [33].

Considérons les faisceaux matriciels :

$$\Sigma_3 = z \begin{bmatrix} I_{n^2} & 0 & \ldots & 0 & \\ 0 & I_{n^2} & \ldots & 0 & 0 \\ & & \ddots & & \\ 0 & 0 & \ldots & I_{n^2} & 0 \\ 0 & 0 & \ldots & 0 & A_{n_d} \otimes I_n \end{bmatrix}$$

$$+ \begin{bmatrix} 0 & -I_{n^2} & O & \ldots & 0 & 0 \\ 0 & 0 & -I_{n^2} & \ldots & 0 & 0 \\ & & & \ddots & & \\ 0 & 0 & 0 & \ldots & 0 & -I_{n^2} \\ B_{-n_d} & B_{-n_d+1} & B_{-n_d+2} & \ldots & B_{n_d-2} & B_{n_d-1} \end{bmatrix},$$

$$\Sigma_4 = z \begin{bmatrix} I_n & 0 & \ldots & 0 & 0 \\ 0 & I_n & \ldots & 0 & 0 \\ & & \ddots & & \\ 0 & 0 & \ldots & I_n & 0 \\ 0 & 0 & \ldots & 0 & A_{n_d} \end{bmatrix}$$

$$+ \begin{bmatrix} 0 & -I_n & 0 & \ldots & 0 & 0 \\ 0 & 0 & -I_n & \ldots & 0 & 0 \\ & & & \ddots & & \\ 0 & 0 & 0 & \ldots & 0 & -I_n \\ A & A_1 & A_2 & \ldots & A_{n_d-2} & A_{n_d-1} \end{bmatrix}.$$

où B_{-k} $(k = \overline{1, n_d})$, B_i $(i = \overline{1, n_d - 1})$= sont définis par :

$$B_{-k} = I_n \otimes A_k^T, \quad B_i = A_i \otimes I_n,$$
$$B_0 = A \oplus A^T.$$

Les faisceaux matriciels Σ_3 et Σ_4 ont les même propriétés que les faisceaux correspondants Σ_1 et respectivement Σ_2 (le *Lemme* 2.3.3 et la *Proposition* 2.3.4).

Remarque (2.3.21) – *Selon* GOHBERG *et al.* *[79], les faisceaux matriciels* Σ_3 *et* Σ_4 *sont les* formes compagnon *des polynômes matriciels* *suivants :*

$$\mathscr{P}_3(z) = z^{2n_d}(A_{n_d} \otimes I_n) + \sum_{k=0}^{n_d-1} z^k B_k + \sum_{k=1}^{n_d} z^{k+n_d} B_{-k},$$

$$\mathscr{P}_4(z) = A + \sum_{k=1}^{n_d} z^k A_k.$$

Dans ce contexte, les *Théorèmes* 2.3.5-2.3.10 se réécrivent comme suit :

Théorème (2.3.22)

Soit le système (2.37)-(2.38). Avec les notations et définitions données précédemment on a :

(1) $(A, A_1, \ldots A_{n_d}) \in \mathscr{S}_\infty$ si et seulement si $(A, A_1, \ldots A_{n_d}) \in \mathscr{S}(0)$ et :

    (1.a) soit Σ_3 est dichotomiquement séparable par rapport au cercle unité,

    (1.b) soit Σ_4 n'est pas simplement dichotomique et les valeurs propres généralisées du faisceau Σ_3 sur le cercle unité sont des valeurs propres généralisées du faisceau matriciel Σ_4 ($\sigma'_a \cap \mathscr{C}(0,1) = \emptyset$).

(2) $(A, A_d) \in \mathscr{S}_\tau$ si et seulement si $(A, A_1, \ldots A_{n_d}) \in \mathscr{S}(0)$, le faisceau Σ_3 n'est pas simplement dichotomique par rapport au cercle unité et il existe au moins une valeur propre généralisée de Σ_3 sur le cercle unité qui n'est pas valeur propre de Σ_4 ($\sigma'_a \cap \mathscr{C}(0,1) \neq \emptyset$).
De plus, le système est asymptotiquement stable pour n'importe quel retard τ,

$$\tau < \tau^* = \min_{1 \leq k \leq 2n^2} \min_{1 \leq i \leq n} \frac{\alpha_k}{\omega_{ki}},$$

où $\alpha_k \in [0, 2\pi)$ et $e^{-j\alpha_k} \in \sigma'_a = \sigma(\Sigma_3) - \sigma(\Sigma_4)$ et $j\omega_{ki}$ est une valeur propre de la matrice complexe $A + \sum_{i=1}^{n_d} A_i e^{-j\alpha_k i}$.

2.3.4 Extensions possibles

Dans les sous-sections précédentes on a considéré la *stabilité asymptotique* d'une classe de systèmes linéaires à *un seul retard* ou à *plusieurs retards commensurables* en utilisant une *approche fréquentielle* en termes de *faisceaux matriciels*. L'idée de base est de convertir la stabilité de l'équation caractéristique associée en un problème de *répartition* des valeurs propres généralisées de deux faisceaux matriciels de dimension finie par rapport au cercle unité.

Stabilité $\mathcal{S}_{(\tau_1,\tau_2)}$

Le problème considéré était de donner *une caractérisation complète* des régions de stabilité si on suppose que le système (2.1)-(2.2) est *asymptotiquement stable* pour un retard nul. En utilisant les même *idées*, ce résultat peut être étendu pour le *problème de stabilité* suivant :

Problème (2.3.23) [Stabilité $\mathcal{S}_{(\underline{\tau},\bar{\tau})}$]

Soit le système linéaire à états retardés (2.1)-(2.2). Si on suppose que ce système est asymptotiquement stable pour $\tau = \tau_0 > 0$, alors trouver les bornes inférieure $\underline{\tau} < \tau_0$ et supérieure $\bar{\tau} > \tau_0$ telles que le système est asymptotiquement stable pour n'importe quelle valeur du retard entre les deux bornes, et de plus il est instable pour $\tau \in \{\underline{\tau}, \bar{\tau}\}$.

Notons que l'existence d'un $\tau_0 > 0$ qui garantit la stabilité du système (2.1)-(2.2) assure la propriété de *régularité* pour les deux faisceaux matriciels Σ_1 et Σ_2.

Soit $r > 0$ un réel positif. Considérons les ensembles suivantes :

$$\sigma_{r,+} = \left\{ (\tau_{k_i}, \alpha_k) \quad : \quad \tau_{k_i} = \frac{\alpha_k}{\omega_{ki}} > r \quad : \quad e^{-j\alpha_k} \in \sigma_a, \right.$$

$$\left. j\omega_{ki} \in \Lambda\left(A + e^{-j\alpha_k} A_d\right) - \{0\}, \quad 1 \le k \le 2n^2, \quad 1 \le i \le n \right\}$$

$$\sigma_{r,-} = \left\{ (\tau_{k_i}, \alpha_k) \quad : \quad \tau_{k_i} = \frac{\alpha_k}{\omega_{ki}} < r \quad : \quad e^{-j\alpha_k} \in \Lambda_d, \right.$$

$$\left. j\omega_{ki} \in \Lambda\left(A + e^{-j\alpha_k} A_d\right) - \{0\}, \quad 1 \le k \le 2n^2, \quad 1 \le i \le n \right\}$$

Alors, on a le résultat suivant :

Proposition (2.3.24) [Niculescu [199]]

Considérons le système (2.1)-(2.2) Les conditions suivantes sont équivalentes :

(1) $(A, A_d) \in \mathscr{S}_{(\underline{\tau}, \bar{\tau})}$.

(2) Il existe un $r > 0$ tel que $(A, A_d) \in \mathscr{S}(r)$ et les ensembles $\sigma_{r,+}$ et $\sigma_{r,-}$ sont non vides. Les bornes exactes sur le retard sont données par :

$$\bar{\tau} = \min \{\tau \quad : \quad (\alpha, \tau) \in \sigma_{r,+}\}$$

$$\underline{\tau} = \max \{\tau \quad : \quad (\alpha, \tau) \in \sigma_{r,-}\}$$

De plus, si $\tau \in \{\underline{\tau}, \bar{\tau}\}$, l'équation caractéristique associée a des racines sur l'axe imaginaire.

> **Remarque** (2.3.25) – *Il est évident que si $\sigma_{r,+}$ est un ensemble vide, alors la stabilité asymptotique est garantie pour n'importe quel retard τ, $\tau \in (\underline{\tau}, +\infty)$; si $\sigma_{r,-}$ est vide, alors on a la stabilité en fonction de la taille du retard, i.e. intervalle de la forme $[0, \bar{\tau})$; et si les deux ensembles $\sigma_{r,+}$ et $\sigma_{r,-}$ sont vides, alors on a la stabilité indépendamment de la taille du retard.*

Ce type de technique *semble* applicable pour analyser les conditions dans lesquelles on a dans *l'espace des paramètres* (A, A_d) des séquences de type : *stable / instable / stable etc.* comme dans le cas du système oscillant commandé par un retour de sortie retardé.

L'hyperbolicité

D'après Hale et Lunel [97], un système linéaire à états retardés de la forme (2.1)-(2.2) est *hyperbolique* si l'équation caractéristique associée (2.4) n'a pas de racines sur l'axe imaginaire (on n'exclut pas la possibilité d'avoir des racines instables dans le demi-plan droit, voir Hale et Verduyn Lunel [97]). Des conditions d'hyperbolicité *indépendamment du retard dans le sens faible* ont été proposées par Hale *et al.* [98] en utilisant une approche fréquentielle. En effet, ils proposent la construction d'*un cône hyperbolique indépendamment du retard* dans l'espace des paramètres (A, A_d). Une approche différente est considérée par Hale et Verduyn Lunel [97], qui proposent une *caractérisation temporelle* des points d'équilibre de type hyperbolique.

La technique présentée dans cette section permet d'avoir des résultats plus simples non seulement pour l'*hyperbolicité indépendamment du retard*, mais aussi d'introduire la notion d'*hyperbolicité en fonction du retard* et de donner des conditions nécessaires et suffisantes pour avoir une caractérisation complète (voir NICULESCU [200]).

Dans cette section, on considère seulement le cas *indépendament du retard*. On a le résultat suivant :

Proposition (2.3.26) [NICULESCU [200]]

Considérons le système (2.1)-(2.2) tel que $In\left(A + \sum_{k=1}^{n_d} A_{dk}\right) = (n_\pi, n_\nu, 0)$

Les conditions suivantes sont équivalentes :

(1) Le système est hyperbolique indépendamment du retard avec n_ν racines de l'équation caractéristique à partie réelle positive.

(2) Soit le faisceau matriciel Σ_1 est dichotomiquement séparable par rapport au cercle unité, soit toutes les valeurs propres généralisées z_0 de Σ_1 sur $\mathscr{C}(0,1)$ sont des valurs propres de Σ_2, soit ils satisfont la condition :

$$In\left(A + \sum_{k=1}^{n_d} A_{dk}\right) = In\left(A + \sum_{k=1}^{n_d} A_{dk}z_0^k\right),$$

pour toutes $z_0 \in \mathscr{C}(0,1) \cap \sigma_a$.

Remarque (2.3.27) — *En utilisant les techniques de produits tensoriels on peut réduire la taille du faisceau matriciel Σ_1 (voir NICULESCU ET COLLADO [201]. De plus, tous ces résultats peuvent être étendus au cas de retards commensurables (voir également NICULESCU [200]).*

2.4 Approche par LMIs

Dans cette partie on considère la *stabilité asymptotique* des systèmes à états retardés en utilisant une approche temporelle basée sur les *Théorèmes de Razumikhin et de Krasovskii* combinées avec les techniques de type *LMIs*.

On donne des conditions *suffisantes de stabilité asymptotique* soit *indépendamment de la taille du retard*, soit *en fonction de la taille du retard* pour les systèmes sous la forme (2.1)-(2.2). L'idée de base est de *transformer le problème de stabilité* d'un système à *un seul retard* (constant ou variant dans le temps) ou à *plusieurs retards* (commensurables ou non) en un problème d'*optimisation convexe*. Bien que les conditions développées dans cette section ne soient que des conditions suffisantes, on a utilisé le même type de *technique d'optimisation* pour les deux cas d'étude : *indépendamment* ou *en fonction de la taille du retard*.

Notre principale contribution sur ce type d'approche est la *conversion* du problème de stabilité, dans les deux cas, en un *problème d'optimisation convexe*. Ce formalisme a été exploité non-seulement dans le cas du *retard constant*, mais aussi au cas du *retard variant dans le temps* ou dans le cas de *deux retards* (vus comme paramètres). De plus, on a donné une *caractérisation unitaire* pour les deux types de stabilité asymptotique considérés : indépendamment ou en fonction de la taille du retard. Une autre contribution importante est la relation qui existe entre la *Théorème de Razumikhim* (stabilité) et la $\mathscr{S}$-*procédure* (optimisation), relation qui nous permet de formuler toutes les résultats obtenus en utilisant les fonctions de Lyapunov-Razumikhin comme des problèmes d'optimisation.

La section est organisée comme suit : dans un premier temps on étudie les liens entre l'approche par fonctions de Lyapunov-Razumikhin et la $\mathscr{S}$-procédure. Ensuite, on donne une *caractérisation* ($\mathscr{S}_\tau, \mathscr{S}_\infty$) en termes d'optimisation convexe avec des algorithmes de type *quasi-convexe, convexe/quasi-convexe*. Les résultats obtenus sont facilement extensibles au cas du *retard variant dans le temps*. Le cas de *deux retards* (vus comme paramètres) est également considéré. Quelques *extensions possibles* des résultats proposés sont données à la fin de la Section.

2.4.1 Théorème de Razumikhin et $\mathscr{S}$-procédure

Considérons le système (2.1)-(2.2) :

$$\dot{x}(t) = Ax(t) + A_d x(t - \tau)$$
$$x(t_0 + \theta) = \phi(\theta), \quad \forall \theta \in [-\tau, 0], \quad \phi \in \mathscr{C}^v_{n,\tau},$$

et soit

$$V(x) = x^T P x, \quad x \in R^n \tag{2.41}$$

la fonction *Lyapunov-Razumikhin candidate*.

En appliquant le *Théorème de Razumikhin*, le système (2.1)-(2.2) est *uniformément asymptotiquement stable* s'il existe une fonction $V : \mathbb{R}^n \mapsto \mathbb{R}$ telle que pour n'importe quel $t \geq 0$,

$$\dot{V}(x(t)) < 0,$$

pour toutes les trajectoires qui satisfont la condition :

$$V(x(t + \theta)) \leq V(x(t)), \quad \forall \theta \in [-\tau, 0]. \tag{2.42}$$

86

Il est évident que si la fonction V est *quadratique* (2.41), alors la contrainte (2.42) est aussi quadratique.

Si on fait les calculs pour la fonction candidate V, on a :

$$\dot{V}(x(t)) = \begin{bmatrix} x(t) \\ x(t-\tau) \end{bmatrix}^T \cdot \begin{bmatrix} A^T P + PA & PA_d \\ A_d^T P & 0 \end{bmatrix} \cdot \begin{bmatrix} x(t) \\ x(t-\tau) \end{bmatrix},$$

(2.43)

sous la contrainte :

$$\begin{bmatrix} x(t) \\ x(t+\theta) \end{bmatrix}^T \cdot \begin{bmatrix} P & 0 \\ 0 & -P \end{bmatrix} \cdot \begin{bmatrix} x(t) \\ x(t+\theta) \end{bmatrix} \geq 0, \qquad \forall \theta \in [-\tau, 0]. \quad (2.44)$$

Si on applique la $\mathscr{S}$-*procédure* (voir également l'*Annexe C* et les références incluses) ou pour plus d'exactitude une *technique de rélaxation lagrangienne* (voir, par exemple, HIRIART-URRUTY ET LEMARÉCHAL [263]) en considérant $\theta = -\tau$, on obtient la condition suivante de *stabilité uniforme indépendamment de la taille du retard* :

Proposition (2.4.1)

Le système (2.1)-(2.2) est uniformément stable indépendamment de la taille du retard si une des conditions suivantes est satisfaite : :

(1) Il existe un scalaire $\beta > 0$ et une matrice symétrique et définie positive P tels que l'inégalité matricielle :

$$\begin{bmatrix} A^T P + PA + \beta P & PA_d \\ A_d^T P & -\beta P \end{bmatrix} < 0$$

(2.45)

est satisfaite.

(2) Il existe deux matrices symétriques et définies positives P et R telles que les inégalités matricielles :

$$\begin{cases} \begin{bmatrix} A^T P + PA + P & PA_d \\ A_d^T P & -R \end{bmatrix} < 0 \\ R \geq P \end{cases}$$

(2.46)

sont satisfaites.

Notons que tous ces résultats restent vrais si le retard est variant dans le temps $\tau \in \mathscr{V}(r), r > 0$.

Remarque (2.4.2) – *Tout au long de cette section, on ne considère pas à chaque résultat présenté les formes équivalentes possibles, exceptant les cas où une forme similaire présente plus d'avantages du point de vue calculatoire,*

Tenant compte que le *Théorème de Razumikhin* a été développé pour d'autres classes d'EDFRs (systèmes neutres, retards distribués), cette méthodologie peut être étendue dans ces cas. Notons que les développements considérés dans les paragraphs suivants peuvent soit utiliser ce résultat, soit utiliser une technique similaire. Pour simplifier la présentation, on a évité explicitement de donner les démonstrations compl'etes, mais par contre, on a donné les références correspondantes.

2.4.2 ($\mathscr{S}_\tau, \mathscr{S}_\infty$). **Conditions suffisantes**

Dans les parties précédentes on a présenté plusieurs considérations sur les deux types d'*approches temporelles* spécifiques à la théorie de stabilité dans le sens de Lyapunov pour les systèmes à états retardés : *l'approche par fonctionnelle de Lyapunov-Krasovskii* et *l'approche par fonction de Lyapunov-Razumikhin.*

Dans cette sous-section, on cherche à donner des conditions *suffisantes* de stabilité $\mathscr{S}_\infty$ et $\mathscr{S}_\tau$ en utilisant les deux types d'approches, mais combinées avec des *techniques d'optimisation convexe* en termes d'*inégalités linéaires matricielles* (*LMIs*).

Stabilité $\mathscr{S}_\infty$

Considérons le système (2.1)-(2.2), qui satisfait l'*Hypothèse* 1.4.1.

$$\dot{x}(t) = Ax(t) + A_d x(t - \tau)$$
$$x(t_0 + \theta) = \phi(\theta), \quad \forall \theta \in [-\tau, 0], \quad \phi \in \mathscr{C}^v_{n,\tau}.$$

On avu dans le chapitre précédent qu'une *condition nécessaire* de stabilité asymptotique indépendamment de la taille du retard est la *stabilité de la matrice A dans le sens de Hurwitz* (voir également NICULESCU *et al.* [203] et les références incluses.

Par conséquent on impose l'hypothèse supplémentaire suivante :

Hypothèse (2.4.3)

La matrice A est Hurwitz stable.

En effet, si la matrice A n'est pas stable au sens de Hurwitz, alors la stabilité est dépendante de la taille du retard (pour le cas instable dans le sens strict, voir *Proposition* 2.3.12; pour le cas général voir HALE *et al.* citehale2 ou CHEN [30], EL'SGOLTS' ET NORKIN [62]).

On a vu dans les Sections précédentes que la stabilité de A et $A + A_d$ au sens de Hurwitz sont des conditions *nécessaires* pour la stabilité $\mathscr{S}_\infty$, mais elles ne sont pas suffisantes. Donc les *Hypothèses* 1.4.1 et 1.4.5 ne garantissent pas que la paire (A, A_d) est dans l'ensemble $\mathscr{S}_\infty$.

De plus, on a vu dans les Sections précédentes que si la matrice A est stable au sens de Hurwitz, alors il existe un $\eta > 0$ suffisamment petit tel que $(A, \eta A_d) \in \mathscr{S}_\infty$. On introduit la notion suivante :

Définition (2.4.4)

Soit A, $A_d \in \mathbb{R}^{n \times n}$ deux matrices réelles telles que A est stable au sens de Hurwitz. Soit η^* un réel positif.

Si pour tout $0 < \eta \leq \eta^*$, $(A, \eta A_d) \in \mathscr{S}_\infty$, alors le système (2.1)-(2.2) est dit $(\eta^*, \mathscr{S}_\infty)$ stable sous-optimal. □

Il est évident que si $\eta^* \geq 1$ (dans le sens de la *Définition* 2.4.4), alors $(A, A_d) \in \mathscr{S}_\infty$.

Interprétation

Cette définition permet de donner une autre interprétation au système à états retardés (2.1)-(2.2) dans le sens suivant :

Si le système :

$$\dot{x}(t) = Ax(t), \quad x(t_0) = x_0 \in \mathbb{R}^n$$

est asymptotiquement stable, alors

η^* *est une valeur positive pour laquelle le terme perturbé "$\eta A_d x(t - \tau)$" ($\eta \in [0, \eta^*]$) garantit que le système* (2.1)-(2.2) *(avec A_d remplacé par ηA_d) est asymptotiquement stable indépendamment du retard.*

Cette notion de *stabilité* $(\eta^*, \mathscr{S}_\infty)$ *sous-optimale* permet d'avoir une *mesure* sur la *stabilité asymptotique indépendamment de la taille du retard* quand on *conserve* la *structure* $((A, A_d) \to (A, \eta A_d))$ et pas la *norme* $((A, A_d) \to (A, A_{d1})$ avec $\|A_d\| = \|A_{d1}\|)$. Une analyse dans l'esprit *norme* peut être donnée en utilisant le *théorème du petit gain* combinée avec la notion de *mesure de matrice* (voir, par exemple, CHEN ET LATCHMAN [31], CHEN [30]). Cette notion est fortement liée à la notion d'*α-stabilité* (ou stabilité exponentielle avec le taux de décroissance α) et à la notion de *rayon de stabilité* (voir VAN LOAN [266]). ∎

Dans les paragraphes suivants, on considère le problème de calcul d'une valeur *maximale* de η^* telle que le système (2.1)-(2.2) est $(\eta^*, \mathscr{S}_\infty)$ *stable sous-optimal* en utilisant les deux approches : *l'approche par fonction de Lyapunov-Krasovskii* sur un espace produit et *l'approche par fonction de Lyapunov-Razumikhin*. L'approche temporelle ne permet pas d'obtenir la *valeur optimale* (les conditions sont seulement *suffisantes*).

Approche par fonction de Lyapunov-Krasovskii sur un espace produit

On considère la *fonction de Lyapunov-Krasovskii* de la forme suivante : $V :$ $\mathbb{R} \times \mathbb{R}^n \times \mathscr{C}_{n,\tau}^v \mapsto \mathbb{R}$, définie par :

$$V(t, x(t), x_t) = x(t)^T P x(t) + \int_{-\tau}^0 = x(t+\theta)^T S x(t+\theta) d\theta, \qquad (2.47)$$

où P et S sont deux matrices symétriques et positives définies. On a le résultat suivant :

Théorème (2.4.5) ───────────────────────────────

Soit le système (2.1)-(2.2) qui satisfait les Hypothèses 1 et 3 et soit η^* un réel positif.

S'il existe deux matrices réelles symétriques et définies positives P et S telles que :

$$\begin{bmatrix} A^T P + PA + S & \eta^* P A_d \\ \eta^* A_d^T P & -S \end{bmatrix} < 0, \qquad (2.48)$$

alors le système (2.1)-(2.2) est $(\eta^*, \mathscr{S}_\infty)$ stable sous-optimal.

Preuve : En utilisant le complément du Schur, l'inégalité (2.48) est équivalente à :

$$A^T P + PA + S + (\eta^*)^2 P A_d S^{-1} A_d^T P < 0,$$

inégalité vérifiée pour tout $0 \leq \eta \leq \eta^*$. Maintenant soit η un réel quelconque dans $[0, \eta^*]$. Alors le système (2.1)-(2.2) avec A_d remplacé par ηA_d, est asymptotiquement stable indépendamment du retard via la fonction de Lyapunov-Krasovskii (2.47) (voir NICULESCU *et al.* [184], NICULESCU [180]).

Notons que pour $\eta^* \equiv 0$, on peut toujours trouver deux matrices P_1 et S_1 symétriques et positives définies qui satisfont la LMI (2.48). Soit, par exemple, $S_1 = \varepsilon I_n$ où $\varepsilon > 0$ est un réel positif et soit P_1 la solution de l'équation de Lyapunov :

$$A^T P + PA + 2\varepsilon I_n = 0,$$

qui est symétrique et positive définie (A est stable au sens de Hurwitz etc.). Alors (2.48) devient $-\varepsilon I_{2n} < 0$, inégalité vérifiée pour tout $\varepsilon > 0$. De plus, en utilisant la propriété de continuité des valeurs propres par rapport au paramètre η^*, (2.48) reste vérifiée pour un η^* *suffisamment petit*.

Le *problème de stabilité asymptotique* est alors converti en un *problème d'optimisation*, i.e. de trouver la *valeur maximale* de η^* (et les matrices correspondantes P et S) sous la *contrainte* que la LMI (2.48) est vérifiée.

Remarque (2.4.6) – *En utilisant le changement de variable :* $P_1 = P$ *et* $S_1 = S/\{\eta^*\}^2$, *la LMI (2.48) peut être réécrite sous la forme :*

$$\begin{bmatrix} A^T P_1 + P_1 A + \{\eta^*\}^2 S_1 & P_1 A_d \\ A_d^T P_1 & -S_1 \end{bmatrix} < 0,$$

qui peut être analysé dans le même esprit.

Comme on l'a précisé antérieurement, si $\eta^* \geq 1$, alors on a la stabilité $\mathscr{S}_\infty$ si $\eta = 1$ et le système (2.1)-(2.2) est *asymptotiquement stable indépendamment du retard*.

Pour $\eta^* = 1$, HALE (voir HALE ET VERDUYN LUNEL [97]) donne la condition suivante de stabilité asymptotique indépendamment du retard :

Proposition (2.4.7) [HALE ET VERDUYN LUNEL [97]]

S'il existe deux matrices symétriques et positives définies D et S telles que :

$$\begin{bmatrix} D - S & -(PA_d)^T \\ -PA_d & S \end{bmatrix} > 0.$$

où P est la solution symétrique et positive définie de l'équation :

$$A^T P + PA = -D,$$

alors le système (2.2)-(2.2) est asymptotiquement stable indépendamment du retard.

Cette condition peut être *réécrite* sous la forme d'un *problème de faisabilité* en termes d'*inégalités linéaires matricielles (LMIs)* (voir BOYD *et al.* [25]) :

Proposition (2.4.8) [BOYD, EL GHAOUI, FERON ET BALAKRISHNAN [25]]

S'il existe deux matrices symétriques et positives définies P et S telles que :

$$\begin{bmatrix} A^T P + PA + S & PA_d \\ A_d^T P & -S \end{bmatrix} < 0,$$

alors le système (2.1)-(2.2) est asymptotiquement stable indépendamment du retard.

Des résultats similaires avec la transformation de l'inégalité matricielle en *l'inéquation de Riccati* ont été obtenus par SHEN *et al.* [234] :

$$A^T P + PA + PA_d S^{-1} A_d^T P + S < 0.$$

Une amélioration est proposée par NICULESCU *et al.* [186] via "The strict bounded lemma," pour donner le résultat de stabilité suivant :

Proposition (2.4.9) [NICULESCU, DE SOUZA, DION ET DUGARD [186]]

Soit S une matrice symétrique et positive définie. Si l'équation de Riccati

$$A^T P + PA + PA_d S^{-1} A_d^T P + S = 0$$

a une solution $P = P^T \geq 0$, alors le système (2.1)-(2.2) est asymptotiquement stable indépendamment du retard.

Il faut noter que dans ce résultat, la matrice P n'est pas strictement positive définie.

Une autre amélioration basée sur l'utilisation des *techniques de faisceaux matriciels* a été proposée par NICULESCU ET IONESCU [194, 195], dont la condition, basée sur l'utilisation de la même *fonction de Lyapunov-Krasovskii* (2.47), mène à un résultat de *stabilité indépendamment de la taille du retard* avec une hypothèse plus faible : $P = P^T \geq 0$ et $S = S^T \geq 0$.

L'approche donnée dans NICULESCU ET IONESCU [194] utilise les propriétés d'un faiscea matriciel associé ùn système de type Lur'e. Notons également que ce faisceau n'est pas forcément régulier. Pour avoir une présentation unitaire dans cette section, on ne considère pas les améliorations proposées dans NICULESCU *et al.* [186] et NICULESCU ET IONESCU [194, 195].

Un autre cas d'étude a été complètemet traité dans NICULESCU *et al.* [203]. Si on considère que la matrice A_d admet une décomposition sous la forme :

$$A_d = MN, \quad M \in \mathbb{R}^{n \times m}, \quad N \in \mathbb{R}^{m \times n}, \tag{2.49}$$

où $m \leq n$ and $rang(M) = m$, alors on a :

Proposition (2.4.10) [NICULESCU, VERRIEST, DUGARD ET DION **[203]**]

Le système (2.1)-(2.2) qui satisfait la condition (2.49) sur la matrice A_d est asymptotiquement stable indépendamment de la taille du retard, s'il existe les matrices réelles et définies positives telles que :

$$\begin{bmatrix} A^T P + PA + N^T SN & PM \\ M^T P & -S \end{bmatrix} < 0.$$

La fonctionnelle de Lyapunov-Krasovskii correspondante est :

$$\begin{cases} V(x_t) = x(t)^T P x(t) + \int_{-\tau}^{0} x(t+\theta)^T N^T SN x(t+\theta) d\theta \\ P > 0, \quad S > 0 \end{cases}.$$

D'autres remarques et commentaires sont donnés dans NICULESCU *et al.* [203].

Notons $\psi(\eta, P, S)$ la partie gauche de l'inéquation (2.48), i.e.

$$\psi(\eta, P, S) = \begin{bmatrix} A^T P + PA + S & \eta P A_d \\ \eta A_d^T P & -S \end{bmatrix}$$

Pour obtenir numériquement la *borne maximale permise* pour$= \eta^*$, donnée par le *Théorème* 2.4.5, i.e.

$$\begin{cases} \max_{P,S} \eta \quad tel\ que \\ \psi(\eta, P, S) < 0 \end{cases}, \tag{2.50}$$

remarquons d'abord les *propriétés* suivantes :

➤ pour la matrice S donnée, le problème d'optimisation (2.50) consiste en la *minimisation de valeurs propres généralisées* qui est un *problème quasi-convexe standard* (voir BOYD *et al.* [25] et les références incluses);

➤ pour P donnée, le problème d'optimisation (2.50) consiste en la *minimisation de valeurs propres* qui est un *problème convexe standard* (voir BOYD *et al.* [25] et les références incluses).

Ces propriétés permettent de développer l'Algorithme suivant pour calculer *une borne sous-optimale sur η^** :

Algorithme : <u>Pas 1</u> : *Soit $P > 0$ et $S > 0$ deux matrices réelles et positives définies telles que pour $\eta = 0$, $\psi(0, P, S) < 0$. <u>Pas 2</u> : Pour P donnée au pas précédent, trouver η et S qui sont la solution du problème d'optimisation convexe suivant :*

$$\begin{cases} \max_{S} \ \eta \quad tel\ que \\ \psi(\eta, S) < 0 \ pour\ P\ fixée. \end{cases}$$

<u>Pas 3</u> : *Pour S donnée au pas précédent trouver η et P qui sont la solution du problème d'optimisation quasi-convexe suivant :*

$$\begin{cases} \min_{P} \ \eta \quad tel\ que \\ \psi(\eta, P) < 0 \ pour\ S\ fixée. \end{cases}$$

et revenir au Pas 2 jusqu'à ce que η^* converge avec la précision souhaitée.

Chaque pas de cet algorithme peut être fait avec des méthodes très efficaces numériquement (voir BOYD *et al.* [25]). Comme on a un problème combiné "convexe / quasi-convexe," on a la Proposition suivante :

Proposition (2.4.11)

L'algorithme donné ci-dessus donne une borne sous-optimale sur η^*, qui garantit que le système (2.1)-(2.2) est $(\eta^*, \mathscr{S}_\infty)$ stable sous-optimal.

En utilisant la terminologie *LMI*, la condition de stabilité S_∞ donnée dans le *Théorème* 2.4.5 est transformée en un *problème d'optimisation combiné "convexe / quasi-convexe."*

Interprétation

Le *Théorème* 2.4.5 et la *Proposition* 2.4.11 permettent de calculer des "*intervalles*" sous-optimaux $(A, \eta A_d)$ dans l'espace des paramètres (A, A_d) pour une paire (A, A_d) donnée.

∎

Approche par la fonction de Lyapunov-Razumikhin

Considérons maintenant la fonction de Lyapunov suivante $V : \mathbb{R}^n \to \mathbb{R}^n$ définie par :

$$V(x(t)) = x(t)^T P x(t) \tag{2.51}$$

En utilisant une technique des inégalités matricielles (voir également Su [244], Niculescu *et al.* [188] et Xi et de Souza [288]) on a le résultat suivant :

Théorème (2.4.12)

Soit le système (2.1)-(2.2) qui satisfait les Hypothèses 1.4.1 et 2.4.3 et soit η^* un réel positif.

S'il existe deux matrices symétriques et définies positives P et R, telles que $R \leq P$ et :

$$\begin{bmatrix} A^T P + PA + P & \eta^* P A_d \\ \eta^* A_d^T P & -R \end{bmatrix} < 0, \tag{2.52}$$

alors le système (2.1)-(2.2) est $(\eta^*, \mathcal{S}_\infty)$ stable sous-optimal.

Notons que dans ce cas, l'approche par *fonction de Razumikhin* donne des conditions plus restrictives que celles obtenues en utilisant les *fonctions de Lyapunov-Krasovskii* sur des espaces produit.

Si on considère P et R dans la fonctionnelle (2.47), alors l'inégalité (2.48) devient :

$$\begin{bmatrix} A^T P + PA + R & \eta^* P A_d \\ \eta^* A_d^T P & -R \end{bmatrix} < 0,$$

inégalité *moins restrictive* que (2.52) parce que $R \leq P$ par l'hypothèse du *Théorème 2.4.5*.

Autres interprétations

On donne maintenant une *interprétation* simple du *Théorème 2.4.5* et de la *Définition 2.4.4* en termes d'α-*stabilité*. On considère le système (2.1)-(2.2) via la transformation $y(t) = x(t)e^{\alpha(t-t_0)}$. Le nouveau système (2.1) est :

$$\dot{y}(t) = (A + \alpha I_n)y(t) + e^{\alpha \tau} A_d y(t - \tau), \tag{2.53}$$

équation pour laquelle l'*Hypothèse* 2.4.3 devient :

Hypothèse (2.4.13)

$A + \alpha I_n$ est une matrice Hurwitz stable.

Dans ces conditions, le *Théorème* 2.4.5 permet d'avoir le résultat suivant :

Proposition (2.4.14)

Soit le système (2.1)-(2.2) qui satisfait l'Hypothèse 2.4.13. S'il existe un réel positif $\eta^* > 1$ et deux matrices réelles symétriques et positives définies P et S telles que :

$$\begin{bmatrix} A^T P + PA + 2\alpha P + S & \eta^* PA_d \\ \eta^* A_d^T P & -S \end{bmatrix} < 0, \tag{2.54}$$

alors le système (2.1)-(2.2) est α-asymptotiquement stable et le retard maximal qui garantit cette propriété est :

$$\tau^* = \frac{1}{\alpha} \ln(\eta^*). \tag{2.55}$$

Preuve : Le système (2.1)-(2.2) est α-asymptotiquement stable si et seulement si (2.53) est asymptotiquement stable. Comme A_d est multiplié dans (2.53) par $e^{\alpha\tau} > 1$ on doit imposer $\eta^* > 1$. Pour obtenir l'inégalité (2.54), on utilise la même fonction de Lyapunov-Krasovskii (2.47) pour le système (2.53)-(2.2).

Ce résultat permet d'avoir l'*interprétation* suivante en termes de η^* :

Interprétation

Soit le système (2.1)-(2.2) tel que la matrice $A + \alpha I_n$ est stable au sens de Hurwitz.

S'il existe un $\eta^* > 1$ tel que $(A + \alpha I_n, \eta A_d) \in \mathscr{S}_\infty$, pour tout $\eta \in [0, \eta^*]$, alors le système (2.1)-(2.2) est α-asymptotiquement stable pour n'importe quel retard τ, tel que :

$$\tau^* = \frac{1}{\alpha} \ln(\eta^*).$$

De plus, η^* est $\mathscr{S}_\infty$ pour le système (2.1)-(2.2), où A a été remplacé par $A + \alpha I_n$. ∎

Une *interprétation* similaire peut être donnée en terme de *rayon de stabilité* de la matrice A :

$$r(A) = \inf \{ \|\delta A\| : A + \delta A \text{ est instable} \},$$

notion introduite par VAN LOAN [266] (voir également CHILALI ET GAHINET [39] pour quelques interprétations en termes de *LMIs*). On a le résultat suivant :

Proposition (2.4.15)

Soit le système (2.1)-(2.2) qui satisfait les conditions du Théorème 2.4.5. Alors on a :

$$2r(A)\kappa(P)^{-\frac{1}{2}} \geq \eta^* \|P^{\frac{1}{2}}A_d S^{-\frac{1}{2}}\|^2 + \|P^{\frac{1}{2}}SP^{-\frac{1}{2}}\|,$$

Interprétation

Cette relation impose une borne supérieure sur η^* en termes de *limite de stabilité* de la matrice A du système (2.1)-(2.2). En conclusion, pour n'importe quelles matrices P et S qui vérifient les conditions du *Théorème* 2.4.5, la borne η^* pour avoir la $\mathscr{S}_\infty$ sous-optimalité ne peut pas dépasser $a \cdot r(A) - b$, où :

$$a = \frac{2}{\kappa(P)^{-\frac{1}{2}}\|P^{\frac{1}{2}}A_d S^{-\frac{1}{2}}\|^2}, \quad b = \frac{\|P^{\frac{1}{2}}SP^{-\frac{1}{2}}\|}{\|P^{\frac{1}{2}}A_d S^{-\frac{1}{2}}\|^2} \tag{2.56}$$

■

Stabilité $\mathscr{S}_\tau$

Dans les paragraphes précédents, on a donné des conditions *suffisantes* pour avoir la *stabilité asymptotique indépendamment de la taille du retard*. On a considéré comme *Hypothèse* la stabilité dans le sens de Hurwitz de la matrice $A + A_d$. On a vu que pour donner des conditions de stabilité indépendamment du retard, cette condition *n'est pas suffisante*, elle est seulement *nécessaire*. Pour avoir des *ensembles non-vides*, on a préféré *changer* le système (2.1)-(2.2) et travailler sur un système pour lequel on peut toujours garantir la *stabilité asymptotique indépendamment du retard*.

Si on considère maintenant le *problème de stabilité en fonction de la taille du retard $\mathscr{S}_\tau$*, on voit que pour n'importe quelle paire (A, A_d) qui satisfait l'*Hypothèse* 1.4.1, on peut toujours trouver une *borne finie* sur le *retard* qui assure la stabilité asymptotique. Le seul problème qui se pose est de savoir si cette borne est *restrictive* ou non. En *conclusion*, pour avoir un *bon résultat* avec une *approche temporelle*, on doit d'abord *essayer les techniques décrites* dans les paragraphes précédents pour avoir la *stabilité indépendamment du retard*, et *si on ne peut pas garantir la stabilité $\mathscr{S}_\infty$*, alors il faut *essayer* les *techniques* développées dans les paragraphes suivants.

Théorème (2.4.16) [NICULESCU ET AL. [188]]

Soit le système (2.1)-(2.2) qui satisfait l'Hypothèse 1.4.1.
Alors le système est asymptotiquement stable pour n'importe quelle valeur τ, $0 \le \tau < \tau^*$:

$$\tau^*(Q, P, \beta_1, \beta_2) = \frac{1}{\psi} \qquad (2.57)$$

où

$$\psi = \| Q^{\frac{-1}{2}}[\beta_1 P A_d A P^{-1} A^T A_d^T P + \beta_2 P A_d A_d P^{-1} A_d^T A_d^T P$$
$$+ (\beta_1^{-1} + \beta_2^{-1})P]Q^{\frac{-1}{2}} \|,$$

et β_1, β_2 sont nombres réels positifs et (P, Q) est une paire de matrices symétriques et positives définies qui satisfait l'équation de Lyapunov :

$$(A + A_d)^T P + P(A + A_d) + Q = 0 \qquad (2.58)$$

La preuve suit les mêmes pas que ceux de la démonstration de la *Proposition* 2.2.5 en utilisant l'approche de Razumikhin avec la fonction de Lyapunov-Razumikhin $V(x(t)) = x(t)^T P x(t)$ pour l'équation différentielle fonctionnelle obtenue à partir de l'équation (2.1) par une intégration sur un intervalle de taille τ.

Pour obtenir la forme (2.57), on utilise une technique d'inégalités matricielles (voir SU [244]) et les propriétés de complément de Schur données dans BOYD *et al.* [25].

Remarque (2.4.17) – *Comme $A + A_d$ est une matrice stable dans le sens de Hurwitz (Hypothèse 1.4.1), l'équation de Lyapunov (2.58) a toujours une solution symétrique et positive définie P pour n'importe quelle matrice symétrique et positive définie Q. Donc, on peut donc toujours trouver une valeur de τ^*, suffisamment petite, mais non nulle telle que la condition (2.57) est satisfaite et par conséquent, on peut garantir la stabilité du système (2.1)-(2.2), pour n'importe quel retard τ plus petit que τ^*.*

Il est nécessaire de mentionner que si le système est stable pour n'importe quelle valeur du retard, alors ce résultat est *conservatif*, mais il devient *"raisonnable"* dans le cas où le système n'est pas stable pour n'importe quel retard (par exemple, si les conditions de la *Proposition* 2.3.12 ou du *Lemme* 2.3.13 sont satisfaites).

Des *bornes* sur le *retard* ont été proposées par NICULESCU *et al.* [181], en utilisant une approche basée sur une fonctionnelle de type Lyapunov-Krasovskii de la forme

$$V(x_t) = \sup_{\theta \in [-2\tau, 0]} e^{\delta \theta} x(t+\theta)^T P x(t+\theta), \quad \delta > 0,$$

ou dans NICULESCU *et al.* [183], SU ET HUANG [247] (avec les corrections données dans XU [293]), en utilisant une approche par fonction de Lyapunov-Razumikhin.

Le résultat donné dans NICULESCU *et al.* [181] garantit la stabilité asymptotique pour n'importe quel retard $\tau < \tau^*$,

$$\tau^* = \frac{\lambda_{min}(Q)}{2\kappa^{1/2}(P)(\| PA_dA \| + \| P(A_d)^2 \|)},$$

où la paire (P, Q) satisfait l'équation de Lyapunov (2.58). La forme non-linéaire de τ^* ne permet pas de calculer "facilement" une borne *maximale* (même sous-optimale) sur le retard.

Comme *remarque*, le résultat donné par SU ET HUANG [247] (voir également XU [293]) est plus restrictif que ce résultat.

Une *optimisation* sur τ^*, basée sur une inégalité matricielle combinée avec le Théorème de Razumikhin est donnée dans SU [244], mais le résultat implique une *optimisation* vis-à-vis d'une *paire imposée* (P, Q).

La condition de stabilité donnée par SU [244] peut être obtenue en imposant dans (2.57) la condition $\beta_1 = \beta_2 = \beta$. La propriété importante de ce résultat est que le *Théorème* 2.4.16 permet de transformer *le problème de stabilité asymptotique* en un *problème d'optimisation convexe*, qui est moins conservatif que le résultat donné par SU [244].

Pour calculer la *borne maximale permise* en utilisant ce type d'approche, on a :

$$\begin{cases} \max_{Q,P,\beta_1,\beta_2} \tau^* \quad \text{tel que} \\ Q - \tau[\beta_1 P A_d A P^{-1} A^T A_d^T P + \beta_2 P A_d A_d P^{-1} A_d^T A_d^T P \\ + (\beta_1^{-1} + \beta_2^{-1})P] > 0 \\ (A + A_d)^T P + P(A + A_d) + Q = 0 \end{cases} \quad (2.59)$$

ou sous la forme

$$\begin{cases} \max_{P,\beta_1,\beta_2} \tau^* \quad \text{tel que} \\ -(A + A_d)^T P - P(A + A_d) - \tau[\beta_1 P A_d A P^{-1} A^T A_d^T P \\ \quad + \beta_2 P A_d A_d P^{-1} A_d^T A_d^T P + (\beta_1^{-1} + \beta_2^{-1})P] > 0. \end{cases} \quad (2.60)$$

Avec le complément de Schur, la forme (2.60) est équivalente à

$$\begin{cases} \min_{P,\beta_1^{-1},\beta_2^{-1}} \{\tau^*\}^{-1} \quad \text{tel que} \\ \psi(\tau^{-1}, P, \beta_1^{-1}, \beta_2^{-1}) > 0 \quad , \end{cases} \quad (2.61)$$

où

$$\psi(\tau^{-1}, P, \beta_1^{-1}, \beta_2^{-1}) =$$

$$\begin{bmatrix} \begin{pmatrix} -\tau^{-1}[(A + A_d)^T P + P(A + A_d)] \\ -(\beta_1^{-1} + \beta_2^{-1})P \end{pmatrix} & P A_d A & P A_d A_d \\ A^T A_d^T P & \beta_1^{-1}P & 0 \\ A_d^T A_d^T P & 0 & \beta_2^{-1}P \end{bmatrix}.$$

On a les propriétés suivantes :

- pour β_1 et β_2 donnés, le problème d'optimisation (2.61) consiste à *minimiser la valeur propre généralisée maximale d'une paire des matrices*, (fonctions affines du paramètre P), qui est un *problème quasi-convexe standard* (voir BOYD et al. [25]);
- pour P donnée, le problème d'optimisation (2.61) consiste à *minimiser la*

valeur propre maximale d'une matrice (fonction affine des paramètres β_1 et β_2), qui est un *problème convexe standard* (voir BOYD *et al.* [25]).

Ceci permet de développer l'Algorithme suivant pour calculer *une borne sous-optimale sur* τ :

Algorithme : *Pas 1* : *Choisir* $Q > 0$ *et résoudre l'équation de Lyapunov*

$$(A + A_d)^T P + P(A + A_d) + Q = 0$$

Pas 2 : *Pour* P *donnée au pas précédent, trouver* τ^{-1}, β_1^{-1} *et* β_2^{-1} *solution du problème d'optimisation convexe suivant* :

$$\begin{cases} \min_{\beta_1^{-1}, \beta_2^{-1}} \ \{\tau^*\}^{-1} \qquad \text{tel que} \\ \psi(\tau^{-1}, \beta_1^{-1}, \beta_2^{-1}) > 0 \ \text{pour } P \text{ fixée.} \end{cases}$$

Pas 3 : *Pour* β_1 *et* β_2 *donnés au pas précédent, trouver* τ^{-1} *et* P *solution du problème d'optimisation quasi-convexe suivant* :

$$\begin{cases} \min_P \ \{\tau^*\}^{-1} \qquad \text{tel que} \\ \psi(\tau^{-1}, P) > 0 \ \text{pour } \beta_1, \ \beta_2 \text{ fixés.} \end{cases}$$

et revenir au Pas 2 jusqu'à ce que $\{\tau^*\}^{-1}$ *converge avec la précision souhaitée.*

Notons que cet *algorithme* est similaire à l'algorithme proposé dans les paragraphes précédents sur *la stabilité asymptotique indépendamment du retard*. Comme on l'a déjà précisé, chaque pas peut être fait avec des méthodes très efficaces numériquement (la *méthode du point intérieur* , BOYD *et al.* [25]). Comme on a un problème combiné : "convexe / quasi-convexe," on a la Proposition suivante :

Proposition (2.4.18)

L'algorithme donné ci-dessus donne une borne sous-optimale τ^* sur le retard.

2.4.3 Retard variant dans le temps

On a vu dans les sections précédentes que, apparemment, la seule approche *cohérente* pour l'analyse de la stabilité asymptotique d'un système linéaire à états retardés à un retard variant dans le temps dans une certaine classe, soit $\mathcal{V}(r)$, soit $\mathcal{V}(r, \beta)$ (avec r et β fixés) est *l'approche temporelle*.

Dans le chapitre précédent, les techniques spécifiques à ce type d'approche ont été classifiées en *deux* grandes *classes* : *principes de comparaison* et *techniques de Lyapunov*. Dans cette sous-section on ne considère explicitement que les *techniques de Lyapunov*.

Comme dans le cas du retard *constant*, on considère les deux cas d'analyse : indépendamment ($\mathscr{S}_{v,\infty}$) et en fonction de la taille du retard ($\mathscr{S}_{v,\tau}$). Dans le premier cas on considère les deux types d'approches, soit par fonction de Lyapunov-Krasovskii sur un espace produit, soit par fonction de Lyapunov-Razumikhin. Dans le deuxième cas, on regarde seulement l'approche par fonction de Lyapunov-Razumikhin.

Stabilité $\mathscr{S}_{v,\infty}$

On introduit d'abord deux notions de *stabilité* ($\eta^*, \mathscr{S}_{v,\infty}$) *sous-optimale* en fonction de l'ensemble $\mathscr{V}(r)$ ou $\mathscr{V}(r, \beta)$ considéré pour le retard $\tau(t)$. Si dans le cas $\mathscr{V}(r)$ on a le même concept que pour le cas du retard constant (extension naturelle), dans le cas $\mathscr{V}(r, \beta)$ on introduit la notion de *stabilité* ($\eta^*, \mathscr{S}_{v,\infty}(\beta)$) *sous-optimale* par rapport au paramètre β.

Notons que, à cause de la forme de la dérivée de la *fonction candidate* le long des trajectoires du système (2.1)-(2.2), si le retard est variant dans le temps, la fonction de Lyapunov-Razumikhin permet de traiter le cas de la *stabilité* ($\eta^*, \mathscr{S}_{v,\infty}$) *sous-optimale* et que la fonction de Lyapunov-Krasovskii sur un espace produit permet de caractériser l'autre cas de *stabilité* ($\eta^*, \mathscr{S}_{v,\infty}(\beta)$) *sous-optimale*, avec $\beta < 1$.

► *Le système* (2.1)-(2.2) *est stable* ($\eta^*, \mathscr{S}_{v,\infty}$) *sous-optimal* dans le *Théorème* 2.4.12 si on utilise l'approche par fonction de Lyapunov-Razumikhin (on n'a pas besoin explicitement de la dérivée du retard; le retard est seulement supposé être une fonction continue et bornée dans l'ensemble $\mathscr{V}(r)$).

► *Le système* (2.1)-(2.2) *est stable* ($\eta^*, \mathscr{S}_{v,\infty}(\beta)$) *sous-optimal* dans le *Théorème* 2.4.5 si on utilise l'approche par fonction de Lyapunov-Krasovskii (β est la borne sur la dérivée de la fonction $\tau(t)$). Dans ce cas, on modifie la fonction de Lyapunov-Krasovskii (2.47) sous la forme :

$$V(t, x(t), x_t) = x(t)^T P x(t) + \frac{1}{1-\beta} \int_{t-\tau(t)}^{t} x(\theta)^T S x(\theta) d\theta.$$

La dérivée de cette fonction contient explicitement la dérivée du retard $\dot{\tau}(t)$ et il est donc la *nécessaire* de travailler dans la classe $\mathscr{V}(r, \beta)$. Dans ce cas, l'inégalité matricielle (2.48) devient :

$$
\begin{bmatrix}
A^T P + PA + \dfrac{1}{1-\beta} S & \eta^* PA_d \\
\eta^* A_d^T P & -S
\end{bmatrix} < 0,
$$

qui permet d'utiliser la même approche *LMI* si β est considéré comme constant et fixé. Sinon, le *problème d'optimisation* devient plus compliqué et l'algorithme défini précédemment n'est pas directement utilisable.

Dans le cas du *retard variant dans le temps*, on constate que l'approche par fonction de Razumikhin est *moins restrictive* que l'approche par fonction de Lyapunov-Krasovskii sur un espace produit, dans le sens qu'on n'impose pas de restrictions supplémentaires sur les *éléments* de l'ensemble $\mathcal{H}(r)$ par rapport à $\mathcal{V}(r, \beta)$.

Stabilité $\mathcal{S}_{v,\tau}$

Comme on l'a précisé dans les parties précédentes, les résultats obtenus en utilisant l'*approche temporelle* via une *fonction de Lyapunov-Razumikhin* sont valables même dans le cas d'un système (2.1)-(2.2) à un *retard variant dans le temps* dans la classe $\mathcal{V}(r)$.

Dans ces conditions, les résultats du *Théorème* 2.4.16 et de la *Proposition* 2.4.18 sont valables si le retard est une *fonction continue* de l'ensemble $\mathcal{V}(r)$.

Conclusions

Dans cette sous-section on a considéré une *approche temporelle* via les *techniques de Lyapunov* pour l'analyse de la stabilité d'un système linéaire à *un seul retard*, soit *constant*, soit *variant dans le temps*. Les conditions de stabilité asymptotique données ne sont que des *conditions suffisantes*, donc la *caractérisation* des régions de stabilité soit en termes d'une fonction de Lyapunov-Krasovskii sur un espace produit, soit en termes d'une fonction de Lyapunov-Razumikhin *n'est pas complète*.

Pour avoir une *interprétation unitaire* pour les deux cas de stabilité (indépendamment ou en fonction du retard), on a introduit une notion supplémentaire de $\mathcal{S}_\infty$ *sous-optimalité*, qui nous permet de transformer le problème de stabilité *indépendamment de la taille du retard* en un *problème d'optimisation convexe* exprimé en termes de *LMIs*.

Notons que si le système n'est pas $(1, \mathcal{S}_\infty)$ *stable sous-optimal* (dans l'*Hypothèse* que A est une matrice Hurwitz stable), on ne peut pas garantir que le système (2.1)-(2.2) est asymptotiquement stable pour n'importe quel retard fini. Par contre, la stabilité de la matrice $A + A_d$ permet toujours de donner une borne *sous-optimale* sur la taille du retard. De plus, il est relativement difficile de comparer *analytiquement* cette approche avec d'autres approches temporelles tirées de la littérature parce que les conditions ne sont que *suffisantes*.

2.4.4 Le cas de deux retards

Dans cette sous-section, on considère le *problème de stabilité* d'un système linéaire à *deux retards constants* de la forme :

$$\dot{x}(t) = Ax(t) + A_1 x(t - \tau_1) + A_2 x(t - \tau_2) \tag{2.62}$$

avec la condition initiale

$$x(t_0 + \theta) = \phi(\theta), \quad \forall \theta \in [-\bar{\tau}, 0],$$
$$\bar{\tau} = \max\{\tau_1, \tau_2\}, \quad \forall \phi \in \mathscr{C}^v_{n,\bar{\tau}}. \tag{2.63}$$

Dans ce cas, l'*Hypothèse* 1.4.1 (la stabilité asymptotique du système sans retard) devient :

Hypothèse (2.4.19)

La matrice $A + A_1 + A_2$ est Hurwitz stable.

L'équation caractéristique associée au système (2.62)-(2.63) est :

$$\det\left(sI_n - A - A_1 e^{-s\tau_1} - A_2 e^{-s\tau_2}\right) = 0, \tag{2.64}$$

équation qui a la forme suivante sur l'axe imaginaire ($s \in j\mathbb{R}$) :

$$\det\left(j\omega I_n - A - A_1 e^{-j\omega\tau_1} - A_2 e^{-j\omega\tau_2}\right) = 0,$$

Comme on l'a précisé dans les sections précédentes, l'équation caractéristique correspondante devient plus compliquée et il n'existe pas pour le moment dans la littérature des conditions *nécessaires et suffisantes* (excepté le cas scalaire, voir HALE ET HUANG [99]) pour traiter *globalement* le *problème de stabilité asymptotique* en fonction des *retards*. En effet, le système (2.62)-(2.63) a *cinq* paramètres $(A, A_1, A_2, \tau_1, \tau_2)$ et pour *réduire* la *dimension* du problème, on peut aborder le problème de deux manières *différentes* :

▶ soit on considère l'*espace paramétrique* (A, A_1, A_2) et alors on donne une *extension* des *régions de stabilité* ($\mathscr{S}_\infty, \mathscr{S}_\tau$) définies dans le cas d'un système à un seul retard en fonction des *paramètres* τ_1 et τ_2,

► soit on considère un *triplet* fixé (A, A_1, A_2) et on définit les *régions de stabilité* dans l'*espace des retards* (τ_1, τ_2).

L'idée qui *semble la plus raisonnable* pour l'*analyse de la stabilité asymptotique* dans ce cas est de voir l'*équation caractéristique* dans l'*espace des retards*, i.e. d'analyser les *régions de stabilité* en fonction de la *dépendance* $(\tau_1(\omega), \tau_2(\omega))$ par rapport au paramètre libre ω ($j\omega \in j\mathbb{R}$). Cette *idée* a été utilisée par HALE ET HUANG [99] pour l'*analyse* de la stabilité asymptotique dans le cas d'un système scalaire.

Avant de définir les *ensembles* correspondants dans l'*espace paramétrique* (τ_1, τ_2) on doit préciser que l'Hypothèse 2.4.19 impose la *définition* suivante de *région de stabilité dans l'espace des retards* (par rapport au point $(0, 0)$) :

Définition (2.4.20)

On appelle région de stabilité dans l'espace des retards (τ_1, τ_2) l'ensemble connexe maximal $\mathscr{D} \subset [0, \infty) \times [0, \infty)$ qui contient l'origine, tel que pour chaque paire $(\tau_1, \tau_2) \in \mathscr{D}$, la solution triviale du système (2.62)-(2.63) est asymptotiquement stable.   □

Cette définition est une *extension* naturelle *en termes de retards* de la *définition* des régions de stabilité utilisées pour le cas d'un seul retard. De plus, dans cette sous-section on ne considère pas les *problèmes* d'existence d'*une autre région de stabilité* qui *ne contient pas l'origine* de l'espace considéré.

Dans ce contexte, on peut avoir deux types de *régions de stabilité* dans l'*espace des retards* (τ_1, τ_2) en fonction des paramètres (A, A_1, A_2) :

► *régions non-bornées* qui correspondent aux cas où au moins pour un retard on a la stabilité $\mathscr{S}_\infty$. En effet, ce cas inclut le cas de la stabilité $\mathscr{S}_\infty$ par rapport à chaque retard, mais aussi le cas "combiné", i.e. stabilité $\mathscr{S}_\infty$ par rapport à un retard et stabilité $\mathscr{S}_\tau$ par rapport à l'autre.

► *régions bornées* qui correspondent au cas de la stabilité $\mathscr{S}_\tau$ par rapport à chaque retard.

En effet, ce type d'approche permet d'avoir une *représentation graphique* plus intuitive dans le *premier quadrant* du plan (τ_1, τ_2).

Pour *conserver l'unité* de la *présentation* par rapport au cas d'un seul retard, on a préféré le *formalisme* en termes de *régions de stabilité dans l'espace des paramètres* (A, A_1, A_2). On peut *définir plusieurs types* de régions de stabilité : *indépendamment de chaque retard, en fonction d'un retard et indépendamment de l'autre* et *en fonction de chaque retard* ("indépendamment" ou en "*fonction du retard*" dans la terminologie définie dans les chapitres précédents) :

$$\mathscr{S}_{\infty,\infty} = \{(A, A_1, A_2) \quad : \quad (2.62)\text{-}(2.63) \text{ asymptotiquement stable}$$

$$\forall \tau_1 > 0,\ \forall \tau_2 > 0\} \tag{2.65}$$

$$\mathscr{S}_{mixed} = \mathscr{S}_{\tau_1,\infty} \cup \mathscr{S}_{\infty,\tau_2} \tag{2.66}$$

$$\mathscr{S}_{\tau,\tau} = \{(A, A_1, A_2)\ :\ (2.62)\text{-}(2.63)\ \text{asymptotiquement stable}$$

$$\forall \tau_1 < \tau_1^*,\quad \forall \tau_2 < \tau_2(\tau_1)\quad \exists \tau_2 > \tau_2(\tau_1)$$

$$\text{t. q. } (2.62)\text{-}(2.63)\ \text{instable}\quad \forall \tau_1 \in [0, \tau_1^*)\} \tag{2.67}$$

où $\mathscr{S}_{\tau_1,\infty}$ est défini par :

$$\mathscr{S}_{\tau_1,\infty} = \{(A, A_1, A_2):\ (2.62)\text{-}(2.63)\ \text{asymptotiquement stable}$$

$$\forall \tau_1 > 0,\quad \forall \tau_2 < \tau_2^* \leq \tau_2(\tau_1)\quad \exists \tau_2 > \tau_2(\tau_1)$$

$$\text{t. q. } (2.62)\text{-}(2.63)\ \text{instable }\ \forall \tau_1 \in [0, \infty)\} \tag{2.68}$$

D'une manière similaire, on peut définir $\mathscr{S}_{\infty,\tau_2}$ si on change τ_1 par τ_2 dans l'ensemble $\mathscr{S}_{\tau_1,\infty}$ précédemment défini. Cette définition n'exclut pas le cas $\mathscr{S}_{\tau_1,\infty} \cap \mathscr{S}_{\infty,\tau_2} \neq \emptyset$. Dans le cas *scalaire* ces ensembles couvrent *complètement* tous les cas possibles. Par contre, dans le cas général on ne peut *pas garantir* cette propriété. *On ne considère pas ce type de problème dans ce mémoire.*

Notons que si $(A, A_1, A_2) \in \mathscr{S}_{\infty,\infty}$, alors la *région de stabilité* dans l'espace des paramètres (τ_1, τ_2) est *non-bornée*. La même conclusion tient si $(A, A_1, A_2) \in \mathscr{S}_{\tau_1,\infty}$ ou $\in \mathscr{S}_{\infty,\tau_2}$, mais le domaine est *limité* par une *demi-droite* (incluse dans le premier quadrant) *parallèle* soit avec l'axe $O\tau_1$, soit avec l'axe $O\tau_2$. Si $(A, A_1, A_2) \in \mathscr{S}_{\tau,\tau}$, alors la *région de stabilité* dans l'espace des retards est *bornée*.

Dans les paragraphes suivants on considère seulement les cas $\mathscr{S}_{\infty,\infty}$ et $\mathscr{S}_{\tau,\tau}$ qui peuvent être traités de manière similaire aux cas $\mathscr{S}_\infty$ et $\mathscr{S}_\tau$.

Région de stabilité $\mathscr{S}_{\infty,\infty}$

En utilisant les même *idées* que pour le cas de la stabilité asymptotique $\mathscr{S}_\infty$ (soit faible, soit forte) pour le cas d'un seul retard, l'équation caractéristique (2.64) sur l'axe imaginaire peut être "vue" comme un équation à *trois variables indépendantes* : $\omega \in \mathbb{R}$, z_1, $z_2 \in \mathscr{C}(0,1)$:

$$\det\left(j\omega I_n - A - A_1 z_1 - A_2 z_2\right) = 0.$$

Pour un triplet (A, A_1, A_2) donné dans la *région de stabilité* $\mathscr{S}_{\infty,\infty}$, la *région de stabilité dans l'espace des paramètres* (τ_1, τ_2) est *non-bornée* (en effet elle correspond au premier quadrant).

En utilisant le *Lemme* 2.3.14 pour les cas :

➤ $z_1 = 1$, $z_2 = z$ (la matrice A est remplacée par $A + A_1$, $A_d = A_2$);
➤ $z_1 = z$, $z_2 = 1$ (la matrice A est remplacée par $A + A_2$, $A_d = A_1$);
➤ $z_1 = z_2 = z$ ($A = A$ et $A_d = A_1 + A_2$).

on a le résultat suivant :

Lemme (2.4.21)

Si $(A, A_1, A_2) \in \mathscr{S}_{\infty,\infty}$, alors les matrices A, $A + A_1$, $A + A_2$ sont des matrices stables au sens de Hurwitz.

Cette conséquence et l'équation caractéristique (2.64) écrite sous la forme d'une *équation à trois variables* (ω, z_1, z_2) permettent de donner une *interprétation simple* en termes des paramètres (A, A_1, A_2) :

La matrice A doit être suffisamment stable au sens de Hurwitz telle que la stabilité asymptotique du système (2.62)-(2.63) *n'est pas changée par les perturbations :* "$A_1 x(t - \tau_1)$" *et* "$A_2 x(t - \tau_2)$" *pour toutes les valeurs réelles et positives des retards τ_1 et τ_2.*

Des conditions *suffisantes* pour avoir la stabilité $\mathscr{S}_{\infty,\infty}$ ont été proposées par HERTZ *et al.* [101] en utilisant une approche fréquentielle ou par BOYD *et al.* [25] en utilisant une approche temporelle via une fonction Lyapunov-Krasovskii sur un espace produit.

La condition de stabilité proposée par BOYD *et al.* [25] est la suivante :

Proposition (2.4.22) [BOYD, EL GHAOUI, FERON ET BALAKRISHNAN [25]]

S'il existe trois matrices symétriques et positives définies P_i ($i = \overline{1,3}$) telles que :

$$
\begin{bmatrix}
A^T P_1 + P_1 A + P_2 + P_3 & P_1 A_1 & P_1 A_2 \\
A_1^T P_1 & -P_2 & O \\
A_2^T P_1 & O & -P_3
\end{bmatrix} < 0,
$$

alors $(A, A_1, A_2) \in \mathscr{S}_{\infty,\infty}$.

La fonction de Lyapunov-Krasovskii sur un espace produit utilisée dans ce cas est de la forme :

$$
V(t, x(t), x_t) = x(t)^T P_1 x(t) + \int_{-\tau_1}^{0} x(t+\theta)^T P_2 x(t+\theta) d\theta
$$

$$
+ \int_{-\tau_2}^{0} x(t+\theta)^T P_3 x(t+\theta) d\theta,
$$

et généralise la fonction utilisée dans le cas d'un seul retard. De plus, dans ce cas le problème de stabilité a *été transformé* en un *problème de faisabilité* en termes de LMI. Une forme diiférente de fonctionnelle de Lyapunov-Krasovskii a été considérée dans NICULESCU *et al.* [203], mais les résultats obtenus sont similaires.

Si on suppose que la matrice A est stable au sens de Hurwitz (voir *Lemme* 2.4.21), alors on peut généraliser l'approche de *stabilité $\mathscr{S}_\infty$ sous-optimale*, dans le sens d'une *paire (η_1^*, η_2^*) sous-optimale* : le système (2.62)-(2.63) est $(\eta_1^*; \eta_2^*, \mathscr{S}_{\infty,\infty})$ *sous-optimal*.

Sans donner la démonstration, on a le résultat suivant :

Théorème (2.4.23)

Soit le système (2.62)-(2.63) tel que A est une matrice stable au sens de Hurwitz et soit η_1^* et η_2^* deux réels positifs.
S'il existe trois matrices symétriques et définies positives P_1, P_2 et P_3, telles que :

$$\begin{bmatrix} A^T P_1 + P_1 A + P_2 + P_3 & \eta_1^* P_1 A_1 & \eta_2^* P_1 A_2 \\ \eta_1^* A_1^T P_1 & -P_2 & O \\ \eta_2^* A_2^T P_1 & O & -P_3 \end{bmatrix} < 0, \qquad (2.69)$$

alors le système (2.62)-(2.63) est $(\eta_1^*, \eta_2^*, \mathscr{S}_{\infty,\infty})$ stable sous-optimal.

De façon similaire au cas d'*un seul retard*, si $\eta_1^* \geq 1$ et $\eta_2^* \geq 1$, on a la *stabilité asymptotique $\mathscr{S}_{\infty,\infty}$* du système (2.62)-(2.63). De plus, si $\eta_1^* \eta_2^* = 0$ on peut toujours trouver trois matrices P_1, P_2 et P_3 symétriques et définies positives telles que (2.69) est vérifiée. Par exemple, on prend $P_2 = P_3 = \varepsilon I_n$, où $\varepsilon > 0$ est un réel positif et P_1 est la solution de l'équation de Lyapunov :

$$A^T P_1 + P_1 A + 3\varepsilon I_n = 0.$$

Dans ce cas, le LMI (2.69) devient l'inégalité $-\varepsilon I_{3n} < 0$, condition toujours satisfaite si ε est positif.

La manière d'écrire la condition de *stabilité $\mathscr{S}_{\infty,\infty}$ sous-optimale* ne permet pas d'avoir directement un *problème d'optimisation* similaire au cas d'*un seul retard*.

Si on impose, par exemple, de trouver le maximum de $(\eta_1^*)^2/a^2 + (\eta_2^*)^2/b^2$ (a, b connus), alors on a le résultat suivant (la démonstration est omise) :

Proposition (2.4.24)

Soit le système (2.62)-(2.63) tel que A est une matrice stable au sens de Hurwitz.

S'il existe trois matrices symétriques et positives définies P_i $(i = \overline{1,3})$, telles que $P_3 \leq P_2$ et

$$\left[\begin{pmatrix} A^T P_1 + P_1 A + \\ \left(\dfrac{(\eta_1^*)^2}{a^2} + \dfrac{(\eta_2^*)^2}{b^2} \right) P_2 \\ A_1^T P_1 \\ A_2^T P_1 \end{pmatrix} \quad \begin{matrix} P_1 A_1 & P_1 A_2 \\ -\dfrac{1}{a^2} P_2 & 0 \\ 0 & -\dfrac{1}{b^2} P_3 \end{matrix} \right] < 0, \qquad (2.70)$$

alors le système (2.62)-(2.63) est $(\eta_1^*, \eta_2^*, \mathscr{S}_{\infty,\infty})$ stable sous-optimal.

La *Proposition* 2.4.24 permet de réécrire (2.70) sous la forme suivante :

$$\lambda \begin{bmatrix} A^T P_1 + P_1 A & P_1 A_1 & P_1 A_2 \\ A_1^T P_1 & -P_2 & O \\ A_2^T P_1 & O & -P_3 \end{bmatrix} + \begin{bmatrix} P_2 & O & O \\ O & O & O \\ O & O & O \end{bmatrix} < 0,$$

$$P_3 \leq P_2$$

où

$$\lambda = \left(\frac{(\eta_1^*)^2}{a^2} + \frac{(\eta_2^*)^2}{b^2} \right)^{-1}.$$

Dans ce contexte, le problème de *maximiser* $(\eta_1^*)^2/a^2 + (\eta_2^*)^2/b^2$ (a, b connus) revient au *problème de minimiser* λ, qui est un *problème d'optimisation en termes de valeurs propres généralisées*, qui est un problème *quasi-convexe standard* (voir BOYD *et al.* [25] et également NICULESCU *et al.* [190]). Le cas plusieurs retards a été considéré dans NICULESCU *et al.* [189].

Soit λ^* la *solution* de ce *problème d'optimisation*. Alors on a le résultat suivant :

Proposition (2.4.25)

Avec les notations données ci-dessus, le système (2.62)-(2.63) est $(\eta_1^*, \eta_2^*, \mathscr{S}_{\infty,\infty})$

stable sous-optimal pour toutes les valeurs η_1^* et η_2^* qui satisfont :

$$\left(\frac{(\eta_1^*)^2}{a^2} + \frac{(\eta_2^*)^2}{b^2} \right)^{-1} < \frac{1}{\lambda^*},$$

qui définit un ellipsoïde dans l'espace (η_1, η_2).

Interprétation

Les résultats donnés dans les *Propositions* **2.4.24** et **2.4.25** permettent de calculer des *ellipsoïdes sous-optimaux inclus dans l'hypersurface définie par* $(A, \eta_1 A_1, \eta_2 A_2)$ *dans l'espace des paramètres* (A, A_1, A_2) *pour un triplet* (A, A_1, A_2) *donné.* ∎

Régions de stabilité $\mathscr{S}_{\tau,\tau}$

Pour caractériser $\mathscr{S}_{\tau,\tau}$ on utilise les même *idées* que pour le cas $\mathscr{S}_\tau$. En utilisant la *Proposition* **2.3.12** et le *Lemme* **2.3.13** pour les cas :

- ► $\tau_1 = 0$, $\tau_2 \neq 0$ (la matrice A est remplacée par $A + A_1$, $A_d = A_2$);
- ► $\tau_1 \neq 0$, $\tau_2 = 0$ (la matrice A est remplacée par $A + A_2$, $A_d = A_1$);
- ► $\tau_1 = \tau_2 = \tau$ ($A = A$, $A_d = A_1 + A_2$),

on a le *résultat* suivant :

Lemme (2.4.26)

Si la matrice $A + A_1 + A_2$ est Hurwitz stable, mais A, $A + A_1$ et $A + A_2$ sont instables, alors $(A, A_1, A_2) \in \mathscr{S}_{\tau,\tau}$.

Notons qu'on a considéré seulement l'*intersection* de toutes les conditions de *stabilité* de type $\mathscr{S}_\tau$. Tout au long de ce paragraphe on suppose que nous vérifions les Hypothèses du *Lemme* **2.4.26**.

Si $(A, A_1, A_2) \in \mathscr{S}_{\tau,\tau}$ est un triplet donné, alors la *courbe paramétrisée* $((\tau_1(\omega), \tau_2(\omega)), \omega \in \mathbb{R})$ la *frontière du domaine de stabilité* dans l'espace des retards (τ_1, τ_2) (voir HALE ET HUANG [99]) pour le cas scalaire). De plus, $\mathscr{S}_{\tau,\tau}$ défini dans l'*espace paramétrique* (τ_1, τ_2) une *région bornée*.

On a le résultat suivant :

Théorème (2.4.27) [NICULESCU, DION ET DUGARD [190]]

Soit le système (2.62)-(2.63) qui satisfait l'Hypothèse **2.4.19**.
Alors le système (2.62)-(2.63) est asymptotiquement stable si les retards τ_1 et τ_2 vérifient l'inégalité :

$$k_1 \tau_1 + k_2 \tau_2 < 1 \tag{2.71}$$

où

$$k_1 = \| Q^{\frac{-1}{2}}[PA_{d_1}AP^{-1}A^TA_{d1}^TP$$
$$+PA_{d1}A_{d1}P^{-1}A_{d1}^TA_{d1}^TP + PA_{d1}A_{d2}P^{-1}A_{d2}^TA_{d1}^TP$$
$$+3P]Q^{\frac{-1}{2}} \|, \tag{2.72}$$

$$k_2 = \| Q^{\frac{-1}{2}}[PA_{d_2}AP^{-1}A^TA_{d2}^TP$$
$$+PA_{d2}A_{d1}P^{-1}A_{d1}^TA_{d2}^TP + PA_{d2}A_{d2}P^{-1}A_{d2}^TA_{d2}^TP$$
$$+3P]Q^{\frac{-1}{2}} \|, \tag{2.73}$$

et la paire (P,Q) des matrices symétriques et définies positives vérifie l'équation de Lyapunov :

$$(A + A_{d1} + A_{d2})^TP + P(A + A_{d1} + A_{d2}) + Q = 0. \tag{2.74}$$

La démonstration de ce résultat en utilisant le *Théorème de Razumikhin* se trouve dans NICULESCU *et al.* [190]

Notons que l'*Hypothèse* 2.4.19 permet de conclure que, pour chaque matrice Q symétrique et définie positive, l'équation de Lyapunov (2.74) a une solution P symétrique et définie positive. Donc, il existe toujours deux retards τ_1 et τ_2 non-nuls qui satisfont l'inégalité (2.71).

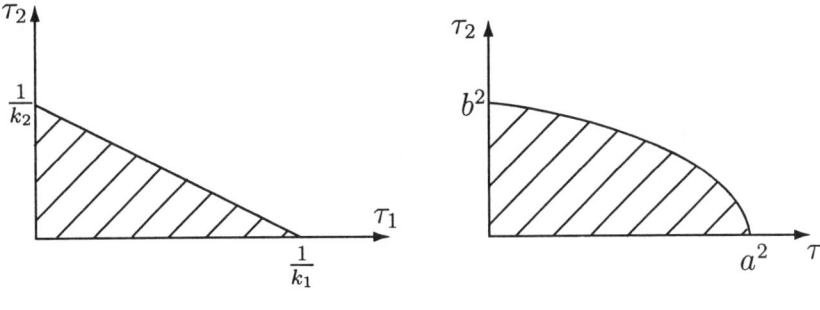

Fig. 2.2

De plus, la condition (2.71) définit dans l'*espace des retards* une *région triangulaire* qui a comme bases des *segments sur les deux axes*. Ce résultat devient une condition de stabilité $\mathscr{S}_{\tau,\tau}$ "suffisamment bonne" si, par exemple, la matrice A est instable (voir *Lemme* 2.4.26).

Notons que les "majorants" k_1 et k_2 sont relativement *conservatifs*, mais en utilisant l'*idée* proposée pour l'ensemble $\mathscr{S}_\tau$ dans le cas d'un seul retard, on peut transformer cette condition de stabilité en un problème d'*optimisation convexe*. Le *Théorème* 2.4.27 peut être réécrit sous la forme *LMI* suivante :

Proposition (2.4.28) [Niculescu, Dion et Dugard [190]]

Soit le système (2.62)-(2.63) qui satisfait l'Hypothèse 2.4.19.

S'il existe une matrice P symétrique et positive définie telle que :

$$\begin{bmatrix} \begin{pmatrix} -(A + A_{d1} + A_{d2})^T P \\ -P(A + A_{d1} + A_{d2}) \\ -3(\tau_1 + \tau_2)P \end{pmatrix} & \tau_1 P A_{d1} M & \tau_2 P A_{d2} M \\ \tau_1 M^T A_{d1}^T P & \tau_1 R & 0 \\ \tau_2 M^T A_{d2}^T P & 0 & \tau_2 R \end{bmatrix} > 0, \qquad (2.75)$$

où

$$M = [A \ A_{d1} \ A_{d2}] \in \mathbb{R}^{n \times 3n},$$
$$R = \mathrm{diag}(P, P, P) \in \mathbb{R}^{3n \times 3n},$$

alors le système (2.62)-(2.63) est asymptotiquement stable.

Notons que la *Proposition* 2.4.28 est moins restrictive que le *Théorème* 2.4.27, i.e. si l'inégalité (2.71) est vérifiée, alors il existe toujours un P qui vérifie (2.75), mais l'implication dans le sens inverse n'est pas toujours valable (voir Niculescu *et al.* [190]).

Remarque (2.4.29) — *Notons que la* LMI *(2.75) peut être affaiblie sous la forme suivante :*

$$
\left[
\begin{array}{ccc}
\begin{pmatrix} -(A + A_{d1} + A_{d2})^T P \\[4pt] -P(A + A_{d1} + A_{d2}) \\[4pt] -3(\tau_1 + \tau_2) P \end{pmatrix} & \tau_1 P A_{d1} M & \tau_2 P A_{d2} M \\[20pt]
\tau_1 M^T A_{d1}^T P & \tau_1 R_1 & 0 \\[6pt]
\tau_2 M^T A_{d2}^T P & 0 & \tau_2 R_2
\end{array}
\right] > 0,
$$

$$
R_1 = \mathrm{diag}(P_1, P_2, P_3), \quad R_2 = \mathrm{diag}(P_4, P_5, P_6),
$$

où $P_i > 0$ *sont telles que*

$$
P_i \leq P, \quad i = \overline{1,6}
$$

Dans ce cas, la condition de stabilité pour une paire (τ_1, τ_2) *donnée est transformée en un problème de* faisabilité *pour les* LMIs *données au-dessus, en termes des matrices symétriques et positives définies* P, P_i, $i = \overline{1,6}$.

De plus, si le triplet (2.62)-(2.63) est un élément de la région de stabilité $\mathscr{S}_{\tau,\tau}$ (par exemple, le triplet satisfait le *Lemme 2.4.26*), alors la LMI (2.75) permet de construire une *région de stabilité* dans l'espace des *paramètres* (τ_1, τ_2).

De manière similaire au cas de la *stabilité* $\mathscr{S}_{\infty,\infty}$ *sous-optimale*, nous pouvons introduire la notion de *stabilité* $\mathscr{S}_{\tau,\tau}$ *sous-optimale* dans l'espace (τ_1, τ_2) et donc de formuler un *problème d'optimisation* dans l'*espace paramétrique* (τ_1, τ_2) pour *maximiser* $\tau_1^2/a^2 + \tau_2^2/b^2$ (a, b connus). En utilisant les *même* idées que pour le cas $\mathscr{S}_{\infty,\infty}$, (2.75) peut être réécrite sous la forme :

$$
\left[
\begin{array}{ccc}
\begin{pmatrix} -(A + A_{d1} + A_{d2})^T P \\[4pt] -P(A + A_{d1} + A_{d2}) \\[4pt] -3\left(\dfrac{\tau_1^2}{a^2} + \dfrac{\tau_2^2}{b^2} \right) P \end{pmatrix} & P A_{d1} M & P A_{d2} M \\[28pt]
M^T A_{d1}^T P & \dfrac{1}{a^2} R & 0 \\[10pt]
M^T A_{d2}^T P & 0 & \dfrac{1}{b^2} R
\end{array}
\right] > 0,
$$

$$\tag{2.76}$$

où $M = [A \ A_{d1} \ A_{d2}] \in \mathbb{R}^{n \times 3n}$, $R = \mathrm{diag}(P, P, P) \in \mathbb{R}^{3n \times 3n}$, ou sous la forme :

$$\lambda \begin{bmatrix} \begin{pmatrix} -(A + A_{d1} + A_{d2})^T P \\ -P(A + A_{d1} + A_{d2}) \end{pmatrix} & PA_{d1}M & PA_{d2}M \\ M^T A_{d1}^T P & \dfrac{1}{a^2}R & 0 \\ M^T A_{d2}^T P & 0 & \dfrac{1}{b^2}R \end{bmatrix} - \begin{bmatrix} 3P & 0 & 0 \\ 0 & 0 & 0 \\ 0 & 0 & 0 \end{bmatrix},$$

où λ est défini par :

$$\lambda = \left(\frac{\tau_1^2}{a^2} + \frac{\tau_2^2}{b^2} \right)^{-1},$$

qui permet de formuler le *problème d'optimisation* comme le problème de *minimiser la valeur propre généralisée maximale= d'une paire des matrices* (fonctions affines de la variable P, voir également NICULESCU *et al.* [190]). Soit λ^* la solution de ce problème d'optimisation. Alors on a le résultat suivant (la démonstration est omise) :

Proposition (2.4.30)

Soit le système (2.62)-(2.63) qui satisfait l'Hypothèse 4, mais avec A instable. Soit a et b deux réels positifs.

Alors le système (2.62)-(2.63) est $\mathscr{S}_{\tau,\tau}$ stable sous-optimal pour n'importe quelle paire (τ_1, τ_2) telle que

$$\frac{\tau_1^2}{a^2} + \frac{\tau_2^2}{b^2} < \frac{1}{\lambda^*}.$$

2.4.5 Extensions possibles

Dans cette partie, on a analysé le *problème de stabilité asymptotique* d'un système à états retardés soit avec un *seul retard*, soit avec *deux retards* en utilisant une *approche temporelle* basée soit sur le *Théorème de Krasovskii* (approche par fonction de Lyapunov-Krasovskii sur un espace produit), soit sur le *Théorème de Razumikhin* (approche par fonction de Lyapunov-Razumikhin) combinés avec des techniques d'inégalités linéaires matricielles (*LMIs*). L'idée de base est de convertir le *problème de stabilité* en un *problème d'optimisation convexe*. Ce type d'approche peut être utilisé pour donner des conditions de stabilité *seulement suffisantes* pour la région de stabilité $\mathscr{S}_{\tau,\infty}$ ou pour le cas des *régions de stabilité* dans un contexte de *plusieurs retards*, i.e. la dimension de l'espace des retards est supérieure à 2.

Région de stabilité $\mathscr{S}_{\tau,\infty}$

En utilisant les définitions données dans les paragraphes précédents, la région de stabilité $\mathscr{S}_{\tau,\infty}$ est caractérisée par la propriété qu'un retard peut prendre n'importe quelle valeur positive (dans le sens $\mathscr{S}_\infty$) et l'autre ne peut pas dépasser une certaine borne finie (dans le sens $\mathscr{S}_\tau$) définie par le paramètre "libre" τ_1. Donc, comme on l'a précisé, la région de stabilité dans l'espace des retards (τ_1, τ_2) est limitée par une *demi-droite* (incluse dans le premier quadrant) parallèle soit à l'axe $O\tau_1$, soit à l'axe $O\tau_2$.

On peut utiliser une *technique combinée* : indépendamment du retard $\mathscr{S}_\infty$ pour le retard τ_1 et respectivement en fonction du retard $\mathscr{S}_\tau$ pour le retard τ_2, technique qui *permet d'approcher* de façon *sous-optimale* la demi-droite qui *limite* la région de stabilité $\mathscr{S}_{\tau,\infty}$ dans l'espace retards (τ_1, τ_2). Dans ce contexte le *problème de stabilité* peut être formulé comme suit :

Problème (2.4.31)

Soit le système linéaire à états retardés (2.62)-(2.63).

Trouver des conditions nécessaires sur les paramètres telles que le système est dans la région de stabilité $\mathscr{S}_{\tau,\infty}$ et de plus donner une borne sous-optimale (τ^*) sur le retard correspondant (soit τ_2) telle que le système reste asymptotiquement stable pour toutes les retards (τ_1, τ_2) avec $\tau_2 < \tau^*$.

En utilisant une approche par fonction de Lyapunov-Razumikhin on le résultat suivant :

Proposition (2.4.32) [Niculescu, Verriest, Dugard et Dion [203]]

Le système (2.62)-(2.63) est $\mathscr{S}_{\tau,\infty}$ asymptotiquement stable pour n'importe quel τ_1, $0 \leq \tau_1 \leq \tau_1^*$ s'il existe deux matrices symétriques $P > 0$ et $R_2 > 0$ et les scalaires $\beta_i > 0$, $(i = \overline{1,3})$ tels que les inégalités matricielles suivantes sont satisfaites :

$$\left\{ \begin{array}{l} \left[\begin{array}{ccc} \left(\begin{array}{c} (A + A_{d1})^T P + P(A + A_{d1}) \\ \\ \sum_{i=1}^{3} \beta_i P \\ \tau_1^* M^T A_{d2}^T P \\ A_{d2}^T P \end{array} \right) & \tau_1^* P A_{d1} M & P A_{d2} \\ & -\tau_1^* R_1 & 0 \\ & 0 & -R_2 \end{array} \right] < 0, \\ \\ P \geq R_2, \end{array} \right.$$

où

$$M = \begin{bmatrix} A & A_{d1} & A_{d2} \end{bmatrix}$$
$$R_1 = \mathrm{diag}(\beta_1 P, \beta_2 P, \beta_3 P).$$

Le cas de plusieurs retards

Dans les paragraphes précédents, on a considéré l'approche par *faisceaux matriciels* pour le cas des systèmes *à plusieurs retards commensurables* (le rapport entre deux retards est un rationnel). Notons que dans cette situation, on a une *analyse similaire* au cas *un seul retard*. Par contre, si les retards sont supposés comme *paramètres*, alors les *régions de stabilité* ont une forme plus compliquée, qui peut être explicitée difficilement. Mais il existe toujours deux types de *régions* pour lesquelles *on peut toujours donner* des *conditions nécessaires* dans l'esprit soit de la *Conséquence 2.3* pour avoir la stabilité *indépendamment de chaque retard* ou soit de la *Conséquence 2.4* pour avoir la stabilité *en fonction de chaque retard*. De plus, les *conditions suffisantes* données dans les paragraphes sur les régions de stabilité $\mathscr{S}_{\infty,\infty}$ et $\mathscr{S}_{\tau,\tau}$ (voir NICULESCU *et al.* [190]) peuvent être facilement étendues pour les cas des *régions de stabilité indépendamment de chaque retard* ou *en fonction de chaque retard* pour le cas de *plusieurs retards* (voir NICULESCU *et al.* [182] via une approche via une fonctionnelle de Lyapunov-Krasovskii ou NICULESCU *et al.* [193] via l'approche par une fonction de Lyapunov-Razumikhin).

2.5   Exemples

Dans cette partie on reconsidère trois des exemples présentés dans le premier chapitre (industrie chimique, réseaux neuronaux, retour de sortie retardé).

2.5.1   Industrie chimique

La réaction chimique du premier ordre, exotherme, irréversible $A \to B$ est caractérisée par le bilan d'énergie et de matière écrit sous la forme :

$$\begin{cases} \frac{dA(t)}{dt} = \frac{q}{V}\left[\lambda A_0 + (1-\lambda)A(t-\tau) - A(t)\right] - K_0 e^{-\frac{Q}{T}} A(t) \\[2mm] \frac{dT(t)}{dt} = \frac{1}{V}\left[\lambda T_0 + (1-\lambda)T(t-\tau) - T(t)\right]\frac{\triangle H}{C\rho} \\[2mm] \qquad -K_0 e^{-\frac{Q}{T}} A(t) - \frac{1}{VC\rho}U(T(t) - T_w) \end{cases} , \qquad (2.77)$$

équation différentielle à états retardés qui est *non-linéaire* dans les variables $A(t)$ (la concentration du premier produit) et $T(t)$ (la température), avec $0 \leq \lambda < 1$ (on ne considère pas le cas *sans recirculation*).

Pour analyser les *propriétés locales* de stabilité asymptotique, on considère la *linéarisation* de ce système autour d'un *point d'équilibre stationnaire* $x_s^T = [A_s\ T_s]$.

Dans ce cas, le système linéarisé peut être réécrit sous la forme :

$$\dot{x}(t) = Ax(t) + A_d x(t - \tau), \tag{2.78}$$

où $x(t)^T = [A(t),\ T(t)]$ et les matrices A et A_d sont données par :

$$A = \begin{bmatrix} -\frac{q}{V} - K_0 \exp\left(-\frac{Q}{T_s}\right) & -\frac{K_0 Q A_s}{T_s^2} \exp\left(-\frac{Q}{T_s}\right) \\ -\frac{(-\Delta H) Q K_0 A_s}{C\rho} \exp\left(-\frac{Q}{T_s}\right) & \left(\begin{array}{c} -\frac{q}{V} - \frac{U}{VC\rho} \\ -\frac{(-\Delta H) Q K_0 A_s}{T_s^2 C\rho} \exp\left(-\frac{Q}{T_s}\right) \end{array} \right) \end{bmatrix}, \tag{2.79}$$

$$A_d = \begin{bmatrix} \frac{q(1-\lambda)}{V} & 0 \\ 0 & \frac{q(1-\lambda)}{V} \end{bmatrix}. \tag{2.80}$$

Nous avons le résultat suivant :

Proposition (2.5.1) [LEHMAN [146]]

Si le système linéarisé (2.78)-(2.80) sans retard est asymptotiquement stable, alors le système (2.78)-(2.80) est asymptotiquement stable indépendamment de la taille du retard, i.e. le système (2.77) est localement asymptotiquement stable indépendamment de la taille du retard.

Autre *démonstration* de cette proposition en utilisant nos résultats : Tenant compte de la structure particulière de la matrice A_d (diagonale) du système (2.78)-(2.80), $A_d = \beta I_2$, $\beta = \dfrac{q(1-\lambda)}{V} > 0$, si $A + A_d$ est une matrice stable au sens de Hurwitz, alors on a $A + \|z A_d\| I_2$ asymptotiquement stable pour tout $z \in \mathscr{C}(0, 1)$, i.e. les matrices $A + A_d$ et $A + z A_d$ ont la même inertie et par conséquent, le faisceau Σ_1 est dichotomiquement séparable par rapport au cercle unité, donc le système linéarisé (2.78)-(2.80) est asymptotiquement stable $\mathscr{S}_\infty$.

Remarque (2.5.2) – *Notons que la démonstration de* LEHMAN *[146] est basée sur une idée proche (voir également* LEHMAN ET VERRIEST *[147]).*

Remarque (2.5.3) – *Tenant compte de la structure particulière de la matrice A_d, la* Proposition 2.5.1 *est vraie si le retard est variable dans le temps (voir* NICU-LESCU *et al.* [198]).

2.5.2 Réseaux neuronaux

BÉLAIR [13] considère une structure particulière de réseaux neuronaux :

$$\dot{x}_i(t) = -x_i(t) + \sum_{j=1}^{n} a_{ij} \tanh\left[x_j(t-\tau)\right], \quad 1 \le i \le n \tag{2.81}$$

Pour analyser les *propriétés locales* de *stabilité asymptotique*, on considère la *linéarisation* autour de 0 (la solution triviale).

Dans ce cas, on va étudier le système :

$$\dot{x}(t) = -x(t) + A_d x(t-\tau), \tag{2.82}$$

où la matrice A_d est donnée par :

$$A_d = \beta \left[a_{ij}\right]_{i,j=3D\overline{1,n}} \tag{2.83}$$

avec $\beta = \dfrac{d(\tanh(s))}{ds}(0)$.

Supposant que la matrice A_d a des valeurs propres réelles (c'est le cas d'une matrice symétrique souvent rencontrée dans les réseaux) $d_j, j = \overline{1, n}$, alors on a le résultat suivant :

Proposition (2.5.4)

Soit le système (2.82)-(2.83) qui satisfait les propriétés mentionnées auparavant. Alors :

(1) $(-I_n, A_d) \in \mathscr{S}_\infty \Leftrightarrow d_j \in [-1, 1) \ \forall j = \overline{1, n}$.
(2) $(-I_n, A_d) \in \mathscr{S}_\tau \Leftrightarrow \exists j = \overline{1, n}$ tel que $d_j < -1$.

Dans ce cas le retard maximal préservant la stabilité est :

$$\tau^* = \min_{1 \le j \le n} \frac{\arccos\left(\dfrac{1}{d_j}\right)}{\sqrt{d_j^2 - 1}}, \tag{2.84}$$

où on ne considère que les valeurs propres qui satisfont la condition $d_j < -1$.

La *démonstration* utilise les *Théorèmes* 2.3.5 et 2.3.10 et les propriétés particulières des matrices $A = -I_n$ et A_d (qui peut être mise sous la forme triangulaire supérieure via une transformation T qui ne change pas la structure diagonale de A).

> **Remarque** (2.5.5) – *Les résultats* (1) *et* 3) *ont été donnés dans* BÉLAIR *[13], mais avec une démonstration différente.*
>
> *Notons que le cas "limite" quand il existe des racines réelles d_j en -1 n'était pas considéré explicitement dans* BÉLAIR *[13].*

2.5.3 Retour de sortie retardé

Reconsidérons l'exemple (1.3) :

$$\ddot{y}(t) + \omega_0^2 y(t) = u(t),$$

où $y(t) \in \mathbb{R}$ est la sortie du système et $u(t) \in \mathbb{R}$ est l'entrée (ABDALLAH *et al.* [1]) et comme loi de commande *un retour de sortie retardé*

$$u(t) = ky(t - \tau), \quad \tau > 0$$

Alors le système en boucle fermée est donné par :

$$\ddot{y}(t) + \omega_0^2 y(t) - ky(t - \tau) = 0. \tag{2.85}$$

On voit que si $\tau = 0$ et $0 < k < \omega_0^2$. Essayons d'appliquer la *Proposition* 2.3.24 pour le système (2.85).
Alors :

Proposition (2.5.6)

Le système (1.4) peut être stabilisé par un retour de sortie de la forme :

$$u(t) = ky(t - \tau), \quad k \in (0, \omega_0^2)$$

et le système en boucle fermée est asymptotiquement stable pour n'importe quel retard τ qui satisfait les conditions :

$$\frac{2n\pi}{\sqrt{\omega_0^2 - k}} < \tau < \frac{(2n + 1)\pi}{\sqrt{\omega_0^2 + k}}.$$

Remarque (2.5.7) – ABDALLAH et al. *[1] ont obtenu le même résultat en appliquant une technique différente basée sur le lieu de Nyquist.*

2.6 Stabilité robuste

Dans les paragraphes précédents on a considéré seulement les cas où le modèle du système à retard *est complètement connu*. Mais il existe des systèmes qui ne peuvent pas avoir une représentation aussi simple : ce sont soit des modèles non linéaires et alors on *considère* une *linéarisation autour d'un point de fonctionnement*, soit ils sont *linéaires* mais *faiblement variants dans le temps* autour d'un *point statique de fonctionnement* (par exemple des réactions chimiques qui sont suffisamment lentes et ne peuvent pas être accélérées, voir également PERLMUTTER [212]), soit il existe des *paramètres physiques* du système qui varient *en fonction des certaines conditions extérieures* (l'age du système, variations thermiques etc.).

Dans ces cas, on *considère* un *modèle incertain*, où l'*incertitude* décrit génériquement l'*imprécision du modèle* du système réel. Il existe plusieurs types d'approches pour aborder cette *thématique* et plusieurs manières de *décrire* les incertitudes : soit sur les équations d'état, soit sur les fonctions de transfert. Il est relativement difficile d'affirmer *en général* quelle est la meilleure représentation (nous sommes dépendants du type d'*application*).

Dans cet ouvrage, on ne considère pas en détail les *problèmes de modélisation* des *systèmes incertains* ou les *techniques d'analyse et de synthèse des systèmes incertains*. On fait un petit *tour d'horizon des techniques* utilisées pour les *systèmes à retards* en essayant de *garder* une *présentation unitaire* pour les deux cas : *sans incertitudes* (voir le Chapitre précédent) et *avec incertitudes*.

Dans ce sens on a utilisé la même classification : *approches fréquentielle* et *temporelle*.

L'approche temporelle basée sur la *deuxième méthode de Lyapunov*, combinée avec les *techniques de type LMIs* développée dans les paragraphes précédents peut être étendue au cas des systèmes linéaires *incertains* à états retardés à un seul ou à plusieurs retards. Dans ce paragraphe on ne présente qu'une condition *suffisante* de stabilité asymptotique *en fonction de la taille du retard* qu'on a obtenue pour le cas d'un système à un seul retard avec des *incertitudes paramétriques structurées*.

2.6.1 Approche fréquentielle

Dans cette classe on a considéré deux approches *complètement différentes* : l'approche par les *techniques de type Kharitonov* et l'approche basée sur le *principe de maximum pour une fonction harmonique ou sous-harmonique*.

Dans le premier cas, les incertitudes sont de type *intervalles, invariantes dans le temps* dans le *quasi-polynôme* associé au système (voir également le Chapitre 1). Dans le deuxième cas, les incertitudes sont sur les matrices correspondantes des équations d'état et elles sont *invariantes dans le temps et bornées en norme*.

Critères basés sur le Théorème de Kharitonov

Considérons la *famille* suivante de *quasipolynômes* :

$$\mathscr{Q} = \left\{ \sum_{k=0}^{n} \sum_{j=0}^{m} a_{kj} s^k e^{\tau_j s} : a_{kj} \in \left[\underline{a_{kj}}, \overline{a_{kj}} \right], \; k = \overline{0,n}, \; j = \overline{0,m} \right\}.$$

ou chaque *coefficient* a_{kj} peut avoir *n'importe quelle valeur* dans l'intervalle précisé, *indépendamment* de *tous les autres coefficients*.

Pour les systèmes sans retard (i.e. $\tau_j = 0$ et la somme double devient une somme simple dans $\mathscr{Q}$), KHARITONOV a montré en 1977 que pour garantir la stabilité de la famille $\mathscr{Q}$ correspondante, il suffit d'*analyser* la stabilité de *quatre polynômes* de la famille. Une généralisation de ce résultat pour tester la stabilité d'un *polytope convexe* dans l'*espace des coefficients* est le *"Edge Theorem"* de BARTLETT, HOLLOT ET LIN [11].

L'extension du résultat de Kharitonov pour un système scalaire à retard où on considère même le retard τ dans un intervalle $[\underline{\tau}, \overline{\tau}]$ a été donnée par BOESE [21]. FU *et al.* [71] montrent que le *Théorème de Kharitonov* n'est pas valable pour le cas d'un système à retard en général, où le retard n'est pas supposé comme paramètre. Par contre, FU *et al.* [71] ont proposé une extension du résultat de BARTLETT *et al.* [11], en utilisant des *hypothèses supplémentaires*. Une approche similaire a été considérée par BARMISH ET SHI [9].

La stabilité robuste indépendamment de la taille du retard a été considérée par OLBROT ET IGWE [207]. Une borne maximale sur le retard pour garantir la stabilité en boucle fermée (retard seulement sur l'entrée du système) si les coefficients du transfert se trouvent dans un *polytope* a été proposée par TSYPKIN ET FU [262] (voir également le Chapitre 1).

Une approche différente a été considéré par KHARITONOV ET ZABKO [121] en utilisant une *théorie* basée sur le concept de *direction convexe* et le *principe d'argument* pour une fonction complexe.

D'autres développements sur le concept de direction covexe sont donnés dans KOGAN [124], HOCHERMAN ET ZEHEB [105] HOCHERMAN *et al.* [104].

Critères basés sur le principe de maximum pour une fonction harmonique ou sous-harmonique

Dans cette classe on a considéré l'*extension* du critère de MORI ET KOKAME (voir Chapitre 1) et les critères basés sur les *techniques de valeurs singulières structurées* (voir BOYD ET DESOER [24]).

L'extension du critère de MORI ET KOKAME [171] SU ET LIU [248] ont considéré le système suivant

$$\dot{x}(t) = (A + \triangle A)x(t) + (A_d + \triangle A_d)x(t - \tau) \tag{2.86}$$

où les incertitudes $\triangle A$ et $\triangle A_d$ sont supposées *non-structurées, invariantes* dans le *temps* et *bornées en norme* :

$$\|\triangle A\| \leq \beta, \quad \|\triangle A_d\| \leq \beta_d \tag{2.87}$$

L'idée de base est de vérifier *l'inégalité*

$$\mu(A + A_d e^{-s\tau}) + \beta + \beta_d < 0 \tag{2.88}$$

sur la *frontière* d'une *région rectangulaire* dans $\mathbb{C}^+$ qui a les *bases* sur l'axe réel $\mathscr{R}e(s) > 0$ et respectivement sur l'axe imaginaire $\mathscr{I}m(s) > 0$. Si cette inégalité est garantie, alors on a la *stabilité robuste* garantie, en utilisant les *propriétés de la mesure d'une matrice* et un raisonnement similaire au *critère de* MORI ET KOKAME pour l'EDFR correspondante.

En utilisant cette *idée* et les *versions améliorées* du critère de MORI ET KO-KAME [171] (voir WANG [276], WANG ET WANG [278], SU [244] or SU et al. [245]) on peut *améliorer* (2.88), en *réduisant* le *domaine rectangulaire* correspondant.

Les techniques par valeurs singulières structurées CHEN ET LATCHMAN [31] ont considéré le système incertain suivant :

$$\dot{x}(t) = (A + \triangle A)x(t) + (A_d + \triangle A_d)x(t - \tau), \tag{2.89}$$

où les incertitudes $\triangle A$ et $\triangle A_d$ sont supposées *bornées en norme*. Une autre manière de décrire cette propriété est d'utiliser le concept de *valeur singulière*.

Pour une matrice M donnée, soit $\bar{\sigma}(M)$ la *valeur singulière maximale* de la matrice M (voir également PACKARD ET DOYLE [208]). Alors (2.87) s'écrit sous la forme :

$$\bar{\sigma}(\triangle A) \leq \gamma, \quad \bar{\sigma}(\triangle A_d) \leq \gamma_d \tag{2.90}$$

En utilisant le concept de *valeurs singulières structurées*, l'approche par le *Théorème du petit gain* (voir le Chapitre 1), peut être facilement étendue au cas des systèmes (2.89)-(2.90) (voir CHEN ET LATCHMAN [31]). Une technique similaire, mais pour calculer des bornes admissibles sur les retards a été proposée par ZHANG *et al.* [303].

2.6.2 Approche temporelle

La forme la plus générale d'un système linéaire *incertain* à états retardés est la suivante :

$$\dot{x}(t) = Ax(t) + A_d x(t - \tau) + f(x(t), t) + f_d(x(t - \tau(t)), t) = \qquad (2.91)$$

avec la condition initiale

$$x(t_0 + \theta) = \phi(\theta), \quad \forall \, \theta \in [-\tau, 0]; \quad (t_0, \phi) \in \mathbb{R}^+ \times \mathscr{C}^v_{n,\tau}, \qquad (2.92)$$

où les fonctions f et $f_d : \mathscr{R}e^n \times \mathbb{R} \to \mathbb{R}^n$ sont des fonctions non-linéaires, supposées continues telles que :

$$\| f(x, t) \| \leq \beta \| x \| \qquad (2.93)$$

$$\| f_d(x, t) \| \leq \beta_d \| x = \| . \qquad (2.94)$$

où β et β_d sont des réels positifs. Notons que les *contraintes* (2.93)-(2.94) sur les fonctions f et f_d permettent de garantir l'*existence* et l'unicité des *solutions* pour l'EDFR *variant dans le temps* (2.91)-(2.92).

Une autre manière de *représenter* les incertitudes est :

$$f(x(t), t) = \triangle A(t)x(t), \quad f_d(x(t - \tau), t) = \triangle A_d(t)x(t - \tau) \qquad (2.95)$$

où $\triangle A(\cdot)$ et $\triangle A_d(\cdot)$ sont des fonctions matricielles inconnues, bornées en norme, qui représentent les incertitudes paramétriques variantes dans le temps :

$$\|\triangle A(t)\| \leq \beta, \quad \|\triangle A_d(t)\| \leq \beta_d. \qquad (2.96)$$

Ces incertitudes satisfont les conditions (2.93)-(2.94) identiques à (2.87) en termes de norme, mais elles sont *variantes dans le temps*, cas qui ne peut pas être analysé en utilisant la technique proposée dans le paragraphe précédent.

De plus, si on suppose qu'on connaît la *manière* dans laquelle les *incertitudes agissent* sur les états du système on a des *incertitudes structurées* décrites par les relations :

$$\triangle A(t) = DF(t)E_a; \quad \triangle A_d(t) = D_d F_d(t) E_d \tag{2.97}$$

où $F(t) \in \mathbb{R}^{i \times j}$ et $F_d(t) \in \mathbb{R}^{i_d \times j_d}$ sont des matrices inconnues, supposées variantes dans le temps et avec des éléments mesurables au sens de Lebesgue, qui satisfont :

$$F^T(t)F(t) \leq I_j; \quad F_d^T(t)F_d(t) \leq I_{j_d}, \quad \forall\, t \tag{2.98}$$

et D, D_d, E_a, E_b et E_d sont des *matrices constantes* et *connues*, qui caractérisent comment les *paramètres incertains* en $F(t)$ et $F_d(t)$ entrent dans les matrices nominales A et A_d.

Enfin, une *dernière manière* de caractériser les *incertitudes* est de *supposer* qu'on connaît les *intervalles admissibles* de variation pour chaque *élément* des matrices A et A_d, i.e.

$$a_{ij} \in \left[\underline{a_{ij}}, \overline{a_{ij}}\right], \quad ad_{ij} \in \left[\underline{a_{d_{ij}}}, \overline{a_{d_{ij}}}\right] \tag{2.99}$$

Pour caractériser la stabilité pour cette classe de systèmes linéaires avec incertitudes et états retardés, on introduit la notion suivante de *stabilité robuste* donnée pour le cas général (sans expliciter le type d'incertitude) :

Définition (2.6.1)

Le système (2.91)-(2.92) est dit *robustement stable* si la solution triviale de l'EDFR associée est uniformément asymptotiquement stable pour toutes les incertitudes paramétriques admissibles $f(x(t), t)$ et $f(x(t - \tau), t)$. □

On peut introduire également d'autres types de notions de *stabilité* dans le cas des *systèmes= incertains*, comme par exemple la *stabilité quadratique* via une *fonction de Lyapunov-Razumikhin* ou via une *fonctionnelle de Lyapunov-Krasovskii* (pour les liens entre ces notions dans le cas d'un *système linéaire incertain sans retard* voir ROTEA *et al.* [223]).

Dans les paragraphes précédents, on a considéré le retard *sans incertitudes* et des incertitudes seulement sur les matrices A et A_d du système. Dans ce contexte, on peut considérer, par exemple, la notion de *stabilité robuste* par rapport au *retard*, i.e. des *incertitudes paramétriques sur le retard* (voir GYORI *et al.* citegyo).

Remarque (2.6.2) – *Un formalisme différente de représenter les incertitudes a été considéré dans sc Niculescu et al. [203], en utilisant une paire $(\mathscr{D}, \Phi)$, où*

$\mathscr{D}$ est le domaine de définition et Φ représente l'application qui les décrit. Notons que toutes les incertitudes considérées auparavant peuvent être mises sous cette forme.

Remarque (2.6.3) – Des systèmes à retard incertains sous la forme (2.91)-(2.92) avec des incertitudes non-structurées bornées décrites par (2.93)-(2.94) sont étudiés dans WANG et al. [277], SHYU ET YAN [236] (le cas du retard constant) ou NICULESCU et al. [185] (retard variant dans le temps).

Le cas des incertitudes (2.95)-(2.96) est analysé, par exemple, dans SU ET HUANG [201], SU ET LIU [248].

Les incertitudes structurées de la forme (2.97)-(2.98) sont analysées dans XIE ET DE SOUZA [289], XI ET DE SOUZA [288] ou NICULESCU et al. [181, 182].

Les incertitudes de type intervalle ont été considérées par TISSIR ET HMA-MED [254], YU et al. [299]. Notons que ce type d'incertitude n'est pas considéré dans les paragraphes suivants.

Remarque (2.6.4) – Une forme particulière de système incertain (2.91)-(2.92) est la suivante ($A_d \equiv 0$, $f \equiv 0$) :

$$\dot{x}(t) = Ax(t) + f_d(x(t-\tau), t) \qquad (2.100)$$

où f_d satisfait la condition (2.94), i.e. le système sans incertitudes est linéaire (sans retard) et les incertitudes concernent uniquement l'état retardé.

Dans ce cas, le problème de stabilité robuste se réduit à calculer la borne maximale β_d qui garantit la stabilité asymptotique du système (2.100).

Ce type de problème a été considéré par TOWNLEY ET PRITCHARD [258] (approche fréquentielle en utilisant des techniaues de dimension infinie) CHERES et al. [35] (fonctions de Lyapunov-Razumikhin), TRINH ET ALDEEN [259] (fonctionnelle de Lyapunov-Krasovskii)) et WU ET MIZUKAMI [285] (principe de comparaison).

Principes de comparaison

Comme on l'a précisé dans le Chapitre 1, l'*idée* de base des *principes de comparaison* est de trouver une équation différentielle ordinaire (EDO) ou une équation différentielle fonctionnelle retardée (EDFR) scalaire (pour lesquelles on peut construire facilement les solutions), telles que la solution de l'EDFR *initiale* a comme *majorant* la solution de l'équation différentielle *scalaire recherchée*. Dans ce contexte la stabilité asymptotique de l'équation différentielle ainsi introduite permet de garantir la stabilité asymptotique de l'EDFR *initiale*.

Notons que la forme particulière des incertitudes f et f_d (ou $\triangle A(t)$ et $\triangle A_d(t)$) suggère l'utilisation d'une telle approche.

En utilisant ces idées combinées avec des techniques matricielles, WANG *et al.* [277] (retard constant), NICULESCU *et al.* [185](retard variant dans le temps) ont proposé des conditions suffisantes de stabilité soit *indépendamment*, soit *en fonction de la taille du retard* (voir également l'approche de XU ET RACHID [294]).

Dans le même esprit, WU ET MIZUKAMI [285] ont proposé une b orne *sous-optimale* sur β_d pour les systèmes sous la forme (2.100) (stabilité indépendamment de la taille du retard).

Théorie de Lyapunov

Il existe deux approches pour l'analyse de la stabilité d'un système à états retardés en utilisant la *deuxième méthode de Lyapunov* : l'approche par *fonction de Lyapunov-Razumikhin* et l'approche par *fonctionnelle de Lyapunov-Krasovskii* (voir le Chapitre 1).

Approche par fonctionnelle de Lyapunov-Krasovskii On considère le système (2.91)-(2.92), avec les incertitudes (2.95)-(2.96). Des conditions suffisantes pour garantir la *stabilité robuste en fonction de la taille du retard* ont été proposées par NICULESCU *et al.* [181] en utilisant une fonctionnelle de la forme :

$$V(x_t) = \sup_{\theta \in [-2\tau, 0]} e^{\delta\theta} x(t+\theta)^T P x(t+\theta),$$

où δ est un réel positif suffisamment petit et P est une matrice symétrique et positive définie qui est la solution d'une *équation de Riccati*. Notons que ce résultat permet d'avoir une *interprétation* en termes de *fonctionnelle*, de trajectoires "critiques" qui quittent un certain ensemble. En effet, la condition de négativité de la dérivée de $V(x_t)$ dans les *points "critiques"* est exprimée en termes de l'existence d'une solution symétrique et définie positive d'une équation de Riccati.

Théorème (2.6.5) [NICULESCU, DE SOUZA, DION ET DUGARD [181]]

Soit le système incertain à états retardés (2.91)-(2.92) satisfaisant l'Hypothèse 1.4.1 avec les incertitudes paramétriques de la forme (2.97)-(2.98). S'il existe une matrice symétrique et définie positive Q et un réel $\varepsilon > 0$ tels que l'équation de Riccati

$$(A + A_d)^T P + P(A + A_d) + P(DD^T + \varepsilon^{-1} D_d D_d^T)P$$
$$+ E_a^T E_a + \varepsilon E_d^T E_d + Q = 0$$

a une solution P symétrique et positive définie, alors le système linéaire incertain à états retardés (2.91)-(2.92) est robustement stable pour n'importe quel retard $\tau < \tau^*$, où

$$\tau^* = \frac{\lambda_{min}(Q)}{2\kappa^{1/2}(P)k_1}$$

avec

$$k_1 \; \| \, PA_dA \, \| + \| \, PA_d{}^2 \, \| + \; \| \, PA_dD \, \| \cdot \| \, E_a \, \| \; + \| \, PA_dD_d \, \| \cdot \| \, E_d \, \|$$

$$+ \; \| \, PD_d \, \| \, (\| \, E_dA \, \| + \; \| \, E_dA_d \, \| + \| \, E_dD \, \| \cdot \| \, E_a \, \|$$

$$+ \; \| \, E_dD_d \, \| \cdot \| \, E_d \, \|).$$

Ce type d'approche a été également étendu au cas d'un système à états retardés à *plusieurs retards non commensurables* (voir NICULESCU *et al.* [182]). Des améliorations de ce résultat ont été considérées via les techniques de type *LMI* dans XI ET DE SOUZA [288] ou NICULESCU *et al.* [203].

Approche par fonction de Lyapunov-Krasovskii sur un espace produit Pour le même système, des conditions de stabilité asymptotique *indépendamment de la taille du retard* ont été proposées par XIE ET DE SOUZA [289] pour le cas *retard constant* via la fonction de Lyapunov-Krasovskii :

$$V(x(t), x_t) \; = \; x(t)^T Px(t) + \int_{-\tau}^{0} x(t+\theta)^T x(t+\theta)d\theta,$$

où la matrice P est la solution symétrique et positive définie d'une équation de Riccati. Une amélioration de ce résultat en utilisant une matrice de pondération $S > 0$ au lieu de I_n sur le terme x_t sous l'intégrale a été proposée par NICULESCU *et al.* [186] (de plus, le retard est *variant dans le temps*). Notons que cette condition peut être facilement réécrite sous une forme *LMI* en utilisant les techniques présentées dans les sections précédentes.

En utilisant la même fonction de Lyapunov-Krasovskii où I_n a été remplacée par εI_n, TRINH ET ALDEEN [259] ont donné une borne *sous-optimale* sur β_d pour garantir la stabilité asymptotique du système (2.100), où l'incertitude f_d a la forme (2.95)-(2.96).

Approche par fonction de Lyapunov-Razumikhin Pour le système incertain (2.91)-(2.92) avec les incertitudes écrites sous la forme (2.95)-(2.96), des conditions suffisantes de *stabilité robuste en fonction de la taille du retard* ont été proposées par SU ET HUANG [247] (avec les corrections données par XU [293]) en termes de solution d'une équation de Lyapunov. Une approche similaire, mais en termes de solution d'une équation de Riccati a été considérée par NICULESCU *et al.* [183] pour le système (2.91)-(2.92) et les incertitudes (2.97)-(2.98).

Dans le même esprit, CHERES *et al.* [35] ont proposé une borne *sous-optimale* β_d pour garantir la stabilité asymptotique indépendamment du retard du système (2.100).

L'approche temporelle considérée dans les sections précédentes permet de revoir le problème de *stabilité robuste* en termes de *problème d'optimisation convexe* via des *inégalités linéaires matricielles* (LMIs).

On peut considérer plusieurs *problèmes* :

► *Donner des conditions suffisantes (sur le système nominal) pour garantir la stabilité robuste soit indépendamment, soit en fonction de la taille du retard pour des systèmes à un seul retard (constant ou variant dans le temps), à plusieurs retards (constants ou variantes dans le temps).*

► *Donner des bornes sous-optimales sur les incertitudes pour garantir la stabilité robuste soit indépendamment, soit en fonction de la taille du retard.*

De plus, ces *problèmes* peuvent être traités dans un contexte *unitaire indépendamment* ou *en fonction de la taille du retard*. Pour simplifier la *présentation* on n'a pas considéré tous ces aspects. Une analyse plus détaillée ainsi que d'autres résultats est donnée dans NICULESCU *et al.* [203].

2.7 Conclusions et perspectives

Dans ce chapitre on a présenté *deux approches* différentes : *l'approche fréquentielle* et *l'approche temporelle* pour l'analyse de la stabilité asymptotique d'un système linéaire à états retardés à un *seul retard*, à *deux retards* (vus comme paramètres) ou *à plusieurs retards commensurables*.

Dans le cas de *l'approche fréquentielle*, on a *transformé le problème de stabilité* en un *problème de localisation* des *valeurs propres généralisées* de *deux faisceaux matriciels* réguliers par rapport au *cercle unité* : un *faisceau* associé aux *retards finis* et l'autre *faisceau* associé au *retard infini*. Notre principale contribution a été l'introduction et l'utilisation de ce dernier faisceau. En effet, on a fait l'analyse de la stabilité en *combinant* les propriétés algébriques de ces faisceaux.

Cette idée nous a permis de donner une *caractérisation complète* (en termes de *conditions nécessaires et suffisantes*) des régions de stabilité $\mathscr{S}_\infty$ (*stabilité indépendamment du retard* dans les deux cas : *faible* et *fort*) et $\mathscr{S}_\tau$ (*stabilité en fonction de la taille du retard*) pour une classe de *systèmes linéaires à un seul retard* supposé *constant*. L'extension au cas de *plusieurs retards commensurables* a également été faite en tenant compte de la structure particulière de ces systèmes.

On a vu également que ce type d'approche permet de *reconsidérer* les régions de stabilité $\mathscr{S}_{(\tau_1,\tau_2)}$ dans l'esprit *faisceaux matriciels* et de donner des conditions *nécessaires et suffisantes* de stabilité asymptotique en termes d'*intervalle* sur la taille du retard. De plus, on peut analyser dans le même esprit l'*hyperbolicité* (l'équation caractéristique n'a pas des racines sur l'axe imaginaire) d'un système à états retardés.

Cependant cet outil (faisceau matriciel) ne semble pas permettre l'analyse des systèmes linéaires à *un seul retard variant dans le temps* ou à *plusieurs retards non-commensurables*. Notons que dans ce cas, TOKER ET OZBAY [256] ont analyse la difficulté calculatoire de ce type de problème et leur conclusion est que le problème est $\mathscr{NP}$-*difficile*[2] (pour la définition, voir GAREY ET JOHNSON [77]).

Dans le cas de l'*approche temporelle*, on a proposé de *transformer* le *problème de stabilité* en un *problème d'optimisation convexe* en termes d'*inégalités linéaires matricielles* (LMIs). Notre principale contribution dans ce cas a été la *reformulation* du *problème de stabilité* comme un *problème d'optimisation convexe* : une *borne sous-optimale* sur le retard dans le cas de stabilité $\mathscr{S}_\tau$ ou une condition de $\mathscr{S}_\infty$ *sous-optimalité* dans le cas de la stabilité indépendamment de la taille du retard.

Ce type d'approche permet d'obtenir seulement des *conditions suffisantes* de stabilité asymptotique, mais on peut avoir une *caractérisation* "unitaire" (le même type d'algorithmes) pour tous les cas : système à *un seul retard* ou à *plusieurs retards*, *retard constant* ou *variant dans le temps*. De plus, cette approche permet une extension facile au cas de la *stabilité robuste* dans le sens de la *Définition* 2.6.1.

Malgré ce degré de généralité, ces *résultats* sont *conservatifs* (voir l'*exemple numérique*). Pour réduire le conservatisme de cette *méthode*, on voit comme *direction de recherche possible* l'utilisation de l'approche de BARNEA [10], ou de l'*approche de* INFANTE ET CASTELAN [111].

2.7.1   L'approche de Barnea

Selon KATO [119], il existe trois techniques différentes pour l'analyse de stabilité de l'EDFR : l'approche par fonctionnelles de type Lyapunov-Krasovskii, l'approche par fonctions de type Lyapunov-Razumikhin (voir le Chapitre 1 et les sections précédentes) et l'approche proposée par BARNEA [10] en *1969*.

---

[2]Pour d'autres problèmes d'automatique qui sont dans la même classe, voir NEMIROVSKII [177]

BARNEA [10] introduit deux notions de stabilité supplémentaires : l'ε_0-*stabilité* et l'ε_0-*stabilité asymptotique*, qui permettent de *revoir* l'approche par *fonctionnelles de Lyapunov-Krasovskii* d'un point de vue différent. En effet, l'*idée* de BARNEA est d'analyser le comportement d'une EDFR pour un choix spécial de la *fonctionnelle de Lyapunov-Krasovskii* :

$$V(x_t) = \sup_{\{-\tau \leq \theta \leq k\tau\}} V_1(x(t + \theta)),$$

où $k > 1$ est naturel et $V_1(\cdot)$ est une fonction qui satisfait la condition $u(\|x\|) \leq V_1(x) \leq v(\|x\|)$, $x \in \mathbb{R}^n$, $x \neq 0$. Plus précisément, il analyse les *conditions* pour lesquelles le système considéré quitte à l'instant $k\tau$ l'ensemble défini par l'évolution du système sur l'intervalle $[-\tau, k\tau)$. La solution du système sur l'intervalle $[0, k\tau)$ est construite par intégrations successives de la condition initiale donnée sur l'intervalle $[-\tau, 0]$.

Ce type d'approche permet, par exemple, d'obtenir une *amélioration* (par rapport aux résultats obtenus en utilisant les autres techniques) de la condition de *stabilité* pour le système du premier ordre :

$$\dot{x}(t) = -bx(t - \tau), \quad b > 0.$$

Dans ce cas, les approches par fonction de *Lyapunov-Razumikhin* ou par fonction de *Lyapunov-Krasovskii* donnent comme borne sur le retard $\tau^* = \tau_1 = 1/b$. L'approche de BARNEA [10] permet d'avoir comme borne permise $\tau^* = \tau_2 = 3/(2b)$ pour une borne *optimale* $\tau^* == \pi/(2b)$ (voir également HALE ET VERDUYN LUNEL [97]).

Une fonctionnelle de Lyapunov-Krasovskii dans cet esprit a été utilisée par NICULESCU *et al.* [181] dans un contexte de *stabilité en fonction du retard* pour un système linéaire à états retardés incertain, mais sans utiliser l'approche de BARNEA [10].

En utilisant cette technique, un exemple scalaire a été considéré par HALE (voir HALE ET VERDUYN LUNEL [97]) dans le cas du retard constant ou par YONEYAMA [297] dans le cas du retard variant dans le temps.

De plus, l'approche de BARNEA [10] a été ultérieurement reconsidérée par GROSSMAN ET YORKE [76] pour donner des conditions qui garantissent la stabilité exponentielle d'une EDFR à un seul retard.

2.7.2 L'approche de Infante et Castelan

Pour réduire le *conservatisme* de l'approche temporelle par *fonctionnelles de Lyapunov-Krasovskii*, INFANTE ET CASTELAN [111] ont étudié la stabilité asymptotique du système (2.1)-(2.2) via une *fonctionnelle* d'une forme plus compliquée, mais qui permet d'*approcher* la *condition exacte de stabilité* donnée en termes de *localisation* des racines de l'équation caractéristique (2.4) dans le plan complexe $\mathbb{C}$.

Dans le cas général, i.e. le système (2.1)-(2.2), on considère une matrice Q *symétrique et positive définie* $Q = Q^T > 0$ et on définit la fonction matricielle :

$$W(\tau, \alpha) = \frac{1}{2\pi} \int_{-\infty}^{\infty} F^{-1}(j\omega)^T Q F(-j\omega) e^{j\omega\alpha} d\omega,$$

où $F(j\omega)$ est la fonction caractéristique du système sur l'axe imaginaire, qui est une matrice non-singulière pour toutes les paires $(A, A_d) \in \mathscr{S}_{s,\infty}$.

En utilisant $W(\tau, \alpha)$ on introduit la fonctionnelle suivante :

$$V(x_t) = x(t)^T W(\tau, 0) x(t) + 2x(t)^T \int_{-\tau}^{0} W(\tau, \theta + \tau) A_d x(t + \theta) d\theta$$

$$+ \int_{-\tau}^{0} \int_{-\tau}^{0} x(t + \xi) A_d^T W(\tau, \xi - \theta) A_d x(t + \theta) d\xi d\theta,$$

qui permet de formuler le résultat de la *Proposition* 2.3.4 dans le cas général (voir également HUANG [109]). Cette technique semble applicable même dans le cas d'un *retard variant dans le temps* (voir LOUISELL [155]).

Notons que ce type de *fonctionnelle de Lyapunov-Krasovskii* permet d'*approcher* la *condition nécessaire et suffisante* obtenue en utilisant l'approche par faisceaux matriciels, pour *un bon choix* de la matrice Q, qui implique un grand effort de calcul (même pour un système scalaire où on a obtenu le même résultat avec une fonctionnelle plus simple).

Sur la stabilisation

CHAPITRE 3

Sur la stabilisation

Dans le chapitre précédent, on a considéré le *problème de stabilité* d'une classe de systèmes à états retardés, soit *indépendamment*, soit *en fonction de la taille du retard* en utilisant deux techniques différentes : l'approche par *faisceaux matriciels* et l'approche par la *théorie de Lyapunov* combinée avec les techniques de type *LMIs*.

Dans ce chapitre, on considère le *problème de stabilisation* d'une classe des systèmes à états retardés par un *retour d'état statique sans mémoire* de la forme :

$$u(t) = -Kx(t), \quad K \in \mathbb{R}^{m \times n}.$$

Quelques commentaires sont également donnés pour le cas d'un *retour d'état retardé* :

$$\dot{x}(t) = Ax(t) + B_1 u(t - \tau_1),$$

où le retour d'état est de la forme :

$$u(t) = -K_1 x(t), \quad K_1 \in \mathbb{R}^{m \times n}.$$

Le cas combiné, i.e entrée de la forme :

$$u(t) = -Kx(t) - K_1 x(t - \tau_1)$$

ne sera considéré explicitement ici, mais les idées données pour les deux autres cas peuvent faciliment L'analyse est faite dans le même esprit que pour le cas de la stabilité asymptotique, i.e. on étudie la *stabilité du système en boucle fermée* en fonction des valeurs du retard, en supposant le système sans retard *stabilisable*. En effet, on s'intéresse essentiellement à deux *problèmes* :

► trouver de conditions *suffisantes* (*nécessaires et suffisantes*) telles que un système linéaire à états retardés est *stabilisable* par *retour d'état statique indépendamment* ou *en fonction de la taille du retard*,

► trouver un *retour d'état* qui *stabilise* un système ayant un retard le plus grand possible si la *stabilisation est fonction de la taille du retard*, ou qui *maximise* le *taux de décroissance* de la solution du système en boucle fermée si la *stabilisation est indépendante de la taille du retard*.

A notre connaissance, il n'existe pas d'autres *études* dans cette direction dans la littérature.

L'approche utilisée est une approche temporelle basée sur les *Théorèmes de Krasovskii et de Razumikhin* combinée avec les techniques de type *LMI*.

Dans ce chapitre on considère également *deux* autres types de *problèmes de commande* : la *stabilité absolue* d'un système en boucle fermée à états retardés avec une caractéristique *non linéaire, dans un secteur* et le problème de la *construction des plans de discontinuité* pour les systèmes à *modes glissants*.

Le chapitre est organisé comme suit : après une *Introduction* qui précise le cadre général d'étude, on considère le cas *scalaire*. Ensuite on considère le *cas général*. De façon similaire au cas de la stabilité, on utilise une approche combinée *méthodes de Lyapunov* avec *techniques de type LMI* qui permet de *convertir* le problème de stabilisation en un problème d'optimisation convexe. Cette approche peut s'étendre aux cas des systèmes à un *retard variant dans le temps*, à *plusieurs retards* ou avec *incertitudes paramétriques*. Quelques problèmes de commande sont également considérés : la *stabilité absolue* et la *construction des plans de discontinuité* pour les systèmes à *modes glissants*. Quelques *conclusions et perspectives* sont données en fin de chapitre.

3.1   **Introduction**

Dans un premier temps on considère le problème de *stabilisation* d'un système linéaire à états retardés de la forme :

$$\dot{x}(t) \,=\, Ax(t) + A_d x(t - \tau) + Bu(t), \tag{3.1}$$

avec la condition initiale :

$$x(t_0 + \theta) \,=\, \phi(\theta), \quad \forall\,\theta \in [-\tau, 0], \quad \phi \in \mathscr{C}_{n,\bar{\tau}}^{v}, \tag{3.2}$$

où $x(\cdot) \in \mathbb{R}^n$ est l'état du système et $u(\cdot) \in \mathbb{R}^m$ est l'*entrée* du système. Les matrices A, $A_d \in \mathbb{R}^{n\times n}$ et $B \in \mathbb{R}^{n\times m}$ et $\tau \in \mathbb{R}^+$ est le retard du système, supposé inconnu.

De plus, on suppose que le système sans retard $\tau = 0$, i.e.

$$\dot{x}(t) \,=\, (A + A_d)x(t) + Bu(t) \tag{3.3}$$

est *stabilisable via un retour d'état* $u(t) = -Kx(t)$, $K \in \mathbb{R}^{m\times n}$ (*Hypothèse* 1.4.3, Section 1.4).

Pour simplifier la présentation, on suppose dans un premier temps que le retard est *constant*. Le cas du retard variant dans le temps et celui de plusieurs retards sont considérés dans les sections suivantes.

Etudions à nouveau le système (3.1)-(3.2) et la *loi de commande*

$$u(t) = -Kx(t), \quad K \in \mathbb{R}^{m \times n}$$

qui stabilise le système sans retard (3.3), i.e. la matrice $A + A_d - BK$ est *Hurwitz stable*.

Notons que ce type de retour d'état ne pose aucun problème du point de vue de l'*existence* et de l'*unicité* de la solution du système (3.1)-(3.2) en *boucle fermée* :

$$\dot{x}(t) = (A - BK)x(t) + A_d x(t - \tau), \tag{3.4}$$

qui est une EDFR linéaire.

Le problème qui se pose maintenant concerne la stabilité du système *en boucle fermée indépendamment de la taille du retard* ou non, i.e. $(A - BK, A_d) \in \mathscr{S}_\infty$ ou $(A - BK, A_d) \in \mathscr{S}_\tau$.

- ► Pour un *gain K* donné, le problème est *relativement simple*, dans le sens où on applique les résultats du Chapitre précédent sur la *stabilité asymptotique* et on conclut sur le type de stabilité en boucle fermée et par conséquent sur le type de *stabilisation, indépendamment* ou *en fonction de la taille du retard*.

  Ce type d'approche est une *extension* directe et naturelle des résultats donnés dans le Chapitre 2 et il n'est pas considéré dans cette partie.

- ► Le problème suivant est plus intéressant, il concerne l'*existence* ou *non* d'un *retour d'état sans mémoire* $u(t) = -Kx(t)$, $K \in \mathbb{R}^{m \times n}$ qui assure la *stabilité* du système en boucle fermée *indépendamment de la taille du retard*.

  Dans le cas où la stabilisation n'est pas indépendante de la taille du retard, nous savons, via l'*Hypothèse* 1.4.3 (($A + A_d, B$) stabilisable), que la stabilisation peut être assurée en fonction de la taille du retard. Dans ce cas, le problème est de trouver le retard maximal admissible qui ne déstabilise pas le système en boucle fermée.

Reconsidérons le système en boucle fermée (3.3).

L'*Hypothèse* 1.4.3 est une *hypothèse* relativement *faible* dans la mesure où elle ne donne *aucune information* sur les propriétés de la paire (A, B), comme par exemple, la *stabilisabilité* ou la *commandabilité*.

Pour simplifier la présentation, on considère les deux cas "extrêmes," du point de vue de la caractérisation *indépendante / dépendante* du retard : (A, B) *commandable* et (A, B) *non-stabilisable*. On montre que dans le premier cas, on peut toujours stabiliser le système (3.1)-(3.2) *indépendamment de la taille du retard* et dans le deuxième cas, on ne peut assurer que la stabilité asymptotique en fonction de la taille du retard.

3.1.1 (A, B) **commandable**

L'*Hypothèse* de *commandabilité* pour la paire (A, B) est plus *forte* que l'*Hypothèse* 1.4.3 (on peut toujours trouver un retour d'état qui stabilise le système sans retard (3.3) en utilisant, par exemple, une technique de type placement des pôles). On a le résultat suivant :

Théorème (3.1.1)

Soit le système (3.1)-(3.2) tel que la paire (A, B) est commandable. Alors il existe une matrice $K \in \mathbb{R}^{m \times n}$, telle que

$$(A - BK, A_d) \in \mathscr{S}_\infty,$$

donc le système (3.1)-(3.2) est stabilisable indépendamment de la taille du retard par le retour d'état statique $u(t) = -Kx(t)$.

Preuve : Si la paire (A, B) est commandable, alors on peut trouver une loi de commande $u(t) = -Kx(t)$, $K \in \mathbb{R}^{m \times n}$, telle que le système :

$$\dot{x}(t) = Ax(t) + Bu(t)$$

est asymptotiquement stable en boucle fermée et, de plus, on peut toujours choisur K par placement des pôles (en les faisant tendre vers $-\infty$) pour que la matrice $A - BK$ satisfasse la condition :

$$\mu(A - BK) < -\|A_d\|. \tag{3.5}$$

En appliquant la *Proposition* 2.3.11 au système en boucle fermée (3.8), on montre qu'il est asymptotiquement stable $\mathscr{S}_\infty$, donc le système (3.1)-(3.2) est *stabilisable indépendamment de la taille du retard*.

Notons que ce résultat n'est pas directement lié à la théorie qu'on a développée dans le chapitre précédent, il peut être obtenu comme une conséquence de la *Proposition* 2.3.11 (voir également MORI *et al.* [169]).

De plus, la *commandabilité* de la paire (A, B) permet d'avoir le *Corollaire* suivant :

Corollaire (3.1.2)

Soit le système (3.1)-(3.2) tel que la paire (A, B) est commandable.

Alors pour n'importe quel réel $\alpha > 0$, il existe une matrice $K \in \mathbb{R}^{m \times n}$, telle que le système (3.1)-(3.2) est α-stabilisable par le retour d'état statique $u(t) = -Kx(t)$, i.e. la solution du système en boucle fermée a le taux α de décroissance exponentielle.

La démonstration utilise la même *idée* et le fait que pour n'importe quel réel $\alpha > 0$, on peut placer les pôles du système en boucle fermée tels que :

$$\mu(A - BK) < -\alpha - \|A_d\|e^{\alpha\tau}.$$

Notons que dans ce cas on ne peut pas parler de *stabiliser* le système indépendamment de la taille du retard.

Avant de considérer le *cas scalaire*, on propose une *approche* pour le cas d'une paire (A, B) *non-commandable*, mais telle que les paires (A, B) et (A_d, B) ont une *structure particulière* :

Il existe une transformation linéaire $T \in \mathbb{R}^{n \times n}$ inversible, telle que :

$$\tilde{A} = T^{-1}AT = \begin{bmatrix} A_{11} & A_{12} \\ 0 & A_{22} \end{bmatrix}, \quad \tilde{B} = T^{-1}B = \begin{bmatrix} 0 \\ B_2 \end{bmatrix} \tag{3.6}$$

$$\tilde{A}_d = T^{-1}A_dT = \begin{bmatrix} A_{d11} & A_{d12} \\ 0 & A_{d22} \end{bmatrix}, \tag{3.7}$$

où $A_{22} \in \mathbb{R}^{n_2 \times n_2}$, $B_2 \in \mathbb{R}^{n_2}$, (A_{22}, B_2) est une paire commandable et $A_{d22} \in \mathbb{R}^{n_{d2} \times n_{d2}}$.

Supposons que $n_{d2} = n_2$. Alors on a le résultat *suivant* :

Proposition (3.1.3)

Soit le système (3.1)-(3.2) qui satisfait l'Hypothèse 1.4.3.

S'il existe une transformation linéaire et inversible $T \in \mathbb{R}^{n \times n}$, telle que les relations (3.6)-(3.7) sont satisfaites, alors le système (3.1)-(3.2) est stabilisable indépendamment de la taille du retard si et seulement si $(A_{11}, A_{d11}) \in \mathscr{S}_\infty$.

Interprétation

La *Proposition* 3.1.5 dit que le *type de stabilisabilité* du système (3.1)-(3.2) est donné par les *parties non-commandables* des systèmes linéaires sans retard :

$$\dot{x}_1(t) = Ax_1(t) + Bu(t),$$

$$\dot{x}_2(t) = A_d x_2(t) + B u(t),$$

s'il existe une transformation T ayant les propriétés mentionnées au-dessus. ∎

Si $n_2 \neq n_{d2}$, alors l'étude de la *stabilisabilité* du système (3.1)-(3.2) peut être réduite à un système où l'état est de dimension inférieure à n. Dans ce livre, on ne considère pas explicitement ce type de problème.

Remarque (3.1.4) – *D'autres méthodes d'analyse pour le problème de la* stabilisabilité *du système (3.1)-(3.2) par retour d'état statique ont été proposées par* Furukawa et Shimemura *[72]. Ils considèrent des* factorisations *de la matrice A_d, soit sous la forme :*

$$= 20 A_d = LC, \quad L \in \mathbb{R}^{n \times m}, \quad C \in \mathbb{R}^{m \times n}, \quad \mathrm{rg}(C) = m,$$

soit sous la forme

$$A_d = BH + D, \quad H \in \mathbb{R}^{m \times n}, \quad D \in \mathbb{R}^{n \times n}.$$

Avec ces factorisations, la stabilisabilité du système (3.1)-(3.2) dépend d'un certain nombre de propriétés du triplet (A, B, C) *dans le premier cas ou du* triplet (A, B, D) *dans le deuxième cas.*

Tous ces résultats sont des conditions suffisantes et ils ne considèrent pas implicitement le fait que le système en boucle fermée est asymptotiquement stable indépendamment de la taille du retard. De plus, les techniques proposées utilisent une approche par fonctionnelle de Lyapunov-Krasovskii.

Notons que le cas $D \equiv 0$ peut être complètement caractérisé en utilisant la Proposition 3.2.3, *qui est une* condition nécessaire et suffisante.

Cas scalaire
Considérons maintenant un système scalaire de la forme :

$$\dot{x}(t) = -a x(t) - b x(t - \tau) + u(t), \tag{3.8}$$

avec la condition initiale :

$$x(t_0 + \theta) = \phi(\theta), \quad \forall \theta \in [-\tau, 0], \quad \phi \in \mathscr{C}^v_{1,\tau}, \tag{3.9}$$

tel que $a + b \leq 0$.

La structure particulière du système entraîne que $(-a, 1)$ est *commandable* et par conséquent, ce système peut être *stabilisé* indépendamment de la taille du retard par un retour d'état statique $u(t) = -kx(t)$.

En effet, en fonction du *gain k* on peut avoir deux situations différentes pour $b > 0$ ou $b < 0$. Le cas $b = 0$ correspond à la stabilisation d'un système linéaire non-retardé.

(1) $a + b \leq 0$, $b < 0$

Dans cette situation, il existe un retour d'état statique $u(t) = -kx(t)$ tel que le système en boucle fermée soit stable pour n'importe quel retard, i.e.

$$(a + k, b) \in S_\infty \quad si \quad k > -(a + b)$$

(2) $a + b \leq 0$, $b > 0$

Cette situation permet deux possibilités pour la stabilité du système en boucle fermée via le retour d'état statique $u(t) = -kx(t)$, en fonction du choix de k.

On peut obtenir la stabilité du système en boucle fermée soit *indépendamment*, soit *en fonction de la taille du retard*.

$$(a + k, b) \in S_\infty \quad si \quad k \geq b - a$$

$$(a + k, b) \in S_\tau \quad si - (a + b) < k < b - a$$

En conclusion, on a le résultat suivant de type *condition nécessaire et suffisante* :

Proposition (3.1.5)

Le système scalaire (3.8)-(3.9) est stabilisable indépendamment de la taille du retard par le retour d'état statique $u(t) = -kx(t)$, $k \in \mathbb{R}$ si et seulement si :

$$k > -(a + b), \quad si\ b \leq 0, ou$$

$$k \geq b - a, \quad si\ b > 0.$$

De plus, si $b > 0$ et $k \in (-(a + b), b - a)$, alors le système est stabilisable en fonction de la taille du retard.

Le cas *scalaire* est relativement simple parce qu'on peut toujours stabiliser le système *indépendamment de la taille du retard* pour un certain choix de k, dans le cas où la dimension de l'état est supérieure à 2, il est difficile de tirer des *conclusions*.

3.1.2 (A, B) **non-stabilisable**

Dans le paragraphe précédent on a vu que l'*Hypothèse de commandabilité* de (A, B) permet toujours de calculer un gain de retour K qui assure la stabilité asymptotique de la matrice $A + A_d - BK$ au sens de Hurwitz (*Hypothèse* 1.4.3).

Le cas où la paire (A, B) *n'est pas stabilisable* (i.e. il n'existe aucun gain K tel que la matrice $A - BK$ est stable au sens de Hurwitz) ne permet aucune conclusion sur les *propriétés* de la paire $(A + A_d, B)$.

Intuitivement, dans ce cas, on ne peut stabiliser le système (3.1)-(3.2) que *en fonction de la taille du retard*. En effet, si la paire (A, B) n'est pas stabilisable, alors pour n'importe quel retour K_1, la matrice $A - BK_1$ du système en boucle fermée a au moins *une racine instable*. Soit maintenant K un retour d'état stabilisant pour le système (3.3). Alors la matrice $A + A_d - BK$ est asymptotiquement stable au sens de Hurwitz, mais la matrice $A - BK$ n'est pas asymptotiquement stable. L'application du *Lemme* 2.3.13 permet d'énoncer le résultat suivant :

Proposition (3.1.6)

Soit le système (3.1)-(3.2).

Si le système (3.1)-(3.2) est stabilisable indépendamment de la taille du retard, alors les paires (A, B) et $(A + A_d, B)$ sont stabilisables.

Si la paire $(A + A_d, B)$ est stabilisable, mais la paire (A, B) n'est pas stabilisable, alors le système (3.1)-(3.2) n'est pas stabilisable par retour d'état indépendamment de la taille du retard.

En effet, ce résultat est la *formulation* du *Lemme* 2.3.13 en termes de *paires stabilisables* ou *non*.

Comme on l'a précisé dans les paragraphes précédents, dans ce cas, le système (3.1)-(3.2) est stabilisable en fonction de la taille du retard. Dans ce contexte, on considère dans les sections suivantes le *problème* suivant :

Problème (3.1.7)

Trouver un retour d'état

$$u(t) = -Kx(t), \quad K \in \mathbb{R}^{m \times n}$$

qui stabilise le système satisfaisant l'Hypothèse 1.4.3 et qui maximise la taille du retard admissible pour le système en boucle fermée.

En utilisant les même *idées* et la *Proposition* 2.3.12, on a le résultat suivant :

Proposition (3.1.8)

Soit le système (3.1)-(3.2) qui satisfait l'Hypothèse 1.4.3.

S'il existe un $z \in \mathscr{C}(0,1)$, tel que la matrice complexe $A + zA_d$ est non-singulière et la paire $(A + zA_d, B)$ sur $\mathbb{R}[z]$ n'est pas stabilisable par un retour d'état statique $u(t) = -Kx(t)$, $K \in \mathbb{R}^{m \times n}$, alors le système (3.1)-(3.2) ne peut être stabilisé par retour d'état qu'en fonction de la taille de retard.

Notons que si $A + zA_d$ est *singulière*, la paire (A, B) non-stabilisable peut *induire*, dans certaines situations, la *stabilisation indépendamment de la taille du retard*.

On considère l'*Exemple* du deuxième ordre suivant :

$$
\dot{x}(t) = \begin{bmatrix} -1 & 0 \\ 0 & -a \end{bmatrix} x(t) + \begin{bmatrix} -1 & 0 \\ -c & -b \end{bmatrix} x(t - \tau)
$$

$$
+ \begin{bmatrix} 0 \\ 1 \end{bmatrix} u(t), \tag{3.10}
$$

où les réels a, b vérifient la condition $a + b < 0$.

La matrice $A + zA_d$ correspondante est singulière pour $z = -1 \in \mathscr{C}(0,1)$ et $(A - A_d, B)$ n'est pas stabilisable, mais le système considéré est *stabilisable indépendamment de la taille du retard*.

Ce système vérifie également les conditions de la *Proposition* 3.1.3, et par conséquent le type de stabilisabilité du système est donné par la paire $(1, 1)$ qui est un élément de l'ensemble $\mathscr{S}_\infty$.

En effet, ce système est *composé* de deux EDFRs scalaires "découplées". Tenant compte que $(1, 1) \in \mathscr{S}_\infty$ et que la deuxième équation est stabilisable indépendamment du retard (voir les paragraphes précédents) on conclut que ce système est stabilisable *indépendamment de la taille du retard*.

Notons également que le système suivant :

$$
\dot{x}(t) = \begin{bmatrix} -1 & 0 \\ 0 & -a \end{bmatrix} x(t) + \begin{bmatrix} -2 & 0 \\ -c & -b \end{bmatrix} x(t - \tau) + \begin{bmatrix} 0 \\ 1 \end{bmatrix} u(t),
$$

obtenu du système (3.10) en remplaçant $A_{d11} = -1$ par $A_{d11} = -2$ ne peut *pas* être *stabilisé indépendamment* de la taille du retard par un retour d'état sans mémoire. Par contre, on peut *toujours stabiliser* ce système *en fonction* de la taille du *retard* (la paire $(A + A_d, B)$ est stabilisable).

3.1.3 Autres remarques

Dans ce paragraphe on a donné quelques *résultats* très généraux sur le *problème de stabilisation* d'un système à états retardés dans l'hypothèse d'un *seul retard constant*. On a introduit un certain nombre de *conditions* qui permettent de voir différemment les deux cas de stabilisation *indépendamment* ou *en fonction de la taille du retard*.

Retard variant dans le temps

Toutes les conditions développées dans cette section, excepté la *Proposition* 3.1.6, restent valables si le retard est variant dans le temps.

Ceci est vrai en particulier pour le *Théorème* 3.1.1 où la démonstration est identique et où l'inégalité (3.5) est valable même si le retard est variant dans le temps (voir NICULESCU [180] et les références incluses).

Dans le cas de la *Proposition* 3.1.5, la condition de stabilisation du système scalaire (3.8) est seulement *suffisante* (les régions de stabilité dans l'espace des paramètres (a, b) sont différentes dans le cas d'un retard variant dans le temps par rapport au cas d'un retard constant, voir AMEMIYA [7]).

Plusieurs retards

Les résultats développés dans le paragraphe précédent peuvent être étendus au cas de *plusieurs retards* (commesurables ou non). Le système (3.1) devient :

$$\dot{x}(t) = Ax(t) + \sum_{i=1}^{n_d} A_i x(t - \tau_i) + Bu(t).$$

Dans le cas du *Théorème* 3.1.1/, la démonstration utilise l'inégalité :

$$\mu(A - BK) < -\sum_{i=1}^{n_d} \|A_i\|,$$

au lieu de l'inégalité (3.5).

La *Proposition* 3.1.3 implique l'*existence* d'une transformation linéaire et inversible telle que les matrices A et A_i ($i = \overline{1, n_d}$) ont la même structure via cette transformation, i.e. $n_2 = n_{i,2}$. Dans ces conditions, la *stabilisation* indépendamment de chaque retard est garantie si et seulement si le $(n_d + 1)$-uple $(A_{11}, A_{1,11}, A_{2,11}, \ldots, A_{n_d,11})$ est un élément de l'ensemble qui correspond à la *stabilité indépendamment de la taille du retard*.

La *Proposition* 3.1.5 ne peut être étendue dans l'esprit *condition nécessaire et suffisante* que si les retards sont supposés *commensurables*. Dans le cas général, on peut donner seulement des *conditions suffisantes*.

La *Proposition* 3.1.6 a la même formulation et la démonstration utilise le même type d'argument, par contre la *Proposition* 3.1.8 ne s'étend pas aussi *facilement* pour *plusieurs retards*, la démonstration étant beaucoup plus difficile.

3.2 Approche par LMIs

Dans cette partie on considère le problème de la *stabilisation* d'une classe des systèmes à états retardés (3.1)-(3.2) par un *retour d'état statique sans mémoire* en utilisant une approche temporelle basée sur les *Théorèmes de Razumikhin et de Krasovskii* combinée avec les techniques de type *LMI*.

On donne des conditions *suffisantes* de *stabilisation* soit *indépendamment de la taille du retard*, soit *en fonction de la taille du retard* pour ce type de systèmes. L'*idée* de base est de *transformer* le *problème de stabilisation* d'un système à *un seul retard* (constant ou variant dans le temps) ou à *plusieurs retards* (commensurables ou non-commensurables) en un problème d'*optimisation convexe*. Bien que les conditions développées dans cette partie ne soient que suffisantes, on utilise le même type de *technique d'optimisation* pour les deux cas d'étude : *indépendamment* ou *en fonction de la taille du retard*.

Notre principale contribution sur ce type d'approche est la *conversion* du problème de stabilisation, dans les deux cas, en un *problème d'optimisation convexe*. Ce formalisme peut être exploité non seulement dans le cas du *retard constant*, mais aussi dans les cas du *retard variant dans le temps* ou de *deux retards* (vus comme paramètres). On donne également une *caractérisation unitaire* pour les deux types de stabilisation considérés : indépendamment ou en fonction de la taille du retard, et on développe la *loi de commande sans mémoire* correspondante. Notons que les idées utilisées dans cette partie reprennent celles qui ont été utilisées dans le chapitre précédent sur la stabilité.

La section est organisée comme suit : dans un premier temps on donne une caractérisation $(\mathscr{S}_\tau, \mathscr{S}_\infty)$ en termes d'*optimisation* convexe avec des algorithmes de type *quasi-convexe, convexe/quasi-convexe*. Les résultats obtenus s'étendent au cas du *retard variant dans le temps*. Le cas de *deux retards* (vus comme paramètres) est également considéré. Quelques *extensions possibles* des résultats proposés sont données à la fin de la Section.

3.2.1 Conditions suffisantes $(\mathscr{S}_\tau, \mathscr{S}_\infty)$

Dans les parties précédentes on a présenté plusieurs considérations sur les deux types d'*approches temporelles* spécifiques à la théorie de stabilité dans le sens de Lyapunov pour les systèmes à états retardés : l'*approche par fonctionnelle de Lyapunov-Krasovskii* et l'*approche par fonction de Lyapunov-Razumikhin*.

Dans ce paragraphe, on cherche à donner des conditions *suffisantes* de stabilité $\mathscr{S}_\infty$ (faible) et $\mathscr{S}_\tau$ en utilisant les deux types d'approches, combinées avec des *techniques d'optimisation convexe* en termes d'inégalités linéaires matricielles (LMIs).

Stabilisation S_∞

Considérons le système (2.1)-(2.2), qui satisfait l'*Hypothèse* 1.4.3, i.e.

$$\dot{x}(t) = Ax(t) + A_d x(t - \tau) + Bu(t)$$

$$x(t_0 + \theta) = \phi(\theta), \quad \forall \theta \in [-\tau, 0], \quad \phi \in \mathscr{C}_{n,\tau}^v.$$

Pour avoir la stabilisation de ce système indépendamment de la taille du retard, i.e. la stabilité asymptotique $\mathscr{S}_\infty$ du système en boucle fermée, on doit imposer une *Hypothèse* supplémentaire (voir également NICULESCU *et al.* [184]).

Hypothèse (3.2.1)

La paire (A, B) est stabilisable.

En effet, si la paire (A, B) n'est pas stabilisable, alors la *stabilisation* du système par retour d'état *dépend de la taille du retard* (Proposition 3.1.6).

En utilisant de raisonnements similaires au cas de la *stabilité asymptotique* $\mathscr{S}_\infty$, la propriété de stabilisation des paires (A, B) et $(A + A_d, B)$ est une *condition nécessaire*, mais *pas suffisante* pour avoir la stabilisation du système (3.1)-(3.2) *indépendamment de la taille du retard*. Donc, les *Hypothèses* 1.4.3 et 2.4.19 ne garantissent pas qu'il existe un retour d'état $u(t) = -Kx(t)$ tel que la paire $(A - BK, A_d)$ est dans l'ensemble $\mathscr{S}_\infty$. De plus, on a vu dans les Sections précédentes que si la matrice $A - BK$ (vue comme la matrice A) est stable au sens de Hurwitz, alors il existe un $\eta > 0$ suffisamment petit tel que $(A - BK, \eta A_d) \in \mathscr{S}_\infty$. On introduit la notion suivante :

Définition (3.2.2)

Soit A, $A_d \in \mathbb{R}^{n \times n}$ et $B \in \mathbb{R}^{n \times m}$ trois matrices réelles telles que la paire (A, B) est stabilisable. Soit η^* un réel positif.

Si pour tout $0 < \eta \leq \eta^*$, il existe une matrice $K \in \mathbb{R}^{m \times n}$, telle que $(A - BK, \eta A_d) \in \mathscr{S}_{w,\infty}$, alors le système (3.1)-(3.2) est dit $(\eta^*, \mathscr{S}_\infty)$ stabilisable sous-optimal. □

Il est évident que si $\eta^* \geq 1$ (dans le sens de la *Définition* 3.2.2), alors $(A - BK, A_d) \in \mathscr{S}_\infty$.

Interprétation

Cette définition permet de donner une autre interprétation de la notion de *stabilisation* des systèmes à états retardés de la forme (3.1)-(3.2) :

Si le système :

$$\dot{x}(t) = Ax(t) + Bu(t), \quad x(t_0) = x_0 \in \mathbb{R}^n$$

est stabilisable, *alors η^* est une valeur positive pour laquelle le terme de perturbation "$\eta A_d x(t - \tau)$" ($\eta \in [0, \eta^*]$) garantit que le système (3.1)-(3.2) (avec A_d remplacé par ηA_d) est encore stabilisable indépendamment du retard.*

Cette notion de $\mathscr{S}_\infty$ *stabilisation sous-optimale* permet d'étendre la notion de stabilité asymptotique $\mathscr{S}_\infty$ *sous-optimale* dans le contexte *stabilisation*. ∎

De façon similaire au cas de la stabilité, on considère le problème de calcul d'une valeur η^* *maximale* qui garantit que le système (3.1)-(3.2) est $(\eta^*, \mathscr{S}_\infty)$ *stabilisable sous-optimal* en utilisant les deux approches : *l'approche par fonction de Lyapunov-Krasovskii sur un espace produit et l'approche par fonction de= Lyapunov-Razumikhin*. Comme les conditions ne sont que suffisantes, ce type d'approche ne permet pas d'obtenir la *valeur optimale* de η^*.

Approche par fonction de Lyapunov-Krasovskii sur un espace produit

On considère la *fonction de Lyapunov-Krasovskii* sur l'espace produit $\mathbb{R}^n \times \mathscr{C}_{n,\tau}^v$ de la forme suivante :

$$V(x(t), x_t) = x(t)^T P x(t) + \int_{-\tau}^0 x(t + \theta)^T S x(t + \theta) d\theta, \qquad (3.11)$$

où P et S sont deux matrices symétriques et définies positives. On a le résultat suivant :

Théorème (3.2.3)

Soit le système (3.1)-(3.2) qui satisfait les Hypothèses 1.4.3 et 2.4.19 et soit η^* un réel positif.

S'il existe deux matrices réelles symétriques et positives définies P et S et une matrice $K \in \mathbb{R}^{m \times n}$ telles que :

$$\begin{bmatrix} (A - BK)^T P + P(A - BK) + S & \eta^* P A_d \\ \eta^* A_d^T P & -S \end{bmatrix} < 0, \qquad (3.12)$$

alors le système (3.1)-(3.2) est $(\eta^*, \mathscr{S}_\infty)$ stabilisable sous-optimal par le retour d'état $u(t) = -Kx(t)$.

Preuve : En utilisant le complément du Schur, l'inégalité (3.12) est équivalente à :

$$(A - BK)^T P + P(A - BK) + S + (\eta^*)^2 P A_d S^{-1} A_d^T P < 0,$$

inégalité vérifiée pour tout $0 \le \eta \le \eta^*$.

En utilisant le *Théorème* 2.4.5 et la *Définition* 3.2.2 pour le système (3.1)-(3.2) en boucle fermée, l'inégalité (3.12) est vérifiée via la fonction (3.11) définie auparavant.

Notons que pour $\eta^* \equiv 0$ et pour n'importe quel retour d'état $u(t) = -Kx(t)$ qui stabilise la paire (A, B), on peut toujours trouver deux matrices P_1 et S_1 symétriques et positives définies qui satisfont la LMI (3.12).

Soit, par exemple, $S_1 = \varepsilon I_n$ où $\varepsilon > 0$ est un réel positif et soit P_1 la solution de l'équation de Lyapunov :

$$(A - BK)^T P + P(A - BK) + 2\varepsilon I_n = 0,$$

qui est symétrique et positive définie ($A - BK$ est stable au sens de Hurwitz etc.). Alors (3.12) devient $-\varepsilon I_{2n} < 0$, inégalité vérifiée pour tout $\varepsilon > 0$. De plus, en utilisant la propriété de continuité des valeurs propres par rapport au paramètre η^*, (3.12) reste vérifiée pour un η^* *suffisamment petit*.

De plus, si on considère que la matrice A_d admet une décomposition sous la forme :

$$A_d = MN, \quad M \in \mathbb{R}^{n \times m}, \quad N \in \mathbb{R}^{m \times n}, \qquad (3.13)$$

où $m \le n$ and $\mathrm{rg}(M) = m$, alors on a le résultat suivant :

Corollaire (3.2.4)

Soit le système (3.1)-(3.2) qui satisfait les Hypothèses 1.4.3 et 2.4.19 et et soit η^* un réel positif. Supposons que la matrice A_d a une décomposition sous la forme (3.13)

S'il existe deux matrices réelles symétriques et positives définies P et S et une matrice $K \in \mathbb{R}^{m \times n}$ telles que :

$$
\begin{bmatrix}
(A - BK)^T P + P(A - BK) + N^T SN & \eta^* PM \\
\eta^* M^T P & -S
\end{bmatrix} < 0,
$$

alors le système (3.1)-(3.2) est $(\eta^*, \mathscr{S}_\infty)$ stabilisable sous-optimal par le retour d'état $u(t) = -Kx(t)$.

> **Remarque** (3.2.5) – *Notons que tous les résultats donnés dans ce chapitre peuvent être étendus facilement au cas où la matrice A_d admet une décomposition particulière. Pour simplifier la présentation on n'a pas considéré ce cas explicitement dans ce chapitre.*

L'inconvenient de la LMI (3.12) est la forme *non-affine* de l'inégalité si on considère P et K *simultanément* comme paramètres. En utilisant une *transformation* adéquate (voir également BOYD *et al.* [25], NICULESCU [180]), la LMI (3.12) est transformée en une *LMI affine* dans toutes les *variables*.

On a le résultat suivant :

Proposition (3.2.6)

Soit le système (3.1)-(3.2) qui satisfait les Hypothèses 1.4.3 et 2.4.19 et soit η^* un réel positif.

S'il existe trois matrices réelles $Q = Q^T > 0$ et $R = R^T > 0$ et $W \in \mathbb{R}^{m \times n}$ telles que :

$$
\begin{bmatrix}
AQ + QA^T + W^T B + BW + R & \eta^* A_d Q \\
\eta^* Q A_d^T & -R
\end{bmatrix} < 0, \tag{3.14}
$$

alors le système (3.1)-(3.2) est $(\eta^*, \mathscr{S}_\infty)$ stabilisable sous-optimal.

De plus, le retour d'état correspondant est :

$$u(t) = WQ^{-1}x(t). \tag{3.15}$$

Preuve : Après quelques calculs, l'inégalité (3.12) est équivalente à l'inégalité (3.14) via les transformations matricielles : $Q = P^{-1} > 0$, $R = P^{-1}SP^{-1} > 0$ et $W = -KP^{-1} \in \mathbb{R}^{m \times n}$.

Remarque (3.2.7) – *En utilisant le changement de variable : $Q_1 = Q$ et $R_1 = R/\{\eta^*\}^2$, la LMI (3.14) peut être réécrite sous la forme :*

$$\begin{bmatrix} AQ_1 + Q_1 A^T + W^T B + BW + \{\eta^*\}^2 R_1 & \eta^* A_d Q_1 \\ \eta^* Q_1 A_d^T & -R_1 \end{bmatrix} < 0,$$

qui peut être analysée dans le même esprit.

Comme on l'a précisé antérieurement, si $\eta^* \geq 1$, alors on a la stabilisabilité $(1, \mathscr{S}_\infty)$ si $\eta = 1$ et le système (3.1)-(3.2) est *stabilisable indépendamment de la taille du retard*.

Pour $\eta^* = 1$, BOYD *et al.* [25] donnent la condition de *stabilisabilité* comme un *problème de faisabilité* en termes de LMIs :

Proposition (3.2.8) [BOYD, EL GHAOUI, FERON ET BALAKRISHNAN [25]]

S'il existe deux matrices symétriques et positives définies $Q \in \mathbb{R}^{n \times n}$ et $S \in \mathbb{R}^{n \times n}$ et une matrice $W \in \mathbb{R}^{m \times n}$ telles que :

$$\begin{bmatrix} AQ + QA^T + W^T B + BW + R & \eta^* A_d Q \\ \eta^* Q A_d^T & -R \end{bmatrix} < 0,$$

alors le système (3.1)-(3.2) est stabilisable indépendamment de la taille du retard.

Des résultats similaires avec la transformation de l'inégalité matricielle en l'*inéquation de Riccati* ont été obtenus par SHEN *et al.* [234] :

$$A^T P + PA + P\left(A_d S^{-1} A_d^T - BB^T\right) P + S < 0.$$

Une amélioration est proposée par NICULESCU *et al.* [186] via le "Strict Bounded Lemma," pour donner le résultat de stabilité suivant :

Proposition (3.2.9) [Niculescu, de Souza, Dion et Dugard]

Soit S une matrice symétrique et positive définie. Si l'équation de Riccati

$$A^T P + PA + P\left(A_d S^{-1} A_d^T - BB^T\right) P + S = 0$$

a une solution $P = P^T \geq 0$, alors le système (3.1)-(3.2) est stabilisable indépendamment du retard par le retour d'état

$$u(t) = -\frac{1}{2} B^T P x(t).$$

Il faut noter que dans ce résultat, la matrice P n'est pas *strictement* positive définie.

Une autre amélioration basée sur l'utilisation des *techniques de faisceaux matriciels* a été proposée par Niculescu et Ionescu [194, 195]). Leur condition, basée sur l'utilisation de la même *fonction de Lyapunov-Krasovskii* (3.11), mène à un résultat de *stabilité indépendamment de la taille du retard* avec une hypothèse plus faible : $P = P^T \geq 0$ et $S = S^T \geq 0$.

Pour avoir une présentation unitaire dans cette partie, on ne considère pas les améliorations proposées dans Niculescu *et al.* [186] et Niculescu et Ionescu [194, 195].

Notons $\psi(\eta, Q, R, W)$ la partie gauche de l'inéquation (3.15), i.e.

$$\psi(\eta, Q, R, W) = \begin{bmatrix} AQ + QA^T + W^T B + BW + R & \eta^* A_d Q \\ \eta^* Q A_d^T & -R \end{bmatrix}.$$

Pour obtenir numériquement une *borne sous-optimale permise* pour η^*, donnée par la *Proposition* 3.2.6, i.e.

$$\begin{cases} \max\limits_{Q,R,W} \eta \quad tel\ que \\ \psi(\eta, Q, R, W) < 0 \end{cases}, \tag{3.16}$$

on utilise l'algorithme développé sur la base des remarques suivantes :

- ▶ pour les matrices W et $R > 0$ données, le problème d'optimisation (3.16) consiste à *minimiser des valeurs propres généralisées* ce qui est un *problème quasi-convexe standard* (voir Boyd *et al.* [25]);
- ▶ pour la matrice $Q > 0$ donnée, le problème d'optimisation (3.16) consiste

à minimiser des valeurs propres ce qui est un *problème convexe standard* (voir BOYD et al. [25]);

qui permettent de proposer l'*Algorithme* suivant pour calculer *une borne sous-optimale sur* η^* :

Algorithme : Pas 1 : *Soit* $Q > 0$ *et* $R > 0$ *deux matrices réelles et positives définies telles que pour* $\eta = 0$, $\psi(0, Q, R, W) < 0$ *où* W *est une matrice= réelle donnée.* Pas 2 : *Pour* Q *donnée au pas précédent, trouver* η, R *et* W *solution du problème d'optimisation convexe suivant :*

$$
\begin{cases}
\max_{R,W} \ \eta & \textit{tel que} \\
\psi(\eta, R, W) < 0 \ \textit{pour } Q \textit{ fixée.}
\end{cases}
$$

Pas 3 : *Pour* R *et* W *données au pas précédent, trouver* η *et* Q *solution du problème d'optimisation quasi-convexe suivant :*

$$
\begin{cases}
\max_{Q} \ \eta & \textit{tel que} \\
\psi(\eta, Q) < 0 \ \textit{pour } R \textit{ et } W \textit{ fixées.}
\end{cases}
$$

et revenir au Pas 2 jusqu'à ce que η^* *converge avec la précision souhaitée.*

Chaque pas de cet algorithme peut être fait avec des méthodes très efficaces numériquement (voir BOYD et al. [25]). Comme on a un problème combiné "convexe / quasi-convexe," on a la Proposition suivante :

Proposition (3.2.10)

L'algorithme donné ci-dessus donne une borne sous-optimale sur $\eta^*(Q^*, R^*, W^*)$, qui garantit que le système (3.1)-(3.2) est $(\eta^*, \mathscr{S}_\infty)$ stabilisable sous-optimal.

De plus, le retour d'état correspondant est $u(t) = W^*(Q^*)^{-1} x(t)$.

En utilisant la terminologie LMI, la condition de stabilité S_∞ donnée dans le *Théorème* 3.2.3 est transformée en un *problème d'optimisation combiné "convexe / quasi-convexe."*

Interprétation

Le *Théorème* 3.2.3 et la *Proposition* 3.2.10 permettent de calculer des "intervalles" *sous-optimaux de stabilisation par le même retour d'état* $u(t) = -Kx(t)$ *de la forme* $(A - BK, \eta A_d)$ *dans l'espace des paramètres* $(A - BK, A_d)$ *pour une paire* (A, A_d) *donnée, telle que la paire* (A, B) *est stabilisable.* ∎

Approche par la fonction de Lyapunov-Razumikhin

Considérons maintenant la fonction de Lyapunov suivante $V : \mathbb{R}^n \to \mathbb{R}^n$ définie par :

$$V(x(t)) = x(t)^T P x(t) \tag{3.17}$$

En utilisant une technique d'inégalités matricielles (voir également Su [244], Niculescu *et al.* [183] et Xi et de Souza [288]) on a le résultat suivant :

Théorème (3.2.11)

Soit le système (3.1)-(3.2) qui satisfait les Hypothèses 1.4.3 et 2.4.19 et soit η^* un réel positif.

S'il existe deux matrices symétriques et définies positive $P \in \mathbb{R}^{n \times n}$, $S \in \mathbb{R}^{n \times n}$ telles que $S \leq P$ et une matrice $K \in \mathbb{R}^{m \times n}$, telles que :

$$\begin{bmatrix} (A - BK)^T P + P(A - BK) + P & \eta^* P A_d \\ \eta^* A_d^T P & -S \end{bmatrix} < 0, \tag{3.18}$$

alors le système (3.1)-(3.2) est $(\eta^*, \mathscr{S}_\infty)$ stabilisable sous-optimal par le retour d'état $u(t) = -Kx(t)$.

De façon similaire au cas de la stabilité, l'approche par *fonction de Razumikhin* donne des conditions plus restrictives que celles obtenues en utilisant les *fonctions de Lyapunov-Krasovskii* sur des espaces produit.

Si on considère P et S dans la fonctionnelle (3.11), alors l'inégalité (3.12) devient :

$$\begin{bmatrix} (A - BK)^T P + P(A - BK) + S & \eta^* P A_d \\ \eta^* A_d^T P & -S \end{bmatrix} < 0,$$

inégalité *moins restrictive* que (3.18) parce que $S \leq P$ par l'hypothèse du *Théorème* 3.2.11.

Dans ce contexte, on donne la formulation de la *Proposition* 3.2.6 via la fonction de Lyapunov-Razumikhin (3.17).

Proposition (3.2.12)

Soit le système (3.1)-(3.2) qui satisfait les Hypothèses 1.4.3 et 2.4.19 et soit η^* un réel positif.

S'il existe deux matrices réelles symétriques et définies positives $Q = Q^T > 0$ et $R = R^T > 0$ telles que $R \leq Q$ et une matrice $W \in \mathbb{R}^{m \times n}$ telles que :

$$\begin{bmatrix} AQ + QA^T + W^T B + BW + R & \eta^* A_d Q \\ \eta^* Q A_d^T & -R \end{bmatrix} < 0,$$

alors le système (3.1)-(3.2) est $(\eta^*, \mathscr{S}_\infty)$ stabilisable sous-optimal.

De plus, le retour d'état correspondant est :

$$u(t) = WQ^{-1}x(t).$$

La démonstration est similaire à la démonstration donnée pour la *Proposition* 3.2.6, avec la remarque que l'inégalité matricielle $S \leq P$ dans le *Théorème* 3.2.11 devient :

$$Q = P^{-1} = P^{-1}PP^{-1} \geq P^{-1}SP^{-1} = R.$$

Contraintes sur les pôles du système en boucle fermée

On considère maintenant le *problème* particulier de la *stabilisation* d'un système de la forme (3.1)-(3.2) par *retour d'état statique* tel que le système en boucle fermée satisfait des *contraintes* de type α-stabilité, i.e. la solution du système en boucle fermée a un *taux de décroissance exponentielle* α. Dans le Chapitre précédent, on a considéré le même problème dans le contexte de *stabilité* en utilisant la transformation $y(t) = x(t)e^{\alpha(t-t_0)}$. Le nouveau système (3.1) est, après transformation :

$$\dot{y}(t) = (A + \alpha I_n)y(t) + e^{\alpha \tau}A_d y(t - \tau) + Bu(t). \tag{3.19}$$

Dans ce cas, l'*Hypothèse* 3.2.1 devient :

Hypothèse (3.2.13)

La paire $(A + \alpha I_n, B)$ est une paire stabilisable.

Dans ces conditions, la *Proposition* 3.2.6 permet d'avoir le résultat suivant :

Proposition (3.2.14)

Soit le système (3.1)-(3.2) qui satisfait l'Hypothèse 3.2.13.

S'il existe un réel positif $\eta^* > 1$ et trois matrices réelles $Q = Q^T > 0$ et $R = R^T > 0$ et $W \in \mathbb{R}^{m \times n}$ telles que :

$$\begin{bmatrix} AQ + QA^T + W^TB + BW + 2\alpha Q + R & \eta^* A_d Q \\ \eta^* A_d^T Q & -R \end{bmatrix} < 0,$$

alors alors le système (3.1)-(3.2) est α-stabilisable et le retard maximal qui garantit cette propriété est :

$$\tau^* = \frac{1}{\alpha} \ln(\eta^*). \tag{3.20}$$

De plus, le retour d'état correspondant est :

$$u(t) = WQ^{-1}x(t). \tag{3.21}$$

La *démonstration* est basée sur l'utilisation de la *Proposition* 3.2.6 sur la stabilisation et celle de la *Proposition* 2.4.14 sur l'α-stabilité du système en boucle fermée.

> **Remarque** (3.2.15) – *Notons que si la paire* (A, B) *est* commandable *la paire* $(A + \alpha I_n, B)$ *est stabilisable pour n'importe quel* α *positif et fini et par conséquent l'*Hypothèse *3.2.13 est toujours vérifiée dans ce cas.*

Stabilisation $\mathscr{S}_\tau$

Dans les paragraphes précédents, on a donné des conditions *suffisantes* pour avoir la *stabilisation indépendamment de la taille du retard* sous l'Hypothèse de stabilisation de la paire $(A + A_d, B)$. Cette condition est *nécessaire*, mais *pas suffisante*. Pour avoir des *ensembles non-vides* $\mathscr{S}_\infty$ pour le système en boucle fermée par retour d'état statique, on a imposé une hypothèse plus forte sur le système pour garantir la *stabilisation indépendamment du retard*.

Si on considère maintenant le *problème de stabilisation en fonction de la taille du retard* $\mathscr{S}_\tau$, on montre que pour n'importe quelle paire (A, A_d) satisfaisant l'Hypothèse 1.4.3, on peut toujours trouver une *borne finie* sur le *retard* qui assure la stabilité asymptotique du système en boucle fermée via un retour d'état stabilisant pour le système sans retard (3.3). Le seul problème qui se pose est de savoir si cette borne est *restrictive* ou non.

En *conclusion*, pour avoir un *bon résultat* avec une *approche temporelle*, on doit d'abord *essayer* les *techniques de stablisation décrites* dans les paragraphes précédents pour avoir la *stabilisation indépendamment du retard*, et si *on ne peut pas garantir la stabilité $\mathscr{S}_\infty$ du système en boucle fermée*, alors il faut *essayer* les *techniques* qu'on propose dans les paragraphes suivants.

Théorème (3.2.16) ————————————————————————

Soit le système (3.1)-(3.2) qui satisfait l'Hypothèse 1.4.3 et soit $u(t) = -Kx(t)$, $K \in \mathbb{R}^{m \times n}$ un retour d'état stabilisant pour le système (3.3). Alors le système en boucle fermée est asymptotiquement stable pour n'importe quelle valeur τ, $0 \leq \tau < \tau^*$:

$$\tau^*(Q, P, \beta_1, \beta_2) = \frac{1}{\psi} \tag{3.22}$$

où

$$\psi = \parallel Q^{\frac{-1}{2}}[\beta_1 P A_d A_{CL} P^{-1} A_{CL}^T A_d^T P + \beta_2 P A_d A_d P^{-1} A_d^T A_d^T P$$
$$+ (\beta_1^{-1} + \beta_2^{-1}) P] Q^{\frac{-1}{2}} \parallel,$$

$$\tag{3.23}$$

$A_{CL} = A - BK$, β_1, β_2 sont des nombres réels positifs et (P, Q) est une paire de matrices symétriques et définies positives qui satisfait l'équation de Lyapunov :

$$(A - BK + A_d)^T P + P(A - BK + A_d) + Q = 0 \tag{3.24}$$

La preuve suit les mêmes pas que ceux de la démonstration du *Théorème* 2.4.16 en utilisant l'approche de Razumikhin avec la fonction de Lyapunov-Razumikhin $V(x(t)) = x(t)^T P x(t)$ pour l'équation différentielle fonctionnelle associée au système en boucle fermée via une intégration sur un intervalle de taille τ (voir également NICULESCU *et al.* [198]).

Remarque (3.2.17) – *Comme* $(A + A_d, B)$ *est une paire stabilisable (*Hypothèse 1.4.3), *l'équation de Lyapunov (3.24) a toujours une solution symétrique et positive* *définie P pour n'importe quel retour d'état statique $u(t) = -Kx(t)$ stabilisant pour le système linéaire sans retard (3.3). On peut donc toujours trouver une valeur de τ^*, suffisamment petite, mais non-nulle telle que la condition (3.22) est satisfaite et par conséquent, on peut garantir la stabilisation du système (3.1)- (3.2) par le retour d'état correspondant, pour n'importe quel retard τ plus petit que τ^*.*

Comme on l'a précisé dans le cadre de la stabilité $\mathcal{S}_\tau$, si le système est stabilisable pour n'importe quelle valeur du retard, alors ce résultat est *conservatif*, mais il devient *"raisonnable"* dans le cas où il n'existe aucun retour d'état qui stabilise le système indépendamment de la taille du retard (par exemple, si la paire (A, B) n'est pas stabilisable, voir la *Proposition* 3.1.6).

Des *bornes* sur le *retard* ont été proposées par NICULESCU *et al.* [181], en utilisant une approche basée sur une fonctionnelle de type Lyapunov-Krasovskii (de la forme

$$V(x_t) = \sup_{\theta \in [-2\tau, 0]} e^{\delta\theta} x(t+\theta)^T P x(t+\theta),$$

δ positif ou dans NICULESCU *et al.* [183], en utilisant une approche par fonction de Lyapunov-Razumikhin. La condition de *stabilisation* donnée dans [183] est :

Proposition (3.2.18) [NICULESCU, DION ET DUGARD [183]]

Soit $K \in \mathbb{R}^{m \times n}$ une matrice stabilisante pour la paire $(A + A_d, B)$. Alors le système en boucle fermée via le retour d'état statique $u(t) = 3D - Kx(t)$ est asymptotiquement stable pour n'importe quel retard $\tau < \tau^*$, où

$$\tau^* = \frac{\lambda_{min}(Q)}{2\kappa^{1/2}(P)(\| PA_d(A - BK) \| + \| PA_d^2 \|)} \tag{3.25}$$

et la paire (P, Q) de matrices symétriques et positives définies satisfait l'équation de Lyapunov

$$(A + A_d - BK)^T P + P(A + A_d - BK) + Q = 0.$$

Ce type de condition ne permet pas de *calculer* une *loi de commande* qui maximise le retard du système en boucle fermée à cause de la structure non-linéaire de la relation (3.25).

En utilisant les même idées que dans les paragraphes précédents (sur la stabilisation indépendamment du retard) et dans le Chapitre 2 (stabilité $\mathcal{S}_\tau$), le *Théorème* 3.2.16 permet d'énoncer le résultat suivant :

Proposition (3.2.19)

Soit le système (3.1)-(3.2) qui satisfait l'Hypothèse 1.4.3.

S'il existe trois matrices réelles $Q = Q^T > 0$, $R = R^T > 0$, $Q, R \in \mathbb{R}^{n \times n}$ et $W \in \mathbb{R}^{m \times n}$ telles que :

$$
\begin{bmatrix}
\begin{pmatrix} -\tau^{-1}[Q(A+A_d)^T + Q(A+A_d) \\ +W^T B^T + BW] \\ -(\beta_1^{-1} + \beta_2^{-1})Q \end{pmatrix} & A_d A Q & A_d A_d Q \\
Q A^T A_d^T & \beta_1^{-1} Q & 0 \\
Q A_d^T A_d^T & 0 & \beta_2^{-1} Q
\end{bmatrix} > 0,
$$

(3.26)

alors le système (3.1)-(3.2) est stabilisable via le retour d'état :

$$
u(t) = W Q^{-1} x(t).
$$

(3.27)

L'idée de la démonstration est donnée dans le Chapitre 2 (le cas de stabilité $\mathscr{S}_\tau$).

Remarque (3.2.20) – *Notons que si τ est suffisamment petit, alors il existe toujours trois matrices Q, R et W telles que l'inégalité (3.26) est vérifiée. On peut utiliser le même type de raisonnement que celui fait pour le Théorème 3.2.16.*

Pour calculer la *borne maximale permise* en utilisant ce type d'approche, on *définit* le problème d'optimisation suivant :

$$
\begin{cases}
\min_{Q, R, W, \beta_1^{-1}, \beta_2^{-1}} \{\tau^*\}^{-1} & tel\ que \\
\psi(\tau^{-1}, Q, R, W, \beta_1^{-1}, \beta_2^{-1}) > 0
\end{cases}
$$

(3.28)

où $\psi(\tau^{-1}, Q, R, W, \beta_1^{-1}, \beta_2^{-1})$ est la partie gauche de l'inégalité (3.26).

On a les propriétés suivantes :

➤ pour β_1, β_2, R et W donnés, le problème d'optimisation (3.28) consiste à *minimiser la valeur propre généralisée maximale d'une paire de matrices*, (fonctions affines du paramètre P), ceci est un *problème quasi-convexe standard* (voir BOYD et al. [25]);

► pour Q donnée, le problème d'optimisation (3.28) consiste à *minimiser la valeur propre maximale d'une matrice* (fonction affine des paramètres β_1, β_2, R et W), ceci est un *problème convexe standard* (voir BOYD et al. [25]).

Ces propriétés permettent de proposer l'Algorithme suivant pour calculer *une borne sous-optimale sur τ* :

Algorithme: <u>Pas 1</u> : *Choisir $Q > 0$ et un K stabilisant pour la paire $(A+A_d, B)$ et résoudre l'équation de Lyapunov*

$$(A + A_d - BK))^T P + P(A + A_d - BK) + Q = 0$$

<u>Pas 2</u> : *Pour P donnée au pas précédent, trouver τ^{-1}, β_1^{-1}, β_2^{-1}, R et W solution du problème d'optimisation convexe suivant :*

$$\begin{cases} \min_{\beta_1^{-1}, \beta_2^{-1}, R, W} \{\tau^*\}^{-1} & \text{tel que} \\ \psi(\tau^{-1}, \beta_1^{-1}, \beta_2^{-1}, R, W) > 0 & \text{pour } P \text{ fixée.} \end{cases}$$

<u>Pas 3</u> : *Pour β_1, β_2, R et W donnés au pas précédent, trouver τ^{-1} et P solution du problème d'optimisation quasi-convexe suivant :*

$$\begin{cases} \min_P \{\tau^*\}^{-1} & \text{tel que} \\ \psi(\tau^{-1}, P) > 0 & \text{pour } \beta_1, \beta_2, R \text{ et } W \text{ fixés.} \end{cases}$$

et revenir au Pas 2 jusqu'à ce que $\{\tau^*\}^{-1}$ converge avec la précision souhaitée.

Cet *algorithme* est similaire à l'algorithme proposé dans les paragraphes et dans les sections précédents. Comme on l'a déjà précisé, chaque pas peut être fait avec des méthodes très efficaces numériquement (la *méthode du point intérieur*, NESTEROV ET NEMIROVSKII [178]). Comme on a un problème combiné : "convexe / quasi-convexe," on a la Proposition suivante :

Proposition (3.2.21)

L'algorithme donné ci-dessus donne une borne sous-optimale $\tau^*(Q^*, R^*, W^*, \beta_1^*, \beta_2^*)$, qui garantit que le système (3.1)-(3.2) est stabilisable pour n'importe quel retard τ, $\tau < \tau^*$.

La loi de commande correspondante est $u(t) = W^* (Q^*)^{-1} x(t)$.

3.2.2 **Retard variant dans le temps**

La seule approche *cohérente* pour l'analyse de la stabilité asymptotique d'un système linéaire à états retardés à retard variant dans le temps dans une certaine classe, soit $\mathcal{V}(r)$, soit $\mathcal{V}(r, \beta)$ (avec r et β fixés) est *l'approche temporelle.*

Dans ce paragraphe, on considère le même type d'approche pour la *stabilisation* d'un système à états retardés de la= forme (3.1)-(3.2) quand le retard τ est une fonction soit de la classe $\mathcal{H}(r, \beta)$, soit de la classe $\mathcal{V}(r)$.

Dans le Chapitre 1, les techniques spécifiques à l'approche temporelle ont été classifiées en *deux* grandes *classes* : *principes de comparaisons* et *techniques de Lyapunov*. Dans ce paragraphe on ne considère explicitement que les *techniques de Lyapunov*.

Comme dans le cas du retard *constant*, on considère les deux cas d'analyse : stabilisation indépendamment par rapport à taille du retard : le système en boucle fermée est $\mathcal{S}_{v,\infty}$ ou $\mathcal{S}_{v,\tau}$ asymptotiquement stable. Dans le premier cas on considère seulement l'approche par fonction de Lyapunov-Krasovskii sur un espace produit. Dans le deuxième cas, on regarde seulement l'approche par fonction de Lyapunov-Razumikhin.

Stabilisation $\mathcal{S}_{v,\infty}$

Comme dans le cas de la *stabilité asymptotique $\mathcal{S}_{v,\infty}$*, on doit introduire deux notions de $(\eta^*, \mathcal{S}_{v,\infty})$ *stabilisabilité sous-optimale* en fonction de l'ensemble $\mathcal{V}(r)$ ou $\mathcal{V}(r, \beta)$ considéré pour le retard $\tau(t)$. Dans le cas $\mathcal{V}(r)$ on a une extension naturelle du cas du retard constant, par contre dans le cas $\mathcal{H}(r, \beta)$ on introduit la $(\eta^*, \mathcal{S}_{v,\infty})$ *stabilisabilité sous-optimale* par rapport au paramètre β, i.e. $(\eta^*, \mathcal{S}_{v,\infty}(\beta))$ *stabilisabilité sous-optimale.*

A cause de la forme de la dérivée de la *fonction candidate* le long des trajectoires du système (3.1)-(3.2) quand le retard est variant dans le temps, la fonction de Lyapunov-Razumikhin permet de traiter le cas de $(\eta^*, \mathcal{S}_{v,\infty})$ *stabilisabilité sous-optimale* et la fonction de Lyapunov-Krasovskii sur un espace produit permet de caractériser l'autre cas de $(\eta^*, \mathcal{S}_{v,\infty}(\beta))$ *stabilisabilité sous-optimale*, avec $0 \leq \beta < 1$.

► *Le système* (3.1)-(3.2) *est* $(\eta^*, \mathcal{S}_{v,\infty})$ *stabilisable sous-optimal* dans le *Théorème* 3.2.3 (voir également la *Proposition* 3.2.6) si on utilise l'approche par fonction de Lyapunov-Razumikhin (on n'a pas besoin explicitement de la dérivée du retard ; le retard est supposé seulement une fonction continue et bornée dans l'ensemble $\mathcal{V}(r)$).

► *Le système* (3.1)-(3.2) *est* $(\eta^*, \mathcal{S}_{v,\infty}(\beta))$ *stabilisable sous-optimal* dans le *Théorème* 3.2.3 si on utilise l'approche par fonction de Lyapunov-Krasovskii sur un espace produit (β est la borne sur la dérivée de la fonction $\tau(t)$). Dans ce cas, on modifie la fonction de Lyapunov-Krasovskii (3.11) sous la forme :

$$V(t, x(t), x_t) = x(t)^T P x(t) + \frac{1}{1 - \beta} \int_{t-\tau(t)}^{t} x(\theta)^T S x(\theta) d\theta.$$

La dérivée de cette fonction contient explicitement la dérivée du retard $\dot{\tau}(t)$ et il est donc *nécessaire* de travailler dans la classe $\mathcal{V}(r, \beta)$. Dans ce cas, l'inégalité matricielle (2.48) devient :

$$\begin{bmatrix} (A - BK)^T P + P(A - BK) + \frac{1}{1-\beta} S & \eta^* P A_d \\ \eta^* P A_d^T & -S \end{bmatrix} < 0,$$

qui permet d'utiliser la même approche *LMI* donnée dans la *Proposition* 3.2.6 si β est considéré constant et fixé. Sinon, le *problème d'optimisation* devient plus compliqué et l'algorithme défini antérieurement n'est pas directement utilisable.

Dans le cas du *retard variant dans le temps*, on constate que l'approche par fonction de Razumikhin est *moins restrictive* que l'approche par fonction de Lyapunov-Krasovskii sur un espace produit, dans le sens où on n'a pas besoin d'imposer de restrictions supplémentaires sur les *éléments* de l'ensemble $\mathcal{V}(r)$ par rapport à $\mathcal{V}(r, \beta)$.

Stabilisation $\mathcal{S}_{v,\tau}$

Comme on l'a précisé dans les paragraphes précédents, les résultats obtenus en utilisant l'*approche temporelle* via une *fonction de Lyapunov-Razumikhin* sont valables même dans le cas de la *stabilisation par retour d'état* d'un système (3.1)-(3.2) à un *retard variant dans le temps* dans la classe $\mathcal{V}(r)$.

Dans ces conditions, les résultats du *Théorème* 3.2.16 et de la *Proposition* 3.2.19 sont valables si le retard est une *fonction continue* de l'ensemble $\mathcal{V}(r)$.

Conclusions

Dans cette sous-section on a considéré une *approche temporelle* via les *techniques de Lyapunov* pour la stabilisation d'un système linéaire à *un seul retard*, soit *constant*, soit *variant dans le temps*. Les conditions de stabilisation données ne sont que des *conditions suffisantes*. La *caractérisation* des régions de stabilité du système en boucle fermée, soit en termes d'une fonction de Lyapunov-Krasovskii sur un espace produit, soit en termes d'une fonction de Lyapunov-Razumikhin *n'est* donc *pas complète*.

Pour avoir une *interprétation unitaire* pour les deux cas de stabilité (indépendamment ou en fonction du retard), on a introduit une notion supplémentaire de *stabilisation sous-optimale* $\mathscr{S}_\infty$, qui nous permet de transformer le problème de stabilisation *indépendamment de la taille du retard* par un retour en un *problème d'optimisation convexe* exprimé en termes de *LMIs*.

Notons que si le système (3.1)-(3.2) n'est pas $(1, \mathscr{S}_\infty)$ *stabilisable sous-optimal* (voir la *Définition* 3.2.2), on ne peut pas garantir que le système (3.1)-(3.2) est stabilisable pour n'importe quel retard fini. Par contre, la propriété de stabilisation de la paire $(A + A_d, B)$ permet toujours de stabiliser *en fonction de la taille du retard* et de donner une borne *sous-optimale* sur le retard pour le système en boucle fermée.

Une *idée* naturelle pour l'analyse de la *stabilisation* du système (3.1)-(3.2) qui satisfait l'*Hypothèse* 1.4.3 est donc de considérer d'abord l'approche de stabilisation *indépendamment de la taille du retard*. Si la borne η^* (pour assurer la stabilisation sous-optimale $\mathscr{S}_\infty$) est inférieure à 1, alors on considère la deuxième approche de *stabilisation en fonction de la taille du retard*. Les résultats proposés dans le *Théorème* 3.1.1 et les *Propositions* 3.1.3, 3.1.6 et 3.1.8 permettent de *classer* un certain nombre de cas quand la *stabilisation* dépend ou non du retard.

Notre principale contribution est la *conversion* du problème en termes d'un *problème d'optimisation convexe* et de construire les *retours d'état stabilisants* qui permettent d'obtenir soit la *stabilisation sous-optimale* $\mathscr{S}_\infty$, soit la *stabilisation* $\mathscr{S}_\tau$ *en fonction de la taille du retard*. De plus, tous ces résultats ont été étendus au cas du retard *variant dans le temps*.

3.2.3 **Entrée retardé**

Considérons le système suivant :

$$\dot{x}(t) \; = \; Ax(t) + Bu(t - \tau), \tag{3.29}$$

et la loi de commande :

$$u(t) \; = \; -Kx(t), \quad K \in \mathbb{R}^{m \times n} \tag{3.30}$$

Dans ce cas, on dit que le système est de type *entrée retardée*.

Le choix de ce cas d'étude complètement indépendamment des résultats considérés dans les paragraphes précédents est lié aux propriétés du système en boucle fermée.

On suppose que la matrice A n'est pas stable, mais que la paire (A, B) est stabilisable. Comme la matrice A n'est pas stable, les résultats donnés dans le chapitre précédent prouve qu'on *ne peut pas* stabiliser le *système* (3.29)-(3.30) *indépendamment de la taille du retard*.

Par conséquent, la seule possibilité est de *stabiliser* le système, tel que le système en boucle fermée est stable $\mathscr{S}_\tau$.

En utilisant une approche de type Razumikhin, on peut prouver le résultat suivant :

Proposition (3.2.22) [NICULESCU, FU ET LI [202]]

Soit le système (3.29)-(3.30) qui satisfait l'Hypothèse que la paire (A, B) est stabilisable.

S'il existe deux matrices $Q = Q^T > 0$ et $W \in \mathbb{R}^{m \times n}$ et deux scalaires positives β_1 et β_2 tels que les inégalités matricielles suivantes sont satisfaites :

$$\begin{bmatrix} \dfrac{1}{\tau^*}\left[QA^T + AQ + BW + W^TB^T\right] + (\beta_1 + \beta_2)Q & BW \\ W^TB^T & -\dfrac{1}{2}Q \end{bmatrix} < 0, \quad (3.31)$$

$$-\beta_1 Q + AQA^T \leq 0, \quad (3.32)$$

$$\beta_2 \begin{bmatrix} -Q & 0 \\ 0 & 0 \end{bmatrix} + \begin{bmatrix} 0 & BW \\ W^TB^T & -Q \end{bmatrix} \leq 0, \quad (3.33)$$

Alors le système reqn3.1s-(3.30) stabilisable par un retour d'état de la forme $u(t) = -Kx(t)$, $K \in \mathbb{R}^{m \times n}$, et le système en boucle fermée est asymptotiquement stable pour n'importe quel retard τ,

$$0 \leq \tau \leq \tau^*$$

De plus, le retour d'état correspondant est donné par :

$$u(t) = WQ^{-1}x(t).$$

Remarque (3.2.23) – *Notons que ce résultat est encore valide pour des retards variants dans le temps $\tau \in \mathcal{V}(r)$, $r > 0$. La démonstration est similaire, voir* NICULESCU *et al. [202].*

Remarque (3.2.24) – *Comme les inégalités matricielles (3.31)-(3.33) ne sont pas directement des LMIs, on peut utiliser le même algorithme "convexe / quasi-convexe" pour calculer la borne maximale sur le retard, etc.*

Remarque (3.2.25) – *Notons que le cas général, ou le cas combiné au niveau de l'entrée (sans et avec retard) peut être étudié en utilisant les mêmes techniques, etc.*

3.2.4 Systèmes à modes glissants

Dans les paragraphes précédents on a étudié le *problème de stabilisation* d'un système à états retardés (3.1)-(3.2) par un *retour d'état sans mémoire* tel que la *stabilité du système en boucle fermée soit garantie* soit *indépendamment*, soit *en fonction du retard*.

L'*Hypothèse* est que le *régulateur* est défini par *une fonction continue* de l'état $x(t) : u(t) = -Kx(t)$, où $K \in \mathbb{R}^{m \times n}$ est une matrice *constante*. Par conséquent, l'EDFR associée au système (3.1)-(3.2) en boucle fermée est une *équation différentielle* "continûment" dépendante de l'*action* du *régulateur* $u(t) = -Kx(t)$.

Mais il existe des systèmes, dont le *régulateur* (généralement non linéaire) a des *discontinuités* sur une ou plusieurs hypersurfaces de l'espace d'état. Un cas particulier est constitué par les *systèmes à structure variables* (voir UTKIN [264]). Ce type de systèmes peut être considéré comme une *collection* de sous-systèmes, chaque sous-système ayant une *structure fixée* et un *comportement différent* par rapport aux autres sous-systèmes.

Le problème central de ce type de systèmes à structure variable consiste à caractériser les *mouvements glissants* qui ont la *propriété suivante* :

si le système "arrive" sur une certaine surface ou dans une voisinage suffisamment petit de la surface (un sous-espace de l'espace d'état d'un système), alors le système "glisse" et ne quitte pas cette surface (voir UTKIN [264] et les références incluses).

En fonction de la forme des lois de commande, ce *mouvement glissant* peut apparaître sur *une* ou sur *toutes les hypersurfaces* de discontinuité. Le dernier cas s'appelle *mode glissant*.

Dans ce contexte l'*évolution* du système est constituée de *deux "phases"* : une évolution à l'extérieur de l'*hypersurface* définie auparavant (généralement très courte) et une évolution sur l'*hypersurface* qui contient l'origine de $\mathbb{R}^n$ (généralement plus lente). En conclusion, la *construction des hyperplans de discontinuité* pour le cas des systèmes *à modes glissants* est le *coeur du problème de commande* pour les systèmes à structure variable.

Parmi les *techniques de construction des plans de discontinuité* pour les systèmes linéaires, on considère les approches de UTKIN ET YANG [265], SU *et al.* [249], (procédures basées sur le placement des pôles et le contrôle optimal) ou DORLING ET ZINOBER [57] (raffinement de la procédure basée sur le placement des pôles). Une classe particulière de systèmes a été considérée dans LUO ET DE LA SEN [156].

Dans le cas des systèmes à états retardés de la forme (3.1)-(3.2) :

$$\dot{x}(t) = Ax(t) + A_d x(t - \tau) + Bu(t),$$
$$x(t_0 + \theta) = \phi(\theta), \quad \forall \theta \in [-\tau, 0], \ \phi \in \mathscr{C}_{n,\bar{\tau}}^v,$$

la construction des *hyperplans de discontinuité* pour les modes glissants nécessite dans un premier temps de définir *l'espace d'état* considéré.

On a vu dans le Chapitre 1 que *l'évolution* de la *solution* d'une EDFR peut être vue soit comme une évolution dans *l'espace euclidien* $\mathbb{R}^n$, soit comme une évolution dans *l'espace de Banach des fonctions continues* $\mathscr{C}^v_{n,\tau}$. Chaque *manière* de considérer la solution a des *avantages* et des *inconvénients*. Comme on s'intéresse à donner des *caractérisations simples*, on a préféré, dans ce travail, voir la *solution* comme une *évolution* dans *l'espace euclidien* $\mathbb{R}^n$ et par conséquent *l'hypersurface* dans ce cas est un *hyperplan* dans $\mathbb{R}^n$.

Dans les sections et chapitres précédents, on a fait l'analyse soit de la stabilité asymptotique, soit de la stabilisation en termes du *paramètre* retard, i.e. les propriétés (sous certaines hypothèses) sont garanties pour toutes les valeurs du retard, ou seulement pour un certain intervalle positif du retard. On *regarde* ce *problème de construction d'hyperplans de discontinuité* sous *l'angle* suivant :

Est-ce que l'hyperplan de discontinuité ainsi construit assure la stabilité du système indépendamment de la taille du retard si le système évolue sur cette hypersurface? .

On considère donc le *problème suivant de stabilité asymptotique* dans le cas des *modes glissants* :

Problème (3.2.26)

Construire des hyperplans de discontinuité dans l'espace euclidien $\mathbb{R}^n$, tels que le système (3.1)-(3.2) dans le cas des modes glissants est asymptotiquement stable sur cet hyperplan.

Pour faciliter la présentation, on considère l'*Hypothèse* suivante :

Hypothèse (3.2.27)

La paire (A, B) est commandable.

Sous cette hypothèse, le système (3.1)-(3.2) est stabilisable *indépendamment de la taille du retard* (voir le *Théorème* 3.1.1). En utilisant les idées de UTKIN ET YOUNG [265] (voir également SU *et al.* [249]), on considère $K \in \mathbb{R}^{m \times n}$ un retour d'état qui *stabilise* le système (3.1)-(3.2) *indépendamment de la taille du retard*.

Dans ces conditions, soit, par exemple, $Q = Q^T > 0$ une matrice définie positive et soit P la solution de l'équation de Lyapunov :

$$(A - BK)^T P + P(A - BK) + Q = 0. \tag{3.34}$$

On considère la surface :

$$\mathscr{S}_P = \left\{ x \in \mathbb{R}^n \quad : \quad B^T P x = 0 \right\}, \tag{3.35}$$

qui est un *hyperplan* dans l'espace euclidien $\mathbb{R}^n$. Les relations (3.34)-(3.35) entrainent la *propriété* suivante :

Propriété (3.2.28) [Su, Drakunov et Ozguner [249]]

Soit $K_1 \in \mathbb{R}^{m \times n}$ une matrice réelle quelconque telle que la matrice $A - BK_1$ est asymptotiquement stable.

Alors pour n'importe quel $x \in \mathscr{S}_P$, on a :

$$x^T \left[(A - BK_1)^T P + P(A - BK_1) \right] x = -x^T Q x, \tag{3.36}$$

En particulier, si $K = 0 \in \mathbb{R}^{m \times n}$, on a :

$$x^T \left(A^T P + P A \right) x = -x^T Q x.$$

Cette propriété a une *interprétation* simple : le retour d'état $u(t) = -Kx(t)$ n'a aucun effet sur le *plan* $\mathscr{S}_P$ de l'espace euclidien $\mathbb{R}^n$.

En utilisant cette propriété et le *Théorème* 3.2.3 on a le résultat suivant :

Proposition (3.2.29)

Soit le système (3.1)-(3.2) qui satisfait l'Hypothèse 3.2.27 et soit $u(t) = -Kx(t)$ un retour d'état stabilisant indépendamment de la taille du retard.

Alors s'il existe des matrices réelles P et S symétriques et définies positives telles que :

$$\begin{bmatrix} (A - BK)^T P + P(A - BK) + S & P A_d \\ A_d^T P & -S \end{bmatrix} < 0, \tag{3.37}$$

le système (3.1)-(3.2) avec des modes glissants sur la surface $\mathscr{S}_P$ de l'espace euclidien $\mathbb{R}^n$ est asymptotiquement stable indépendamment de la taille du retard.

De plus, pour n'importe quelle trajectoire x_t du système (3.1)-(3.2) sur la surface $\mathscr{S}_P$ on a :

$$
\begin{bmatrix} x(t) \\ x(t-\tau) \end{bmatrix}^T \cdot \begin{bmatrix} A^T P + PA + S & PA_d \\ A_d^T P & -S \end{bmatrix} \cdot \begin{bmatrix} x(t) \\ x(t-\tau) \end{bmatrix} < 0,
$$

L'*idée* de la démonstration est fondée sur l'utilisation d'une fonction de Lyapunov-Krasovskii sur un espace produit de la forme (3.11) (voir également le *Théorème* 3.2.3). La dernière inégalité est une conséquence de l'inégalité (3.36) et de la *Propriété* 3.2.28 donnée auparavant.

Interprétation

L'idée de base est la suivante : le retour d'état qui nous permet d'avoir la stabilité du système en boucle fermée *indépendamment de la taille du retard* (la paire (A, B) est commandable par hypothèse) définit une matrice P qui donne le *plan de discontinuité* correspondant. ∎

Les idées développées dans les sous-sections précédentes permettent de *construire* le plan de discontinuité $\mathscr{S}_Q$ dans l'espace euclidien $\mathbb{R}^n$ en utilisant l'approche par trois matrices Q, R et W. Dans ce cas, la *Proposition* 3.2.29 se réduit à un *problème de faisabilité* en termes de *LMI* :

Proposition (3.2.30)

Soit le système (3.1)-(3.2) qui satisfait l'Hypothèse 3.2.27.
S'il existe trois matrices réelles $Q > 0$, $R > 0$ et $W \in \mathbb{R}^{m \times n}$ telles que :

$$
\begin{bmatrix} QA^T + AQ + W^T B^T + BW + R & A_d Q \\ QA_d^T & -R \end{bmatrix} < 0.
$$

alors le système (3.1)-(3.2) à modes glissants sur l'hyperplan $\mathscr{S}_{Q^{-1}}$ de l'espace euclidien $\mathbb{R}^n$ est asymptotiquement stable indépendamment de la taille du retard.

En utilisant une technique de *stabilisation* proposée par FELIACHI ET THOWSEN [64] basée sur l'utilisation d'une fonction de Lyapunov-Krasovskii de la même forme, SU *et al.* [249] proposent le résultat suivant :

Proposition (3.2.31) [SU, DRAKUNOV ET OZGUNER [249]]

Soit le système (3.1)-(3.2) qui satisfait l'Hypothèse 3.2.27 et soit $P \in \mathbb{R}^{n \times n}$ définie par :

$$P = \int_0^{T_0} e^{-A\theta} BB^T e^{-A^T \theta} d\theta, \quad T_0 > 0$$

S'il existe une matrice $S = S^T > 0$ telle que :

$$S - BB^T + e^{-AT_0} BB^T e^{-A^T T_0} + PA_d^T S^{-1} A_d P < 0 \qquad (3.38)$$

alors le système (3.1)-(3.2) à modes glissants sur la surface $\mathscr{S}_{P^{-1}}$ de l'espace euclidien $\mathbb{R}^n$ est asymptotiquement stable.

Ce résultat peut être obtenu directement à partir de la *Proposition* 3.2.29. L'inégalité (3.38) implique que

$$BB^T > 0,$$
$$BB^T - e^{-AT_0} BB^T e^{-A^T T_0} > 0$$

et $P > 0$. Si on considère dans l'inégalité (3.36) la transformation $Q = P^{-1} S P^{-1}$ et on utilise la matrice P^{-1} au lieu de P (technique similaire aux sous-sections précédentes) et la relation :

$$PA + A^T P = BB^T - e^{-AT_0} BB^T e^{-A^T T_0},$$

l'inégalité (3.38) suit directement de la *Proposition* 3.2.29.

Si dans les paragraphes précédents, on a présenté *l'approche par fonction de Lyapunov-Razumikhin* dans un contexte stabilisation en utilisant les mêmes *techniques* de type *LMIs*, nous reconsidérons seulement le résultat de SU *et al* [249] dans ce contexte :

Proposition (3.2.32)

Soit le système (3.1)-(3.2) qui satisfait l'Hypothèse 3.2.27 et soit $P \in \mathbb{R}^{n \times n}$ définie par :

$$P = \int_0^{T_0} e^{-A\theta} BB^T e^{-A^T \theta} d\theta, \quad T_0 > 0.$$

S'il existe une matrice symétrique et positive définie $R = R^T > 0$ telle que $R \leq P$ et :

$$P - BB^T + e^{-AT_0} BB^T e^{-A^T T_0} + PA_d^T R^{-1} A_d P < 0, \qquad (3.39)$$

alors le système (3.1)-(3.2) à modes glissants sur la surface $\mathscr{S}_{P^{-1}}$ de l'espace euclidien $\mathbb{R}^n$ est asymptotiquement stable.

L'inégalité (3.39) peut être mise sous la forme *LMI* suivante :

$$\begin{bmatrix} P - BB^T + e^{-AT_0} BB^T e^{-A^T T_0} & PA_d^T \\ A_d^T P & -R \end{bmatrix} < 0,$$
$$R \leq P$$

Comme l'*Hypothèse* **3.2.27** permet aussi de trouver un *retour d'état*

$$u(t) = -Kx(t), \quad K \in \mathbb{R}^{m \times n}$$

qui stabilise le système en boucle fermée et de plus d'avoir n'importe quel *taux de décroissance* exponentielle α pour la solution du système en boucle fermée (voir le *Corollaire* **3.1.2**), il *semble* intéressant de donner des *conditions* qui permettent d'avoir la construction d'un *plan de discontinuité* qui garantit un *taux de décroissance imposé* pour la solution.

Donc on a le *problème* suivant :

Problème (3.2.33)

Trouver le plan de discontinuité dans l'espace euclidien qui garantit que le système (3.1)-(3.2) est α-asymptotiquement stable sur ce plan et tel que la borne permise sur le retard est optimale (sous-optimale).

Ce type de *problème* a été analysé dans le contexte de *stabilisation* dans les sous-sections précédentes. Dans ce cas, en utilisant les même idées, on propose le résultat suivant :

Proposition (3.2.34)

Soit le système (3.1)-(3.2) qui satisfait l'Hypothèse **3.2.27** et soit α un réel positif fixé.

S'il existe trois matrices réelles $Q > 0$, $R > 0$ et $W \in \mathbb{R}^{m \times n}$ telles que :

$$\begin{bmatrix} \begin{pmatrix} Q(A + \alpha I_n)^T + (A + \alpha I_n)Q \\ + W^T B^T + BW + R \end{pmatrix} & e^{\alpha \tau} A_d Q \\ e^{\alpha \tau} Q A_d^T & -R \end{bmatrix} < 0. \qquad (3.40)$$

alors le système (3.1)-(3.2) à modes glissants sur le plan $\mathscr{S}_{Q^{-1}}$ de l'espace eucli-dien $\mathbb{R}^n$ est asymptotiquement stable indépendamment de la taille du retard.

Ce résultat peut être facilement converti en un *problème d'optimisation con-vexe*, en utilisant un des algorithmes décrits dans les sous-sections précédentes. En effet, si on utilise la notation $\beta = e^{\alpha \tau}$ et $\psi(Q, R, W, \beta)$ pour la partie gauche de l'inégalité (3.40), alors le problème d'optimisation se réduit à

$$\begin{cases} \max\limits_{Q,R,W} \ \beta \ \ t.q. \\ \psi(Q, R, W, \beta) < 0 \end{cases}.$$

Notons que si l'inéquation (3.40) a une solution (Q, R, W), alors on peut tou-jours trouver un $\beta > 1$ *suffisamment petit* tel que (3.40) reste encore véri-fiée. Par conséquent $\beta^* > 1$ (la solution de ce problème d'optimisation). Soit (Q^*, R^*, W^*) le triplet correspondant. Alors on a :

Proposition (3.2.35)

Soit le système (3.1)-(3.2) qui satisfait l'Hypothèse 3.2.27 et soit β^* la solu-tion du problème d'optimisation donné au-dessus et (Q^*, R^*, W^*) le triplet correspondant à cette solution.

Alors le système (3.1)-(3.2) avec des modes glissants sur la surface $\mathscr{S}_{\{Q^*\}^{-1}}$ est α-asymptotiquement stable pour n'importe quel retard inférieur à

$$\tau^* = \frac{1}{\alpha} \ln(\beta^*).$$

Tous ces *résultats* peuvent être étendus au cas d'un *retard variant dans le temps* qui est un élément soit de l'ensemble $\mathscr{V}(r)$ (approche par fonction de Lyapunov-Razumikhin), soit de l'ensemble $\mathscr{V}(r, \beta)$ (approche par fonctionnelle de Lyapunov-Krasovskii).

Ces résultats peuvent être aussi étendus au cas des systèmes à plusieurs retards vus comme paramètres.

3.2.5 Stabilité absolue – Approche par LMIs

Dans ce paragraphe on considère un *problème* différent : *l'analyse de conditions de stabilité absolue* d'un système à états retardés en boucle fermée avec une *caractéristique non linéaire comprise dans un secteur* :

C'est à dire trouver des conditions qui assurent que la solution triviale du système :

$$\dot{x}(t) = Ax(t) + A_d x(t - \tau) + by(t) \tag{3.41}$$

$$y(t) = \psi_1(\sigma) \tag{3.42}$$

$$\sigma = c^T x \tag{3.43}$$

$$(A, A_d, b, c, \tau) \in \mathbb{R}^{n \times n} \times \mathbb{R}^{n \times n} \times \mathbb{R}^n \times \mathbb{R}^n \times \mathbb{R}^+ \tag{3.44}$$

avec la condition initiale

$$x(t_0 + \theta) = \phi(\theta), \quad \forall \theta \in [-\tau, 0], \quad \phi \in \mathscr{C}_{n,\bar{\tau}}^v, \tag{3.45}$$

est asymptotiquement stable pour n'importe quelle fonction $\psi(\sigma)$ dans le secteur $[h_1, H_1]$, i.e. pour

$$h_1 \sigma^2 \leq \sigma \psi_1(\sigma) \leq H_1 \sigma^2 \tag{3.46}$$

Ce *problème* a été formulé par LUR'E ET POSTNIKOV [218] et il est connu sous le nom de *problème de stabilité absolue* (nous en avons donné directement la formulation dans un contexte système à états retardés).

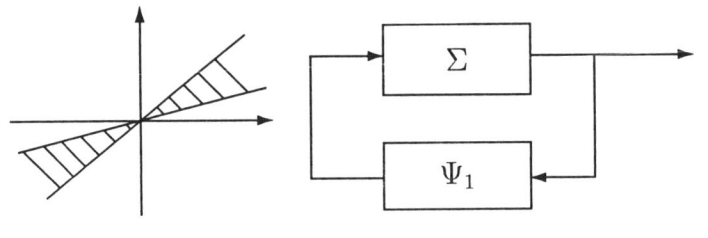

Fig. 3.1

Parmi les techniques d'analyse proposées dans la littérature pour la stabilité absolue d'un système notons le *critère de Popov* et la *$\mathscr{S}$ procédure de Yakubovich* (voir PYANITSKII [218] et les références incluses).

L'extension du critère *fréquentiel* de Popov est donnée au cas des systèmes à retard par HALANAY [94]. D'autres considérations et extensions, ainsi qu'un grand nombre d'applications sont proposées par RĂSVAN [221].

Dans cette partie, on ne donne pas une analyse complète, mais on montre qu'on peut avoir facilement des *conditions* simples de *stabilité absolue indépendamment de la taille du retard* en utilisant une *fonction de Lyapunov-Krasovskii* sur un espace produit, fonction qui généralise le *résultat de Yakubovich* donné dans un contexte sans retard (voir également GROMOVA ET PELEVINA [87]).

L'intérêt de cette formulation *réside* dans la simplicité de l'approche en termes de *LMI* et dans la facilité d'aborder le cas du *retard variant dans le temps* ou le cas de *plusieurs retards*. Notons qu'on peut avoir également le même type de résultat si on utilise l'*approche par fonction de Lyapunov-Razumikhin* (voir GROMOVA ET PELEVNINA [87]).

Si on considère le *changement* de variable $\psi_1(\sigma) - h_1\sigma = \psi(\sigma)$, alors on transforme le secteur $[h_1, H_1]$ en $[0, H]$, où $H = H_1 - h_1 > 0$. La relation (3.46) devient :

$$0 \leq \sigma\psi(\sigma) \leq H\sigma^2. \tag{3.47}$$

En utilisant l'idée de YAKUBOVICH, on introduit la *fonctionnelle de Lyapunov-Krasovskii* suivante :

$$V(x(t), x(t-\tau), \psi(t)) = x(t)^T P x(t) + \int_{-\tau}^{0} x(t+\theta)^T S x(t+\theta)$$

$$+ \int_{0}^{\sigma} \psi(\sigma) d\sigma. \tag{3.48}$$

où P et S sont deux matrices réelles symétriques et positives définies. La différence entre cette fonctionnelle et les fonctions de Lyapunov-Krasovskii sur un espace produit introduites dans les sections précédentes consiste en l'introduction du terme $\int_{0}^{\sigma} \psi(\sigma) d\sigma$ (terme introduit par YAKUBOVICH dans le contexte sans *retard*).

En utilisant la fonctionnelle (3.48) pour le système (3.41)-(3.47), on a le résultat suivant :

Proposition (3.2.36)

Soit le système (3.41)-(3.45), avec la nonlinéarité $\psi(\cdot)$ (3.47) donnée dans le secteur $[0, H]$ et $c \in \mathbb{R}^n$ un vecteur tel que $H < (c^T b)^{-1}$.

Alors ce système est absolument stable indépendamment de la taille du retard s'il existe deux matrices P et S qui vérifient :

$$\begin{bmatrix} A^T P + PA + S & PA_d & \frac{1}{2}\mathscr{M}^T(P,S) \\ PA_d^T & -S & \frac{1}{2}A_d^T c \\ \frac{1}{2}\mathscr{M}(P,S) & \frac{1}{2}c^T A_d & -(\frac{1}{H} - c^T b) \end{bmatrix} < 0 \qquad (3.49)$$

où

$$\mathscr{M}(P,S) = c^T(A - A^T P - PA) - b^T S \qquad (3.50)$$

L'idée de la *démonstration* est d'utiliser la fonctionnelle de Lyapunov-Krasovskii donnée par (3.48) et d'ajouter et soustraire la "quantité" :

$$\left(\sigma - \frac{\psi(\sigma)}{H}\right) = \left(c^T x(t) - \frac{\psi(c^T x(t))}{H}\right)\psi(c^T x(t)).$$

Notons que la partie gauche de l'inégalité (3.49) est une matrice dans $\mathbb{R}^{(2n+1)\times(2n+1)}$ et $\mathscr{M}^T(P,R) \in \mathbb{R}^n$.

Dans le cas d'un système à retard variant dans le temps $\tau(t)$ dans la classe $\mathscr{H}(r,\beta)$, la matrice S dans $A^T P + PA + S$ de l'inégalité (3.49) est remplacée par la matrice $\frac{1}{1-\beta}S$.

3.2.6 Extensions possibles

Dans les paragraphes précédents on a considéré le *problème de la stabilisation* d'un système à états retardés de la forme (3.1)-(3.2) en utilisant plusieurs sortes d'*hypothèses* sur la *stabilisabilité* ou la *commandabilité* des paires $(A + A_d, B)$ et (A, B). Les résultats obtenus concernent la *propriété* du système en boucle fermée d'être *asymptotiquement stable indépendamment* ou *non* de la *taille du retard*. Notons que l'*approche* utilisée a permis de donner une caractérisation unitaire pour les deux problèmes associés : *indépendamment* ou *en fonction* du retard. On a considéré seulement le cas d'un *seul* retard, soit *constant*, soit *variant* dans le temps. Comme dans le cas de l'étude de la stabilité, ce type d'approche peut être facilement étendu au cas des *systèmes à deux* ou à *plusieurs retards*.

Stabilisation dans le cas des systèmes à deux retards

La forme générale d'un tel système est :

$$\dot{x}(t) = Ax(t) + A_1 x(t - \tau_1) + A_2 x(t - \tau_2) + Bu(t) \tag{3.51}$$

avec la condition initiale

$$x(t_0 + \theta) = \phi(\theta), \quad \forall \theta \in [-\bar{\tau}, 0], \quad \bar{\tau} = \max\{\tau_1, \tau_2\},$$

$$\forall \phi \in \mathscr{C}^v_{n,\bar{\tau}}. \tag{3.52}$$

Dans ce cas, l'*Hypothèse* 1.4.3 devient la *stabilisabilité* de la paire $(A+A_1+A_2, B)$.

Tous les résultats obtenus dans les paragraphes précédents ont une extension naturelle en termes de deux retards en utilisant les techniques développées dans le Chapitre précédent (le cas de deux retards).

Dans ce contexte, on considère seulement la généralisation du *Théorème* 3.1.1 au cas de deux retards. NICULESCU *et al.* [184] ont montré que le système en boucle fermée (3.51)-(3.52) via le retour d'état $u(t) = -Kx(t)$ est asymptotiquement stable $\mathscr{S}_{\infty,\infty}$ si :

$$\mu(A - BK) < -\|A_1\| - \|A_2\|.$$

Evidemment, si la paire (A, B) est commandable, alors on peut toujours trouver un K tel que le système (3.51)-(3.52) est stabilisable *indépendamment de la taille du retard*. Donc, le *Théorème* 3.1.1 est valable pour le système (3.51)-(3.52).

Autres problèmes

Dans les paragraphes précédents, on a considéré deux problèmes de stabilité d'un système à états retardés en boucle fermée avec des extensions simples dans le contexte *indépendamment* ou *en fonction de la taille du retard* à la construction de plans de discontinuité pour les modes glissants et à la stabilité absolue.

Le même type d'approche temporelle peut être étendu au *problème de stabilisation globale* ou *locale* d'un système à états retardés si l'*entrée* est *contrainte* (par exemple, fournie par des actionneurs saturés, etc.) via un *retour d'état statique*. Si dans le cas de la *stabilisation globale*, les résultats sont des extensions relativement simples des résultats développés dans

les paragraphes précédents, dans le cas de la *stabilisation locale*, on doit *construire* des *régions* dans l'espace euclidien $\mathbb{R}^n$ qui sont *invariantes* via l'action de l'entrée contrainte. Notons que l'*approche* par *LMIs* ne donne que des *ensembles convexes* qui peuvent être *relativement* restrictif dans certaines situations.

Un autre cas d'étude est la *stabilisation locale* des systèmes *bilinéaires* à états retardés en utilisant le même type des techniques. Comme précédemment, la construction de *régions* pour garantir la stabilisation locale en termes de *LMIs* peut mener à des ensembles relativement restrictifs.

3.3 Exemple

Dans cette partie on considère un *exemple* de système à états retardés d'ordre 2, qui ne peut pas être stabilisé *indépendamment* de la taille du retard par un retour d'état *sans mémoire*, mais qui a des *propriétés intéresantes* en termes de retard.

Soit le système suivant :

$$\begin{cases} \dot{x}_1(t) = x_2(t-\tau) \\ \dot{x}_2(t) = u(t) \end{cases} \tag{3.53}$$

avec la condition initiale :

$$x(t_0 + \theta) = \phi(\theta), \ \ \forall \theta \in [-\tau, 0], \ \phi \in \mathscr{C}^{v}_{2,\tau}, \tag{3.54}$$

où $x^T = [x_1 \ x_2]$.

Avant de donner le résultat sur la stabilisation d'un tel système par retour d'état sans mémoire, on fait quelques *remarques* :

▶ Ce système peut être réécrit sous la forme suivante :

$$\dot{x}(t) = Ax(t) + A_d x(t-\tau) + Bu(t), \tag{3.55}$$

où les matrices A, A_d et B sont :

$$A = \begin{bmatrix} 0 & 0 \\ 0 & 0 \end{bmatrix}, \quad A_d = \begin{bmatrix} 0 & 1 \\ 0 & 0 \end{bmatrix}, \quad B = \begin{bmatrix} 0 \\ 1 \end{bmatrix}. \tag{3.56}$$

▶ La paire $(A + A_d, B)$ est *stabilisable*, mais la paire (A, B) ne satisfait pas cette propriété.

On a le résultat suivant :

Proposition (3.3.1)

(1) Le système (3.53)-(3.54) ne peut pas être stabilisé indépendamment de la taille du retard.

(2) Si on considère la loi de commande sans mémoire qui stabilise le système sans retard

$$u(t) = -bx_1(t) - ax_2(t), \quad a, b > 0, \tag{3.57}$$

cette loi de commande stabilise le système (3.53)-(3.54) et le système en boucle fermée est asymptotiquement stable pour n'importe quel retard qui satisfait la condition suivante :

$$\tau < \frac{a}{b}. \tag{3.58}$$

Preuve : 1) Soit $u(t) = -Kx(t) = -ax_1(t) - bx_2(t)$ un retour d'état sans mémoire qui stabilise le système dans le cas du retard nul (un tel retour d'état existe, la paire $(A + A_d, B)$ est stabilisable). Par conséquent, le système en boucle fermée devient :

$$\dot{x}(t) = (A - BK)x(t) + A_d x(t - \tau),$$

où la matrice $A - BK$ a la forme :

$$A - BK = \begin{bmatrix} 0 & 0 \\ -b & -a \end{bmatrix}.$$

Comme cette matrice n'est pas stable au sens de Hurwitz pour toutes les valeurs des réels a et b, alors il résulte qu'*il n'existe pas de retour d'état sans mémoire qui stabilise le système* (3.53)-(3.54) *indépendamment de la taille du retard* (Lemme 2.3.13). Par contre, on peut toujours stabiliser ce système *en fonction de la taille du retard*.

2) Soit $u(t) = -ax_1(t) - bx_2(t)$ $(K^T = [a \; b])$. Le système sans retard :

$$\dot{x}(t) = (A + A_d)x(t) + Bu(t)$$

est stabilisable par le retour d'état considéré si et seulement si la matrice :

$$A + A_d - BK = \begin{bmatrix} 0 & 1 \\ -b & -a \end{bmatrix}$$

est stable au sens de Hurwitz, i.e.

$$Re\left(-a \pm \sqrt{a^2 - 4b^2}\right) < 0,$$

condition satisfaite si $a, b > 0$.

Le système en boucle fermée peut être réécrit sous la forme :

$$\ddot{x}_1(t) + a\dot{x}_1(t) + bx_1(t - \tau) = 0 \qquad (3.59)$$

Pour calculer le retard maximal, on utilise toujours la transformation de $\mathscr{C}_\tau$ à $\mathscr{C}_{2\tau}$, i.e. la relation de Leibniz-Newton :

$$x(t - \tau) = x(t) - \int_{-\tau}^{0} \dot{x}(t + \theta)d\theta,$$

qui permet de réécrire l'équation (3.59) sous la forme :

$$\ddot{x}_1(t) + a\dot{x}_1(t) + bx_1(t) - \int_{-\tau}^{0} \dot{x}(t + \theta)d\theta = 0. \qquad (3.60)$$

On propose la fonctionnelle de Lyapunov-Krasovskii suivante :

$$V(x_{1_t}, \dot{x}_{1_t}) = \{\dot{x}_1(t)\}^2 + bx_1(t)^2 + (b + 2\varepsilon)\int_{-\tau}^{0}\int_{t+\theta}^{t} \dot{x}_1(\xi)^2 d\xi d\theta,$$

avec $\varepsilon > 0$, mais suffisamment petit.

Après quelques calculs, on obtient la condition de négativité (de la dérivée de la fonctionnelle considérée) suivante :

$$-\frac{a}{\tau} + b + \varepsilon < 0,$$

qui peut être réécrite sous la forme (3.58) si $\varepsilon \to 0$.

Remarque (3.3.2) – *La taille du retard (3.58) qui assure encore la stabilité du système en boucle fermée dépend des* coefficients *a et b de la loi de commande considérée.*

Si on suppose que $a = 1$ et $b = \varepsilon > 0$, mais suffisamment petit, on peut obtenir une très grande *borne sur le retard, mais avec un* taux de décroissance de la solution *relativement petit.*

La *Proposition* 3.3.1 nous permettent de conclure que le système (3.53)-(3.54) a la *propriété* suivante :

Corollaire (3.3.3)

Soit τ^* un réel positif. Alors il existe un retour d'état sans mémoire qui stabilise le système (3.53)-(3.54) pour n'importe quel retard $\tau < \tau^*$.

3.4 Stabilisation robuste

Une forme très générale pour un système linéaire *incertain* à états retardés est la suivante :

$$\dot{x}(t) = Ax(t) + A_d x(t - \tau) + f(x(t), t) + f_d(x(t - \tau(t)), t)$$
$$+ Bu(t) + f_u(u(t), t) \tag{3.61}$$

avec la condition initiale

$$x(t_0 + \theta) = \phi(\theta), \quad \forall \, \theta \in [-\tau, 0]; \quad (t_0, \phi) \in \mathbb{R}^+ \times \mathscr{C}_{n,\tau}^v, \tag{3.62}$$

où $u(t) \in \mathbb{R}^m$ est l'entrée du système et les fonctions $f, f_d : \mathbb{R}^n \times \mathbb{R} \to \mathbb{R}^n$ et $f_u : \mathbb{R}^m \times \mathbb{R} \to \mathbb{R}^n$ sont des fonctions non-linéaires, supposées continues telles que :

$$\| f(x, t) \| \leq \beta \| x \| \tag{3.63}$$

$$\| f_d(x, t) \| \leq \beta_d \| \| \| . \tag{3.64}$$

$$\| f_u(u, t) \| \leq \beta_u \| u \| . \tag{3.65}$$

où β, β_d et β_u sont des réels positifs. Notons que les *contraintes* (3.63)-(3.65) sur les fonctions f, f_d et f_u permettent de garantir l'*existence* et l'*unicité* des *solutions* pour l'EDFR *variant dans le temps* (3.61)-(3.62) si on considère le retour d'état $u(t) = -Kx(t)$, $K \in \mathbb{R}^{m \times n}$.

Le système (3.61)-(3.62) en boucle fermée devient :

$$\dot{x}(t) = (A - BK)x(t) + A_d x(t - \tau) + f(x(t), t)$$

$$+ f_d(x(t - \tau(t)), t) + f_u(-Kx(t), t)$$

où f, f_d et f_u sont maintenant bornées en norme en termes de la solution x, donc l'EDFR correspondante est *bien définie* du point de vue de l'existence et de l'unicité des solutions.

Une autre manière de *représenter* les incertitudes est :

$$\begin{cases} f(x(t), t) = \triangle A(t)x(t), \\ f_d(x(t - \tau), t) = \triangle A_d(t)x(t - \tau), \\ f_u(u(t), t) = \triangle B(t)u(t) \end{cases} \quad (3.66)$$

où $\triangle A(\cdot)$, $\triangle A_d(\cdot)$ et $\triangle B(\cdot)$ sont des fonctions matricielles inconnues, bornées en norme, qui représentent les incertitudes paramétriques variantes dans le temps :

$$\|\triangle A(t)\| \leq \beta, \quad \|\triangle A_d(t)\| \leq \beta_d \quad \|\triangle B(t)\| \leq \beta_u \quad (3.67)$$

pour satisfaire les conditions (3.63)-(3.65).

De plus, si on connaît la *manière* avec laquelle les *incertitudes agissent* sur les états du système, on a des *incertitudes structurées* décrites par les relations :

$$\begin{cases} \triangle A(t) = DF(t)E_a; \\ \triangle A_d(t) = D_d F_d(t) E_d; \\ \triangle B(t) = D_b F_b(t) E_b \end{cases} \quad (3.68)$$

où $F(t) \in \mathbb{R}^{i \times j}$, $F_d(t) \in \mathbb{R}^{i_d \times j_d}$ et $F_b(t) \in \mathbb{R}^{i_b \times j_b}$ sont des matrices inconnues, supposées variantes dans le temps et avec des éléments mesurables au sens de Lebesgue, qui satisfont :

$$F^T(t)F(t) \leq I_j; \quad F_d^T(t)F_d(t) \leq I_{j_d}; \quad F_b^T(t)F_b(t) \leq I_{j_b}, \ \forall \ t \quad (3.69)$$

et D_a, D_d, D_b, E_a, E_b et E_d sont des *matrices constantes* et *connues*, qui caractérisent comment les *paramètres incertains* en $F(t)$ et $F_d(t)$ entrent dans les matrices nominales A, A_d et B.

Une autre manière de décrire les incertitudes $\triangle A(t)$, $\triangle A_d(t)$ et $\triangle B(t)$ dans le même esprit que (3.69) est la suivante :

$$\triangle A(t) = BH(t); \quad \triangle A_d = BH_d(t); \quad \triangle B = BE(t) \quad (3.70)$$

Notons que ce type d'incertitudes en termes de la *matrice B du système* (3.61)-(3.62) est assez restrictif.

Enfin, une *dernière manière* de caractériser les *incertitudes* est de *supposer* qu'on connaît les *intervalles admissibles* de variation pour chaque *élément* des matrices A, A_d et B, i.e.

$$a_{ij} \in \left[\underline{a_{ij}}, \overline{a_{ij}}\right], \quad ad_{ij} \in \left[\underline{a_{d_{ij}}}, \overline{a_{d_{ij}}}\right], \quad b_{ij} \in \left[\underline{b_{ij}}, \overline{b_{ij}}\right] \tag{3.71}$$

Pour caractériser la stabilisation pour cette classe de systèmes linéaires avec incertitudes et états retardés, on introduit la notion suivante de *stabilisation robuste par retour d'état sans mémoire* donnée pour le cas général :

Définition (3.4.1)

Le système (3.61)-(3.62) est dit *robustement stabilisable par retour d'état sans mémoire* $u(t) = -Kx(t)$, $K \in \mathbb{R}^{m \times n}$ si la solution triviale de l'EDFR associée au système en boucle fermée est uniformément asymptotiquement stable pour toutes les incertitudes paramétriques admissibles $f(x(t), t)$, $f(x(t-\tau), t)$ et $f_u(-Kx(t), t)$.

$\square$

On peut introduire également d'autres types de notions de *stabilisation* dans le cas des *systèmes incertains*, comme par exemple la *stabilisation quadratique* via une *fonction de Lyapunov-Razumikhin* ou via une *fonctionnelle de Lyapunov-Krasovskii*. Dans ce contexte, cette notion donne une extension de la *stabilité quadratique* au contexte de la *stabilisation* (voir également DION *et al.* [56]).

Remarque (3.4.2) – WU et al. *[287] ont analysé des systèmes à retard incertains de la forme (3.61)-(3.62) avec des incertitudes sous la forme (3.63)-(3.65) quand les incertitudes sont variantes dans le temps.*

Le cas des incertitudes structurées sous la forme (3.68)-(3.69) est traité dans XIE ET DE SOUZA *[289],* XI ET DE SOUZA *[288] ou* NICULESCU et al. *[186] dans le cas $D_a = D_b = D$.*

Des incertitudes de la forme (3.70) ont été considérées par PHOOJARUEN-CHANACHAI ET FURUTA *[214],* CHERES et al. *[34].*

Les incertitudes de type intervalle de la forme (3.71) ont été considérées par SHEN et al. *[234],* TSENG et al. *[261].*

Remarque (3.4.3) – *Une forme particulière de système incertain (3.61)-(3.62) avec les incertitudes (3.68)-(3.69) est la suivante*

$$A_d \equiv 0, \quad f \equiv 0$$

i.e. le système devient :

$$\dot{x}(t) = Ax(t) + Bu(t) + DF(t)\left(E_1 x(t-\tau) + E_2 u(t)\right). \qquad (3.72)$$

où $\triangle A_d = DF(t)E_1$ et $\triangle B = DF(t)E_2$ satisfont la condition (3.69). Le système correspondant sans incertitude est linéaire (sans retard) et les incertitudes apparaissent uniquement sur l'état retardé et sur l'entrée.

Ce type de problème a été considéré par PHOOJARUENCHANACHAI ET FU-RUTA *[214] et leur condition de* stabilisation *utilise la propriété de stabilisabilité du système (3.72) si le retard est nul. Le résultat ainsi obtenu est une condition de* stabilisation *du système considéré indépendamment de la taille du retard.*

On a vu dans les sections précédentes qu'il existe deux modalités d'analyse de la stabilité asymptotique en utilisant une *approche temporelle*, soit via les *principes de comparaisons* (voir, par exemple, WU *et al.* [287]), soit via les *techniques de type Lyapunov*. Dans ce paragraphe on considère seulement les *conditions* de stabilisation d'un système à états retardés via un retour d'état sans mémoire, conditions développées en utilisant la *deuxième méthode de Lyapunov*.

Théorie de Lyapunov

Il existe deux approches pour l'analyse de la stabilité d'un système à états retardés en utilisant la *deuxième méthode de Lyapunov* : l'approche par *fonction de Lyapunov-Razumikhin* et l'approche par *fonctionnelle de Lyapunov-Krasovskii* (voir le Chapitre 1). On utilise les mêmes approches pour l'analyse de la stabilisation d'un système à états retardés via un retour d'état statique sans mémoire.

Approche par fonctionnelle de Lyapunov-Krasovskii

On considère le système (3.61)-(3.62), avec les incertitudes (3.68)-(3.69) avec $D_a = D_b = D$.

Des conditions suffisantes pour garantir la *stabilisation robuste* d'un tel système par un retour d'état sans mémoire telle que le système en boucle fermée est *asymptotiquement stable en fonction de la taille du retard* ont été proposées par NICULESCU *et al.* [181] en utilisant une fonctionnelle sous la forme :

$$V(x_t) = \sup_{\theta \in [-2\tau, 0]} e^{\delta\theta} x(t+\theta)^T P x(t+\theta),$$

où δ est un réel positif suffisamment petit et P est une matrice symétrique et positive définie qui est la solution d'une *équation de Riccati*. Notons que cette approche a été également étendue au cas d'un système incertain à plusieurs retards (voir NICULESCU *et al.* [182]).

De façon à simplifier les démonstrations, NICULESCU *et al.* [182] ont considéré comme *hypothèse* supplémentaire *la non-singularité de la matrice* $R = E_b^T E_b$. Si la matrice E_b est singulière mais non-nulle, on peut utiliser l'approche de KHARGONEKAR *et al.* [120] pour le calcul des lois de commande stabilisantes dans un contexte incertain, mais sans retard.

De plus, le cas *dégénéré* $E_b \equiv 0$ est également traité dans NICULESCU *et al.* [181, 182].

Dans ce contexte, on a le résultat suivant :

Proposition (3.4.4) [NICULESCU, DE SOUZA, DION ET DUGARD [181]]

Soit le système incertain (3.61)-(3.62) satisfaisant l'Hypothèse 1.4.3 avec les incertitudes sous la forme (3.68)-(3.69), telles que $D_b = D$, $F_b(t) = F(t)$ et la matrice $R = E_b E_b^T$ est non-singulière.

S'il existe une matrice symétrique et définie positive Q et un réel positif ε tels que l'équation de Riccati (EARM) :

$$
(A + A_d - BR^{-1}E_b^T E_a)^T P + P(A + A_d - BR^{-1}E_b^T E_a)
$$
$$
+ P(DD^T + \varepsilon^{-1}D_d D_d^T - BR^{-1}B^T)P
$$
$$
+ E_a^T(I - E_b R^{-1}E_b^T)E_a + \varepsilon E_d^T E_d + Q = 0
$$

a une solution P symétrique et définie positive, alors le système incertain (3.61)-(3.62) est robustement stabilisable via le retour d'état statique sans mémoire

$$
u(t) = -R^{-1}(B^T P + E_b^T E_a)x(t)
$$

pour n'importe quel retard $\tau < \bar{\tau}^*$, où

$$
\bar{\tau}^* = \frac{\lambda_{min}(Q)}{2\kappa^{1/2}(P)\bar{k}_1},
$$

avec

$$
\begin{aligned}
\bar{k}_1 &= \| PA_d[A - BR^{-1}(B^T P + E_b^T E_a)] \| + \| PA_d^2 \| \\
&\quad + \| PA_d D \| \cdot \| E_a - E_b R^{-1}(B^T + E_b^T E_a) \| + \| PA_d D_d \| \cdot \| E_d \| \\
&\quad + \| PD_d \| \cdot \| E_d[A - BR^{-1}(B^T P + E_b^T E_a)] \| \\
&\quad + \| PD_d \| \left[\| E_d A_d \| + \| E_d D \| \cdot \| E_a - E_b R^{-1}(B^T P + E_b^T E_a) \| \right. \\
&\quad \left. + \| E_d D_d \| \cdot \| E_d \| \right].
\end{aligned}
\tag{3.73}
$$

Approche par fonction de Lyapunov-Krasovskii sur un espace produit

Pour le même système, des conditions de stabilisation robuste par retour d'état statique sans mémoire *indépendamment de la taille du retard* ont été proposées par XIE ET DE SOUZA [289] dans le cas d'un *retard constant* via la fonction de Lyapunov-Krasovskii :

$$V(x(t), x_t) = x(t)^T P x(t) + \int_{-\tau}^{0} x(t+\theta)^T x(t+\theta) d\theta,$$

où la matrice P est la solution symétrique et positive définie d'une équation de Riccati.

Une amélioration de ce résultat en utilisant comme hypothèse le cas d'un *retard variant dans le temps* dans la classe $\mathscr{V}(r, \beta)$, avec $0 \leq \beta < 1$ donné a été proposée par NICULESCU *et al.* [186]. Leur condition utilise une matrice de pondération $S > 0$ au lieu de I_n pour le terme x_t sous l'intégrale. Notons que cette condition peut être facilement réécrite sous une forme *LMI* en utilisant les techniques présentées dans les sections précédentes.

Une condition similaire via la même fonction de Lyapunov-Krasovskii a été proposée par MAHMOUD ET AL-MUHTAIRI [158] en utilisant une forme différente des incertitudes.

En utilisant la même fonction de Lyapunov-Krasovskii, PHOOJARUENCHA-NACHAI ET FURUTA [214] ont donnée une loi stabilisante pour le même système dans l'hypothèse plus conservative $A_d = 0$ et $\triangle A(t) = 0$.

Approche par fonction de Lyapunov-Razumikhin

Pour le système incertain (3.61)-(3.62) avec les incertitudes écrites sous la forme (3.68)-(3.69), des conditions suffisantes de *stabilisation robuste en fonction de la taille du retard* ont été proposées par DION *et al.* [56].

Dans le même esprit, des conditions suffisantes pour garantir la *stabilisation robuste indépendamment de la taille de retard* via un retour d'état sans mémoire pour le système (3.61)-(3.62) peuvent être également obtenues.

L'approche temporelle considérée dans les sections précédentes permet de revoir le problème de la *stabilisation robuste* en termes d'un *problème d'optimisation convexe* via des *inégalités linéaires matricielles (LMIs)*.

On peut considérer plusieurs *problèmes* :

► *Donner des conditions suffisantes pour garantir la stabilisation robuste par retour d'état statique sans mémoire soit indépendamment, soit en fonction de la taille du retard pour des systèmes à un seul retard (constant ou variant dans le temps) ou à plusieurs retards (constants ou variants dans le temps).*

► *Donner des bornes sous-optimales sur les incertitudes pour garantir la stabilité robuste pour le système en boucle fermée via un retour d'état statique soit indépendamment, soit en fonction de la taille du retard.*

De plus, ces *problèmes* peuvent être traités dans un contexte *unitaire indé-pendamment* ou *en fonction de la taille du retard*. Pour simplifier la *présentation* de ce mémoire, on n'a pas considéré explicitement ces aspects dans ce livre.

3.5 Conclusions et perspectives

Dans ce chapitre on a considéré le *problème de stabilisation* d'un système à états retardés par un *retour d'état statique sans mémoire* et étudié la *stabilité du système en boucle fermée* sous l'angle *indépendamment* ou *en fonction* de la taille du *retard*.

Dans ce contexte, on peut avoir *deux types* de problèmes : soit on considère un retour d'état stabilisant pour le système linéaire sans retard et on étudie si le système en boucle fermée est stable indépendamment ou en fonction de la taille du retard, soit on cherche un retour d'état qui stabilise le système indépendamment de la taille du retard et s'il n'existe pas, un retour d'état stabilisant qui donne une borne sous-optimale (optimale) sur le retard.

Le premier cas est une extension directe de la théorie développée dans le chapitre précédent dans le sens où on analyse la stabilité du système en boucle fermée, le retour stabilisant étant donné a priori.

Le deuxième cas concerne un problème de synthèse de retour d'état, et de ce point de vue, ne peut pas être abordé de la même façon. On a donc considéré dans ce chapitre ce *type de problème*. Pour garder l'unité du mémoire, on a fait une présentation du *problème de stabilisation* dans le même esprit que pour le cas du *problème de stabilité asymptotique*, en utilisant une *approche temporelle*. Ceci a l'avantage de permettre des extensions faciles aux cas du retard variant dans le temps ou de plusieurs retards, mais les résultats obtenus sont seulement des conditions *suffisantes*. Dans le cas de l'*approche temporelle* considérée pour le *problème se stabilisation* via un *retour d'état sans mémoire*, on a *transformé* le *problème de stabilisation via un retour d'état sans mémoire* dans un *problème d'optimisation convexe* en termes d'inégalités linéaires matricielles (LMIs).

Notre principale contribution dans ce cas a été la *conversion du problème de stabilité du système en boucle fermée* en un *problème d'optimisation convexe* : une *borne sous-optimale* sur le retard dans le cas de stabilité $\mathscr{S}_\tau$ ou une condition de stabilité $\mathscr{S}_\infty$ *sous-optimale* pour le système en boucle fermée.

Dans le même esprit on a considéré deux *problèmes* particuliers : la *construction des plans de discontinuités pour les systèmes à modes glissants* et la *stabilité absolue* d'un système en boucle fermée avec l'entrée non-linéaire dans un secteur.

Ce type d'approche permet d'avoir seulement des *conditions suffisantes* de stabilité asymptotique, mais on peut avoir une *caractérisation* "unitaire" (le même type d'algorithmes) pour tous les cas : système à *un seul retard* ou à *plusieurs retards*, *retard constant* ou *variant dans le temps*. De plus, ces résultats peuvent être facilement étendus au cas de la *stabilisation robuste* dans le sens de la *Définition* 3.4.1.

Cependant ces *résultats* sont *conservatifs*, donc *difficilement* comparables avec d'autres conditions *suffisantes* de la littérature. Comme on l'a précisé dans le cas de la *stabilité asymptotique*, deux approches *semblent* raisonnables pour réduire le conservatisme de cette *méthode* : l'utilisation de l'approche de BAR-NEA [10], ou celle de l'*approche de* INFANTE ET CASTELLAN [111] (voir le chapitre précédent).

La technique de stabilisation par *retour d'état sans mémoire* est la plus simple et la mieux adaptée quand le *retard* n'est *pas bien connu*. Quand le retard est connu, la méthode peut donner parfois des résultats restrictifs par rapport à d'autres *techniques* qui prennent en compte la *dimension infinie* du système considéré.

Par conséquent, il est intéressant de faire une *étude comparative* sur des exemples significatifs (par exemple, SLOSS *et al.* [237]) des *méthodes* proposées dans la littérature.

Contrôle $\mathcal{H}_\infty$
CHAPITRE 4

Contrôle $\mathcal{H}_\infty$

On a considéré dans les chapitres précédents le *problème de la stabilité asymptotique* ou *de la stabilisation* d'un système linéaire à états retardés soit *indépendamment*, soit *en fonction de la taille du retard* en utilisant deux types d'approches : par *faisceaux matriciels* (stabilité) ou par les *méthodes de Lyapunov* combinés avec les *techniques de type LMI*.

Dans ce chapitre on considère le *problème* de la *construction* d'une *loi de commande* $\mathcal{H}_\infty$ pour un système linéaire à états retardés, i.e. la *synthèse* d'un *régulateur* K, tel que la *norme* $\mathcal{H}_\infty$ de la *fonction de transfert* entre l'*entrée de perturbation* et la *sortie commandée* soit *inférieure* à une *borne prescrite*. Ceci constitue ce qu'on appelle le *problème d'atténuation des perturbations*.

Dans ce contexte, on s'intéresse à construire de *lois de commande sans mémoire* $\mathcal{H}_\infty$ telles que le système en boucle fermée est *asymptotiquement stable indépendamment de la taille du retard* avec un *certain taux d'atténuation* des *perturbations*. Pour le cas général :

$$u(t) \,=\, -Kx(t) - K_1 x(t-\tau),$$

on peut utiliser les même techniques, mais les LMIs impliqués ont des dimensions plus grands (voir également FERON *et al.* [65], LEE *et al.* [144] et les références incluses).

On utilise une approche temporelle basée sur la *deuxième méthode de Lyapunov*, plus particulièrement des *fonctions de Lyapunov-Krasovskii* sur un espace produit combinées avec des *techniques de type LMI*.

On a considéré également le *problème d'atténuation des perturbations* dans le cas où les pôles du système en boucle fermée satisfont quelques contraintes supplémentaires de type α-stabilité. Dans ce cas, on a proposé non seulement la *borne sous-optimale* sur la taille du retard, mais aussi la loi de commande correspondante.

Notre principale contribution est l'*analyse du problème d'atténuation des perturbations* d'un système à états retardés en termes de *retard*, i.e. des *conditions indépendamment de la taille du retard*. Ce type d'approche peut être étendu aux cas des systèmes à *retard variant dans le temps* ou à *plusieurs retards* ou avec *incertitudes paramétriques variantes dans le temps*.

Le chapitre est organisé comme suit : après une brève *Introduction* sur la problématique $\mathcal{H}_\infty$, on donne la *formulation du problème*. Ensuite on propose la construction d'un retour d'état ou de sortie sans mémoire $\mathcal{H}_\infty$ en utilisant une approche basée sur les techniques de type Lyapunov combinées avec les techniques de type LMI. Des considérations sur le *problème de stabilisation robuste*

$\mathcal{H}_\infty$ sont également données. Quelques *conclusions et perspectives* terminent ce chapitre.

4.1 Sur la commande $\mathcal{H}_\infty$

Dans les dernières années, de nombreux travaux ont porté sur la *théorie de la commande* $\mathcal{H}_\infty$, qui consiste à trouver le *régulateur* qui *optimise* les *performances* du *système en boucle fermée* pour le *pire cas*.

Dans cette classe de problèmes, on peut inclure les problèmes d'*atténuation de perturbation*, de *poursuite de modèle*, de *stabilisation quadratique* ou de *stabilisation robuste* d'un *système avec perturbations* (voir également GREEN ET LIMEBEER [86]).

Le symbole $\mathcal{H}_\infty$ représente l'*espace de Hardy* (voir RUDIN [225]) qui est *l'espace de Banach des fonctions matricielles complexes* (de la même dimension) *qui sont analytiques dans le demi-plan complexe droit*. La *norme* $\mathcal{H}_\infty$ d'une fonction $f \in \mathcal{H}_\infty$ est donnée par :

$$\|f\|_\infty = \sup_{s \in \mathbb{C}^+} \bar{\sigma}\left[f(s)\right],$$

où $\bar{\sigma}(\cdot)$ représente la valeur singulière maximale de la matrice complexe correspondante.

Du point de vue *historique*[1], la première étude d'un système linéaire soumis à des *perturbations additives sur l'entrée* a été faite par ZAMES [301] au début des années *1980*. ZAMES [301] a formulé le problème de *minimisation de sensibilité* d'un système linéaire comme un *problème d'optimisation mathématique* en utilisant des *normes* $\mathcal{H}_\infty$ (le transfert entre l'*entrée* et la *sortie* d'un système est nommé l'*opérateur entrée-sortie* etc). L'approche de ZAMES [301] est essentiellement une approche *fréquentielle*.

Parmi les outils considérés dans l'étude *entrée-sortie* par des approches fréquentielles pour ce type de problème dans les années suivantes, on peut mentionner également la *théorie des opérateurs et de l'approximation*, la *théorie de l'interpolation* NEVANLINNA-PICK (voir également FRANCIS [70]), la *factorisation spectrale* et la *paramétrisation de* YOULA ou la *factorisation "J-lossless"* (voir KIMURA [122]). Les approches fréquentielles mentionnées auparavant permettent de réduire le *problème de contrôle* $\mathcal{H}_\infty$ à la *résolution d'équations de Riccati* de dimension *relativement grande* et par conséquent les *régulateurs* qui en résultent ont des formes *très compliquées*.

---

[1]Notre intérêt n'est pas de faire un tour complète de la littérature, mais seulement de mentionner quelques "moments" dans l'évolution, etc.

Un pas important à la fin des années quatre-vingts, a été l'introduction des *méthodes dans l'espace d'état* (voir STOORVOGEL [242], DOYLE *et al.* [58] et les références incluses). Ce type d'approche permet d'avoir une solution au *problème standard de contrôle $\mathscr{H}_\infty$* en termes de *deux solutions d'une paire d'équations algébriques matricielles de Riccati*. L'avantage de cette approche réside dans la *formulation* simple et intuitive des résultats (pour un tour d'horizon des méthodes, voir également XIE [290]).

Cette *paire* d'équations de Riccati permet de revoir le *problème standard $\mathscr{H}_\infty$* comme un problème de *minmax* dans la *théorie de jeux* : le *régulateur* peut être vu comme le *joueur qui minimise* et la *perturbation* comme le *joueur qui maximise* dans un *jeu de somme nulle* (voir BAŞAR ET BERNHARD [12] et les références incluses).

D'autres développements du *problème standard $\mathscr{H}_\infty$* peuvent être trouvés dans BOYD *et al.* [25] (formulation en termes de *LMIs*) ou dans KHARGONEKAR *et al.* [120] (liaisons entre ce problème et le *problème de stabilisation quadratique*).

4.1.1 Formulation des problèmes. Considérations sur les retards

On considère le système à états retardés de la forme suivante :

$$\begin{cases} \dot{x}(t) = Ax(t) + A_d x(t-\tau) + Bu(t) + B_1 w(t) \\ z(t) = Cx(t) + Du(t) \end{cases} \qquad (4.1)$$

avec la condition initiale

$$x(t_0 + \theta) = \phi(\theta), \quad \forall\, \theta \in [-\tau, 0]; \quad (t_0, \phi) \in \mathbb{R}^+ \times \mathscr{C}^v_{n,\tau} \qquad (4.2)$$

où $x(t) \in \mathbb{R}^n$ est l'*état du système*, τ est le *retard du système*, $u(t) \in \mathbb{R}^m$ est l'*entrée de commande*, $w(t) \in \mathbb{R}^p$ est la *perturbation* qui appartient à l'espace $\mathscr{L}_2[0, \infty)$ et $z(t) \in \mathbb{R}^q$ est la *sortie commandée*.

Dans un premier temps, on considère le *retard constant*.

Dans ce cadre, le *problème d'atténuation des perturbations* peut être formulé comme suit :

Problème (4.1.1) [Atténuation des perturbations]

Soit $\gamma > 0$ un réel positif. Calculer un retour d'état sans mémoire :

$$u(t) = -Kx(t), \quad K \in \mathbb{R}^{m \times n}$$

tel que :

(1) *le système en boucle fermée sans perturbations* ($w(t) \equiv 0$) *est asymptotiquement stable;*

(2) *quand les conditions initiales sont nulles* ($x_{t0} \equiv 0$ *sur* $[-\tau, 0]$ *dans* (4.2)), *alors*

$$\| z(t) \|_2 < \gamma \| w(t) \|_2$$

pour toutes les perturbations $w \in \mathcal{L}_2[0, \infty)$.

Il est évident que pour avoir la condition de *stabilité asymptotique* du système en boucle fermée, le système à retard sans perturbations doit être *stabilisable*. On considère comme *hypothèse* la *stabilisabilité* de la paire (A, B) (Hypothèse 3.2.1) et par conséquent on s'intéresse à donner une *caractérisation indépendante de la taille du retard*. Le cas où les *pôles* du système en boucle fermée satisfont quelques contraintes de type α-*stabilité* est également considéré.

La condition d'atténuation des perturbations :

$$\| z(t) \|_2 < \gamma \| w(t) \|_2$$

peut être *interprétée* en termes de fonctions de transfert comme suit :

Soit $H_{zw}(s)$ la fonction de transfert entre l'*entrée de perturbation* $w(t)$ et la *sortie* $z(t)$ pour des conditions initiales nulles du système (4.1)-(4.2). La *norme* $\mathcal{H}_\infty$ de ce transfert est la *norme induite* $\mathcal{L}_2$ de l'*opérateur en boucle fermée de* $w(t)$ à $z(t)$ (voir STOORVOGEL [242] et RUDIN [225]), i.e. :

$$\|H_{z,w}\|_\infty = \sup \left\{ \frac{\|H_{zw}w\|_2}{\|w\|_2} \ : \ w \in \mathcal{L}_2[0, \infty), w \neq 0 \right\}$$

$$= \sup \left\{ \frac{\|z\|_2}{\|w\|_2} \ : \ w \in \mathcal{L}_2[0, \infty), w \neq 0 \right\},$$

qui implique $\|H_{zw}(s)\|_\infty < \gamma^2$. Le *problème d'atténuation des perturbations* formulé en termes de *problème standard* $\mathcal{H}_\infty$ est donc :

Problème (4.1.2)

Pour un réel positif $\gamma > 0$ *donné, trouver un retour d'état sans mémoire*

$$u(t) = -Kx(t), \quad K \in \mathbb{R}^{m \times n},$$

tel que le système en boucle fermée sans perturbation est asymptotiquement stable et la norme $\mathcal{H}_\infty$ *du transfert* H_{zw} *est inférieure à* γ.

Dans les chapitres précédents, on a considéré les problèmes de stabilité asymptotique ou de stabilisation par retour d'état sans mémoire *indépendamment* ou *en fonction de la taille du retard*. Dans ce chapitre, on utilise les même types d'approche pour la *stabilisation $\mathcal{H}_\infty$ indépendamment de la taille du retard*.

Le problème traité dans ce chapitre est *l'atténuation de perturbations du système* (4.1)-(4.2) *indépendamment de la taille du retard* :

Problème (4.1.3)   [Atténuation des perturbations, $\mathcal{S}_\infty$]

Pour un réel positif $\gamma > 0$ donné, trouver un retour d'état sans mémoire

$$u(t) = -Kx(t), \quad K \in \mathbb{R}^{m \times n}, \tag{4.3}$$

tel que le système en boucle fermée sans perturbation est asymptotiquement stable indépendamment de la taille du retard et la norme $\mathcal{H}_\infty$ du transfert H_{zw} est inférieure à γ.

Dans la littérature, *deux techniques temporelles* spécifiques au *problème d'atténuation des perturbations* des systèmes linéaires sans retard semblent mieux adaptées[2] que d'autres pour être généralisées au cas d'un système à états retardés :

▶ *l'approche* de PETERSEN [213] (voir LEE *et al.* [143]) et
▶ *l'approche* de WANG *et al.* [279] ou de XIE ET DE SOUZA [291] (voir XIE ET DE SOUZA [289], CHOI ET CHUNG [40]).

Tenant compte que la technique de PETERSEN [213] utilise une *approche fréquentielle*, elle est conservative dans le cas d'un *retard variant dans le temps* dans une certaine classe de fonctions. Par contre, la technique de WANG *et al.* [279] utilise une *approche temporelle* basée sur la deuxième méthode de Lyapunov et elle est mieux adaptée aux cas de systèmes à *retard variant dans le temps* ou avec *incertitudes structurées*.

L'approche utilisée dans ce chapitre fait appel aux *techniques de Lyapunov* via une *fonction de Lyapunov-Krasovskii* sur un espace produit avec les *techniques de type LMI*. Les conditions obtenues sont *suffisantes* et s'étendent aux systèmes à *retard variant dans le temps* ou à *plusieurs retards*. Le cas d'un système incertain à états retardés est également considéré.

Pour simplifier les *résultats* on introduit l'*Hypothèse* suivante (voir également WANG *et al.* [279], XIE ET DE SOUZA [289] et les références incluses) :

---

[2] dans le sens qu'on s'intéresse aux résultats de dimension finie ; sinon la classification considérée est insuffisante

Hypothèse (4.1.4)

$D^T[C \ D] = [0 \ I_m]$.

Cette hypothèse entraine que le produit $z(t)^T z(t)$ a la forme :

$$z(t)^T z(t) = x(t)^T C^T C x(t) + u(t)^T u(t),$$

qui permet de simplifier les *LMIs* correspondantes.

4.2 Régulateurs $\mathcal{H}_\infty$

Comme on l'a spécifié auparavant, on considère le *problème d'atténuation* des perturbations du système à états retardés (4.1)-(4.2) en utilisant une *approche temporelle* basée sur l'utilisation des *techniques de type LMIs* via une *fonction de Lyapunov-Krasovskii sur un espace produit*.

Deux problèmes similaires sont étudiés : la construction d'un *retour d'état sans mémoire* qui stabilise et qui permet d'avoir un taux γ sur l'atténuation de perturbations et ensuite un *retour d'état sans mémoire solution* du *problème précédent* tel que les *pôles du système en boucle fermée* satisfont une *contrainte supplémentaire de type α-stabilité*.

4.2.1 Retour d'état sans mémoire. Approche par LMIs

Comme on l'a précisé dans le chapitre précédent sur la *stabilisation*, on considère que la *paire* (A, B) est *stabilisable* (l'Hypothèse 3.2.1), i.e. il existe un *retour d'état statique sans mémoire* $u(t) = -Kx(t)$ tel que la matrice $A - BK$ est stable au sens de Hurwitz.

Le retour d'état $u(t) = -Kx(t)$ ne garantit *rien* sur la stabilisation du système (4.1)-(4.2) *sans retard* et *sans perturbations*, mais il garantit la stabilisation du système suivant (sans perturbations) indépendamment de la taille du retard :

$$\begin{cases} \dot{x}(t) = Ax(t) + \eta A_d x(t - \tau) + Bu(t) \\ z(t) = Cx(t) + Du(t) \end{cases} \tag{4.4}$$

pour un η *réel positif suffisamment petit*.

Par conséquent, le *problème d'atténuation des perturbations* a une solution pour le cas du système à *états retardés* s'il a une *solution* pour le *système linéaire* suivant :

$$\begin{cases} \dot{x}(t) = Ax(t) + Bu(t) + B_1w(t) \\ z(t) = Cx(t) + Du(t) \end{cases} , \quad x_0 \in \mathbb{R}^n \qquad (4.5)$$

sous l'Hypothèse 3.2.1, i.e. la *paire* (A, B) *est stabilisable*.

Notons que toutes les approches considérées précédemment sur le *problème d'atténuation* (soit γ le taux d'atténuation correspondant) dans le cas d'un système à retard sont exprimées en termes d'équations de Riccati de dimension finie qui ont des *solutions* symétriques et définies positives si le *problème d'atténuation* du système (4.5) (avec le même taux γ) a une solution.

En conclusion, tout au long de ce chapitre l'*existence* d'une solution au problème d'atténuation des perturbations pour le système (4.4)-(4.2) implique par *nécessité* l'*existence* d'une solution au problème d'atténuation pour le système (4.5).

La *formulation* du problème d'atténuation permet de *considérer* γ comme une *mesure d'atténuation*. Pour le système (4.4)-(4.2), on introduit la notion suivante de $(\eta^*, \gamma, \mathcal{S}_\infty)$ *sous-optimalité* :

Définition (4.2.1)

Soit η^* et γ deux réels positifs.

S'il existe un retour d'état $u(t) = -Kx(t)$, $K \in \mathbb{R}^{m \times n}$, tel que le système (4.4)-(4.2) en boucle fermée est $(\eta^*, \mathcal{S}_\infty)$ asymptotiquement stable et l'inégalité suivante est satisfaite

$$\|z(t)\|_2 < \gamma \|w(t)\|_2, \quad \forall w \in \mathcal{L}_2[0, \infty), \ w \neq 0 \qquad (4.6)$$

pour des conditions initiales nulles, alors le système (4.1)-(4.2) est dit $(\eta^*, \gamma, \mathcal{S}_\infty)$ stabilisable sous-optimal avec un taux d'atténaution γ pour le système en boucle fermée.

$\square$

Notons que si $\eta^* > 1$, alors le problème d'atténuation des perturbations a une solution pour le système initial (4.1)-(4.2) dans l'Hypothèse 3.2.1.

Soit $u(t) = -Kx(t)$, $K \in \mathbb{R}^{m \times n}$ un retour d'état qui stabilise le système (4.4)-(4.2) pour un η supposé connu. Dans ce cas, le système (4.4) peut être réécrit sous la forme :

$$\begin{cases} \dot{x}(t) = (A - BK)x(t) + \eta A_d x(t - \tau) + B_1 w(t) \\ z(t) = (C - DK)x(t) \end{cases} . \qquad (4.7)$$

Si on considère la *fonction de Lyapunov-Krasovskii* définie auparavant sur l'espace produit $\mathbb{R}^n \times \mathcal{C}_{n,\tau}^v$ (voir le chapitre précédent) de la forme suivante :

$$V(x(t), x_t) = x(t)^T P x(t) + \int_{-\tau}^{0} x(t+\theta)^T S x(t+\theta), \qquad (4.8)$$

où P et S sont deux matrices symétriques et positives définies, on a le résultat suivant (la démonstration est omise, voir également NICULESCU [189] pour le cas des contraintes sur les pôles du système en boucle fermée) :

Théorème (4.2.2)

Soit le système (4.4)-(4.2) qui satisfait les Hypothèses 2.4.19 et 3.2.1 et soit η^* et γ deux réels positifs.
S'il existe deux matrices réelles, symétriques et définies positives P et S et une matrice $K \in \mathbb{R}^{m \times n}$ telles que :

$$\begin{bmatrix} \begin{pmatrix} (A - BK)^T P + P(A - BK) \\ +(C - DK)^T(C - DK) + S \end{pmatrix} & \eta^* P A_d & P B_1 \\ \eta^* A_d^T P & -S & 0 \\ B_1^T P & 0 & -\gamma^2 I_p \end{bmatrix} < 0, \qquad (4.9)$$

alors le système (4.1)-(4.2) est $(\eta^*, \gamma, \mathcal{S}_\infty)$ stabilisable sous-optimal avec la loi de commande $u(t) = -Kx(t)$.

Si le système (4.1)-(4.2) est $(\eta^*, \gamma, \mathcal{S}_\infty)$ stabilisable sous-optimal pour $\eta^* > 1$, alors le problème d'atténuation du système (4.1)-(4.2) a une solution $u(t) = -Kx(t)$ pour un *taux d'atténuation* γ donné.

Si on considère que la matrice A_d admet une décomposition sous la forme :

$$A_d = MN, \quad M \in \mathbb{R}^{n \times m}, \quad N \in \mathbb{R}^{m \times n}, \qquad (4.10)$$

où $m \leq n$ and $rang(M) = m$, alors *Théorème* 4.2.2 devient :

Corollaire (4.2.3)

Soit le système (4.4)-(4.2) qui satisfait les Hypothèses 2.4.19 et 3.2.1 et la condition (4.10) sur la matrice A_d et soit η^* et γ deux réels positifs.
S'il existe deux matrices réelles, symétriques et définies positives P et S et

une matrice $K \in \mathbb{R}^{m \times n}$ telles que :

$$\left[\begin{array}{ccc} \left(\begin{array}{c} (A-BK)^T P + P(A-BK) \\ +(C-DK)^T(C-DK) + N^T S N \end{array} \right) & \eta^* PM & PB_1 \\ \eta^* M^T P & -S & 0 \\ B_1^T P & 0 & -\gamma^2 I_p \end{array} \right] < 0,$$

alors le système (4.1)-(4.2) est $(\eta^*, \gamma, \mathscr{S}_\infty)$ stabilisable sous-optimal avec la loi de commande $u(t) = -Kx(t)$.

La fonctionnelle de Lyapunov correspondante est :

$$V(x_t) = x(t)^T P x(t) + \int_{-\tau}^{0} x(t+\theta)^T N^T S N x(t+\theta) d\theta.$$

Notons que tout au long de ce chapitre on considère les développements liées au *Théorème* 4.2.2, mias qui peuvent être facilement étendus si on suppose l'existence d'une décomposition sur la matrice A_d de la forme (4.10).

En utilisant les même idées que celles développées dans le chapitre précédent et le *Théorème* 4.2.2, on a le résultat suivant :

Proposition (4.2.4)

Il existe deux matrices symétriques et positives définies P et S et une matrice $K \in \mathbb{R}^{m \times n}$ qui satisfont le Théorème 1 si et seulement s'il existe trois matrices $Q > 0, R > 0$ et $W \in \mathbb{R}^{m \times n}$ telles que

$$\left[\begin{array}{ccc} \left(\begin{array}{c} QA^T + AQ + BW + W^T B^T \\ +\gamma^{-2} B_1 B_1^T + R \end{array} \right) & \eta^* A_d Q & W^T \\ \eta^* Q A_d^T & -R & 0 \\ W & 0 & -I_m \end{array} \right] < 0 \qquad \text{(4.11)}$$

La *démonstration* est semblable au cas de la stabilisation indépendamment de la taille du retard. Après quelques calculs les inégalités (4.9) et (4.11) sont équivalentes via la transformation matricielle : $Q = P^{-1} > 0$, $R = P^{-1} S P^{-1} > 0$ and $W = F P^{-1} \in \mathbb{R}^{m \times n}$.

Un résultat similaire a été obtenu par LEE *et al.* [143] avec une *approche fréquentielle* uniquement dans le cas de retard constant.

Une amélioration a été proposée par Niculescu *et al.* [186] en utilisant le "Bounded Real Lemma." La condition proposée est la suivante :

Proposition (4.2.5) [Niculescu, de Souza, Dion et Dugard [186]]

S'il existe une matrice S symétrique et positive définie telle que l'équation de Riccati :

$$A^T P + PA + P\left(A_d S^{-1} A_d^T + \gamma^{-2} B_1 B_1^T - BB^T\right) P + CC^T + S = 0,$$

a une solution symétrique $P \geq 0$, alors le système (4.1)-(4.2) est stabilisable avec un taux d'atténuation des perturbations γ.

Cette condition exprimée en termes d'une équation de Riccati est obtenue via la même *fonction de Lyapunov-Krasovskii* sur un espace produit, mais la solution $P \geq 0$ est moins restrictive que $P > 0$. Dans ce mémoire on ne considère pas explicitement ce type d'approche.

Si on considère γ *fixé* et si on suppose que le *problème d'atténuation des perturbations* a une solution pour le cas du système (4.5) sans états retardés "$A_d x(t - \tau)$," alors on peut considérer le *problème d'optimisation convexe* suivant : *trouver la loi de commande $u(t) = -Kx(t)$ qui maximise η^* et qui assure le taux d'atténuation des perturbations γ.*

Par conséquent, on a le problème d'optimisation suivant :

$$\begin{cases} \max_{Q,R,W} \ \eta^* \quad t.q. \\ \psi(\eta^*, Q, R, W) < 0 \end{cases}, \tag{4.12}$$

où

$$\psi(\eta^*, Q, R, W) = \begin{bmatrix} \begin{pmatrix} QA^T + AQ \\ +BW + W^T B^T \\ +\gamma^{-2} B_1 B_1^T + R \end{pmatrix} & \eta^* A_d Q & W^T \\ \eta^* Q A_d^T & -R & 0 \\ W & 0 & -I_m \end{bmatrix} < 0.$$

On a les propriétés suivantes :

► pour les matrices W et $R > 0$ données, le problème d'optimisation (4.12) consiste en la *minimisation de valeurs propres généralisées* qui est un *problème quasi-convexe standard* (voir Boyd *et al.* [25]);

► pour la matrice $Q > 0$ donnée, le problème d'optimisation (4.12) consiste en la *minimisation de valeurs propres* qui est un *problème convexe standard.*

Ces remarques permettent de formuler l'Algorithme suivant :

Algorithme : <u>*Pas 1*</u> *: Soit* $\gamma > 0$ *un réel positif.* $Q_0 > 0$, $R_0 > 0$ *la solution du problème d'atténuation pour le système* (4.5) *(voir, par exemple,* WANG *et al.* [279]*). Sinon, soit* $\gamma_1 > \gamma$ *et reconsidérer le même problème pour le système* (4.5)*.* *Pas 2* : *Pour Q donnée au pas précédent, trouver* η*, R et W solution du problème d'optimisation convexe suivant :*

$$\begin{cases} \max_{R,W} \; \eta \qquad \text{tel que} \\ \psi(\eta, R, W) < 0 \; \text{pour Q fixée.} \end{cases}$$

<u>*Pas 3*</u> *: Pour R et W données au pas précédent trouver* η *et Q solution du problème d'optimisation quasi-convexe suivant :*

$$\begin{cases} \max_{Q} \; \eta \qquad \text{tel que} \\ \psi(\eta, Q) < 0 \; \text{pour R et W fixées.} \end{cases}$$

et revenir au Pas 2 jusqu'à ce que η^* *converge avec la précision souhaitée.*

Chaque pas de cet algorithme peut être résolu avec des méthodes très efficaces numériquement (voir BOYD *et al.* [25]). Comme on a un problème combiné "convexe / quasi-convexe," on a la Proposition suivante :

Proposition (4.2.6)

L'algorithme donné ci-dessus donne une borne sous-optimale sur $\eta^*(Q^*, R^*, W^*)$, qui garantie que le système (4.1)-(4.2) est $(\eta^*, \gamma, \mathscr{S}_\infty)$ stabilisable sous-optimal avec un taux d'atténuation des perturbations γ.

Le retour d'état correspondant est $u(t) = W^* (Q^*)^{-1} x(t)$.

Optimisation du taux d'atténuation

Si la borne correspondante sur η^* est supérieure à 1, alors le système (4.1)-(4.2) est $(1, \gamma, \mathscr{S}_\infty)$ stabilisable sous-optimal par le retour d'état

$$u(t) = -Kx(t), \quad K \in \mathbb{R}^{m \times n}$$

avec un taux d'atténuation des perturbations γ.

Dans ce cas, on peut considérer le *problème d'optimisation* du taux d'atténuation γ pour $\eta^* = 1$ fixé, qui est un *problème de minimisation de valeurs propres*, i.e. un *problème convexe standard* (voir BOYD et al. [25]).

Retard variant dans le temps

Considérons maintenant le système (4.4)-(4.2) avec le retard τ *fonction continue* de l'ensemble $\mathcal{V}(r, \beta)$ ($\beta < 1$), i.e. une fonction continue et bornée par r, avec la dérivée continue et bornée par β. Dans ce contexte, le *problème d'atténuation des perturbations indépendamment de la taille du retard* revient à donner des *conditions suffisantes* pour avoir l'atténuation γ indépendamment de la valeur de r, pour un β fixé et supposé connu.

Dans ce cas, la *fonctionelle de Lyapunov-Krasovskii* devient :

$$V(x(t), x_t) = x(t)^T P x(t) + \frac{1}{1-\beta} \int_{-\tau}^{0} x(t+\theta)^T S x(t+\theta), \qquad (4.13)$$

fonction qui inclut l'*information β* sur la dérivée du retard.

Le *Théorème* 4.2.2 devient :

Proposition (4.2.7)

Soit le système (4.4)-(4.2) qui satisfait les Hypothèses 2.4.19 et 3.2.1. Le retard $\tau(t)$ est une fonction de la classe $\mathcal{V}(r, \beta)$ avec $\beta < 1$.

Soit η^* et γ deux réels positifs.

S'il existe deux matrices réelles, symétriques et définies positives P et S et une matrice $K \in \mathbb{R}^{m \times n}$ telles que :

$$\begin{bmatrix} \begin{pmatrix} (A-BK)^T P + P(A-BK) \\ +(C-DK)^T(C-DK) + \dfrac{1}{1-\beta}S \end{pmatrix} & \eta^* P A_d & P B_1 \\ \eta^* A_d^T P & -S & 0 \\ B_1^T P & 0 & -\gamma^2 I_p \end{bmatrix} < 0,$$

alors le système (4.1)-(4.2) est $(\eta^*, \gamma, \mathcal{S}_{v,\infty})$ stabilisable sous-optimal par un retour d'état $u(t) = -Kx(t)$.

En utilisant les même *idées*, les *Propositions* 4.2.4 et 4.2.6 peuvent être facilement étendues au cas d'un système à un retard variant dans le temps dans la classe $\mathcal{H}(r, \beta)$.

4.2.2 Approche multi-critère par LMIs

On a résolu dans le paragraphe précédent le *problème d'atténuation indépen-damment de la taille du retard* d'un système à états retardés via un retour d'état statique sans mémoire de la forme :

$$u(t) = -Kx(t), \quad K \in \mathbb{R}^{m \times n}$$

sous l'*Hypothèse* de *stabilisabilité de la paire* (A, B). Ce problème a été trans-formé en un *problème d'optimisation convexe* exprimé en termes de *LMIs*.

On considère maintenant le *problème d'atténuation des perturbations* pour un système à états retardés (4.1)-(4.2) en imposant des *restrictions supplémentaires* sur les *pôles du système en boucle fermée*, restrictions de type α-*stabilité*[3], (les racines de l'équation caractéristique associée se trouvent à gauche de la droite $\mathscr{R}e(s) = -\alpha$ du plan complexe).

Dans ce contexte, le *problème d'atténuation des perturbations* peut être formulé comme suit :

Problème (4.2.8)

Soit $\gamma > 0$ un réel positif. Calculer un retour d'état sans mémoire :

$$u(t) = -Kx(t), \quad K \in \mathbb{R}^{m \times n}$$

tel que :

(1) *le système en boucle fermée sans perturbations $(w(t) \equiv 0)$ est α-asymptotiquement stable (la solution a un taux de décroissance α, voir* BOURLÈS *[23],* NICU-LESCU *et al. [187])*

(2) *pour des conditions initiales nulles $(x_{t0} \equiv 0$ sur $[-\tau, 0]$ dans (4.2)), alors*

$$\| z(t) \|_2 < \gamma \| w(t) \|_2$$

pour toutes les perturbations $w \in \mathscr{L}_2[0, \infty)$.

Dans ce cas, le système (4.1)-(4.2) en boucle fermée est α-asymptotiquement stable avec un taux γ d'atténaution des perturbations.

Notons que dans le cas d'un système sans retard, CHILALI ET GAHINET [39] ont utilisé la notion de α-sous-optimalité pour le *taux d'atténuation* γ pour

---

[3]Dans ce cas, le terme *multi-critère* est utilisé pour désigner les deux contraintes à la fois : α-stabilité et l'atténuation de perturbations

désigner la propriété du système en boucle fermée d'être α-asymptotiquement stable avec le taux d'atténuation γ.

Si $\alpha = 0$ on retrouve le *problème standard d'atténuation des perturbations* traité précédemment.

En utilisant les *idées* données dans les chapitres précédents et en considérant la transformation $x(t) \rightarrow x(t)e^{\alpha(t-t_0)}$, alors le système (4.1)-(4.2) devient :

$$\begin{cases} \dot{x}(t) = (A + \alpha I_n)x(t) + A_d e^{\alpha\tau}x(t - \tau) + Bu(t) + B_1 w(t) \\ z(t) = Cx(t) + Du(t) \end{cases} \tag{4.14}$$

avec la condition initiale

$$x(t_0 + \theta) = \phi(\theta), \quad \forall\, \theta \in [-\tau, 0]; \quad (t_0, \phi) \in \mathbb{R}^+ \times \mathscr{C}_{n,\tau}^v, \tag{4.15}$$

système pour lequel on a le *problème standard d'atténuation des perturbations*.

La matrice A du système a été remplacée par la matrice $A + \alpha I_n$, l'Hypothèse 3.2.1 doit être changée par :

Hypothèse (4.2.9)

La paire $(A + \alpha I_n, B)$ est stabilisable.

Dans ce contexte, le *Théorème* 4.2.2 devient la *Proposition* suivante :

Proposition (4.2.10) [NICULESCU [189]]

Soit le système (4.1)-(4.2) tel que l'Hypothèse 4.1.4 est vérifiée et que la paire $(A + \alpha I_n, B)$ est stabilisable.

S'il existe deux matrices symétriques et définies positives P et S et une matrice $F \in \mathbb{R}^{m \times n}$ telles que :

$$\begin{bmatrix} A_{CL}^T P + P A_{CL} + C_{CL}^T C_{CL} + S & P A_d & P B_1 \\ A_d^T P & -S & 0 \\ B_1^T P & 0 & -\gamma^2 I_p \end{bmatrix} < 0 \tag{4.16}$$

$$\begin{bmatrix} A_{CL}^T P + P A_{CL} + S + 2\alpha P & P A_d e^{\alpha\tau} \\ e^{\alpha\tau} A_d^T P & -S \end{bmatrix} < 0 \tag{4.17}$$

alors le système (4.1)-(4.2) en boucle fermée est α-asymptotiquement stable avec un taux γ d'atténuation des perturbations.

L'idée de la *démonstration* consiste à utiliser la fonction de Lyapunov-Krasovskii (4.8) pour le système "transformé" (4.14)-(4.15).

Ce résultat nous permet d'introduire les *ensembles* suivants :

$$\gamma_{\alpha,\tau} \;=\; \inf\{\gamma > 0 \;:= (4.16)\text{-}(4.17) \text{ ont une solution}\} \tag{4.18}$$

$$\alpha_{\gamma,\tau} \;=\; \sup\{\alpha \geq 0 \;:= (4.16)\text{-}(4.17) \text{ ont une solution}\} \tag{4.19}$$

$$\tau_{\alpha,\gamma} \;=\; \sup\{\tau > 0 \;:= (4.16)\text{-}(4.17) \text{ ont une solution}\} \tag{4.20}$$

Notons qu'à chaque "quantité" dans (4.18)-(4.20) on peut associer un *problème d'optimisation convexe*. Le problème (4.18) peut être traité d'une manière similaire au cas des *systèmes linéaires sans retard* (voir CHILALI ET GAHINET [39]), mais les problèmes (4.19) et (4.20) sont *spécifiques* aux systèmes à états retardés.

Notons que (4.19) ne peut pas être transformée directement en un *problème d'optimisation convexe* parce que la LMI (4.17) est non-linéaire dans le paramètre α ("αQ" et "$e^{\alpha\tau}A_d Q$"), cas qu'on ne retrouve pas si le système est linéaire sans retard.

Par contre, (4.20) peut être facilement transformée en un *problème d'optimisation convexe* :

Problème (4.2.11) [Problème d'optimisation convexe]

Pour les réels positifs α et γ donnés, trouver le retard maximal $\tau(\alpha,\gamma)$ tel que le système en boucle fermée est α-asymptotiquement stable et il a le taux d'atténuation des perturbations γ.

En utilisant les même *idées* que dans le paragraphe précédent, on a le résultat suivant :

Proposition (4.2.12) [NICULESCU [189]]

Il existe deux matrices symétriques et positives définies P et S et une matrice $K \in \mathbb{R}^{m \times n}$ qui satisfont le Théorème 1 si et seulement s'il existe trois matrices $Q > 0$, $R > 0$ et $W \in \mathbb{R}^{m \times n}$ telles que

$$\begin{bmatrix} \begin{pmatrix} QA^T + AQ \\ +BW + W^T B^T \\ +\gamma^{-2}B_1 B_1^T + R \end{pmatrix} & A_d Q & W^T \\ QA_d^T & -R & 0 \\ W & 0 & -I_m \end{bmatrix} < 0 \tag{4.21}$$

$$\left[\begin{pmatrix} QA^T + AQ \\ + BW + W^T B^T \\ + R + 2\alpha Q \end{pmatrix} \quad A_d Q e^{\alpha \tau} \\ e^{\alpha \tau} Q A_d^T \qquad\qquad -R \right] < 0 \tag{4.22}$$

La démonstration est similaire à celle de la *Proposition* 4.2.4 et utilise les transformations matricielles : $Q = P^{-1} > 0$, $R = P^{-1}SP^{-1} > 0$ and $W = FP^{-1} \in \mathbb{R}^{m \times n}$.

Si on considère α et γ fixés, alors le *problème d'optimisation* du *retard* peut être réécrit comme suit :

$$\max_{Q,R,W} \quad \beta \quad t.q.$$

$$\begin{cases} \left[\begin{pmatrix} QA^T + AQ \\ + BW + W^T B^T \\ + \gamma^{-2} B_1 B_1^T + R \end{pmatrix} \quad A_d Q \quad W^T \\ QA_d^T \qquad\qquad -R \quad 0 \\ W \qquad\qquad 0 \quad -I_m \end{array} \right] < 0 \\[2em] \left[\begin{pmatrix} QA^T + AQ \\ + BW + W^T B^T \\ + R + 2\alpha Q \end{pmatrix} \quad A_d Q \beta \\ \beta Q A_d^T \qquad\qquad -R \end{array} \right] < 0 \end{cases} \tag{4.23}$$

Notons que si $\beta^*(Q^*, R^*, W^*)$ est la *valeur maximale* du *problème d'optimisation* (4.23), alors la borne maximale permise sur le retard τ est $\tau^*(Q^*, R^*, W^*)$, donné par la relation :

$$\tau^*(Q^*, R^*, W^*) = \frac{1}{\alpha} \ln[\beta^*(Q^*, R^*, W^*)].$$

En utilisant les même *idées*, le problème d'optimisation du β par rapport au triplet (Q, R, W) est un *problème* de type *"convexe / quasi-convexe"*, la solution obtenue est donc sous-optimale.

Une étude complète de ce problème est donnée dans NICULESCU [189].

Remarque (4.2.13) − *Dans cette section on a présenté seulement le cas d'une commande multi-critère qui satisfait seulement deux contraintes : une contrainte de type $\mathscr{H}_\infty$ et une contrainte de type α-stabilité. Notons qu'on peut imposer également d'autres contraintes sur le système, comme par exemple :* entrée bornée, sortie bornée. *Chaque contrainte supplémentaire peut s'exprimer en termes de* LMI *et le problème multi-critère est réduit à un problème de faisabilité en termes de plusieurs* LMIs.

4.2.3 Commande $\mathscr{H}_\infty$ robuste

Dans les chapitres précédents on a considéré les problèmes de *stabilité* et de *stabilisation robustes* dans un cadre relativement large où on a introduit plusieurs manières de décrire les incertitudes et plusieurs notions de *stabilité* ou *stabilisation robustes*. Dans ce chapitre, on particularise notre étude au cas des *incertitudes structurées*. On considère donc des systèmes linéaires *incertains* à états retardés de la forme :

$$\begin{cases} \dot{x}(t) = (A + \triangle A(t))x(t) + (A_d + \triangle A_d(t))x(t - \tau) \\ \quad + (B + \triangle B(t))u(t) + B_1 w(t) \\ z(t) = Cx(t) + Du(t) \end{cases}$$

avec la condition initiale

$$x(t_0 + \theta) = \phi(\theta), \quad \forall\, \theta \in [-\tau, 0]; \quad (t_0, \phi) \in \mathbb{R}^+ \times \mathscr{C}_{n,\tau}^v. \tag{4.24}$$

Les incertitudes *structurées* sont décrites par les relations :

$$\begin{cases} \triangle A(t) = LF(t)E_a; \\ \triangle A_d(t) = L_d F_d(t) E_d; \\ \triangle B(t) = L_b F_b(t) E_b; \end{cases} \tag{4.25}$$

où $F(t) \in \mathbb{R}^{i \times j}$, $F_d(t) \in \mathbb{R}^{i_d \times j_d}$ et $F_b(t) \in \mathbb{R}^{i_b \times j_b}$ sont des matrices inconnues, supposées variantes dans le temps et avec des éléments mesurables au sens de Lebesgue, qui satisfont :

$$F^T(t)F(t) \le I_j; \quad F_d^T(t)F_d(t) \le I_{j_d}; \quad F_b^T(t)F_b(t) \le I_{j_b}, \quad \forall\, t \tag{4.26}$$

et L_a, L_d, L_b, E_a, E_b et E_d sont des *matrices constantes* et *connues*, qui caractérisent comment les *paramètres incertains* en $F(t)$, $F_d(t)$ et $F_b(t)$ entrent dans les matrices nominales A, A_d et respectivement B.

Le *problème d'atténuation des perturbations indépendamment de la taille du retard* (par retour d'état sans mémoire) pour les systèmes sous la forme (4.24)-(4.26) est le suivant :

Problème (4.2.14)

Pour un $\gamma > 0$ donné, trouver le retour d'état sans mémoire

$$u(t) = -Kx(t), \quad K \in \mathbb{R}^{m \times n}$$

tel que le système en boucle fermée sans perturbations est uniformément asymptotiquement stable et pour des conditions initiales nulles le transfert H_{zw} a la norme $\mathscr{H}_\infty$ inférieure à γ.

De façon à simplifier les démonstrations, NICULESCU *et al.* [186] ont considéré une *hypothèse* supplémentaire : *la non-singularité de la matrice $R = E_b^T E_b$.*

Si la matrice E_b est singulière mais non-nulle, on peut utiliser l'approche de KHARGONEKAR *et al.* [120] pour le calcul des lois de commande stabilisantes dans un contexte incertain, mais sans retard.

Le cas *dégénéré $E_b \equiv 0$* est également traité dans NICULESCU *et al.* [186].

Dans ce contexte, on a le résultat suivant :

Théorème (4.2.15) [NICULESCU ET AL. [186]]

Soit le système (4.24)-(4.26) avec $L_b = L$, $F_b(t) = F(t)$ et qui satisfait les Hypothèses 2.4.19 et 3.2.1.
Soit γ un réel positif.
S'il existe une matrice réelle $S = S^T \geq 0$ et un réel positif $\varepsilon > 0$ tels que $E_d^T E_d < S$ et l'équation de Riccati

$$\left[A - \varepsilon B R_\varepsilon^{-1}(R_\varepsilon - I)R_\varepsilon^{-1} E_b^T E_a\right]^T P$$

$$+ P\left[A - \varepsilon B R_\varepsilon^{-1}(R_\varepsilon - I)R_\varepsilon^{-1} E_b^T E_a\right] + S$$

$$+ P\left[S_2(\varepsilon)S_2^T(\varepsilon) - B R_\varepsilon^{-1}(R_\varepsilon - I)R_\varepsilon^{-1} B^T\right] P$$

$$+ \varepsilon E_a^T\left[I - \varepsilon E_b R_\varepsilon^{-1}(R_\varepsilon - I)R_\varepsilon^{-1} E_b^T\right] E_a = 0 \qquad (4.27)$$

a une solution symétrique $P = P^T \geq 0$, où

$$R_\varepsilon = \varepsilon E_b^T E_b$$

$$S_2(\varepsilon,\gamma)S_2^T(\varepsilon,\gamma) = \varepsilon^{-1}LL^T + L_d L_d{}^T + \gamma^{-2}B_1 B_1^T$$
$$+A_d(S - E_d^T E_d)^{-1}A_d^T$$

alors le système (4.24)-(4.24) est stabilisable indépendamment de la taille de retard avec un taux d'atténuation γ pour le système en boucle fermée via le retour d'état sans mémoire

$$u(t) = -R_\varepsilon^{-1}(B^T P + \varepsilon E_b^T E_a)x(t).$$

Ce résultat peut s'éntendre au cas d'un système à *retard variant dans le temps*, où le retard est une fonction continue de la classe $\mathscr{V}(r, \beta)$ (voir NICULESCU *et al.* [186]).

Une approche similaire, mais sans construire explicitement la loi de commande et qui utilise une fonction de Lyapunov-Krasovskii d'une forme particulière (la matrice S est remplacée par la matrice identité I_n) a été considérée par XIE ET DE SOUZA [289]. Une extension de ce résultat dans le cas d'un retour de sortie peut être trouvée également dans WANG *et al.* [281, 280].

D'autres approches sur ce problème d'atténuation des perturbations dans un contexte incertain ont été considérées par KOJIMA ET ISHIJIMA [126] en utilisant une technique de *décomposition spectrale* donnée dans HALE ET VERDUYN LUNEL [97], KOJIMA ET ISHIJIMA [127] en utilisant le *"gap-metric"*, ou par KOJIMA *et al.* [129] en utilisant une approche *entrée-sortie* en termes d'*opérateurs de dimension infinie*. Des interprétations dans la théorie des jeux ont été considérées dans KOJIMA *et al.* [128].

4.3 Conclusions et perspectives

Dans ce chapitre, on a considéré le *problème d'atténuation des perturbations* d'un système linéaire à états retardés avec un *retard constant* ou *variant dans le temps* dans la classe $\mathscr{V}(r, \beta)$. On a donné des *conditions suffisantes* pour garantir une solution au *problème d'atténuation des perturbations indépendamment de la taille du retard*. On a étudié également le *problème d'atténuation des perturbations* si on impose des *restrictions supplémentaires*, de type α-*stabilité*, sur les *pôles* du système en boucle fermée. Tous ces problèmes ont été considérés via *un retour d'état sans mémoire*.

4.3.1 Retour de sortie sans mémoire

Tous ces résultats peuvent être facilement étendus au cas d'un système à états retardés en utilisant *un retour de sortie sans mémoire*. Notons que dans ce cas, le problème d'optimisation associé n'est pas sous une forme *LMI*, mais surtout un problème *non-convexe*, qui peut êtere formulé soit comme un problème de complémentarité, soit comme un problème de minimisation du rang, soit comme un problème de type *BMI* ("Bilinear Matrix Inequality", voir, par exemple, SAFONOV *et al.* [226] et les références incluses).

Des solutions ont été proposées pour le cas non retardé dans EL GHAOUI *et al.* [61] en utilisant un algorithme de linéarisation sur le cône de matrices sémi-définies positives.

Une autre technique a été proposé par GAHINET ET APKARIAN [75] (voir également GAHINET ET EL GHAOUI [60], qui utilisent des contraintes de type rang pour les contrôlleurs d'ordre réduit. Notons que ce type d'approche a été déjà considéré dans LI *et al.* [152, 153].

4.3.2 Le cas de plusieurs retards

Bien que ce cas ne soit pas considéré explicitement dans ce chapitre, tous les résultats présentés peuvent être facilement étendus à plusieurs retards en utilisant une *fonction de Lyapunov-Krasovskii* appropriée.

Dans ce cas, les résultats sont assez restrictifs, mais ils n'impliquent pas de *relations supplémentaires* entre les retards.

Conclusions finales

CHAPITRE 5

Conclusions finales

Dans ce *livre* on a étudié les *problèmes* d'analyse de la *stabilité* et de la *stabilisation par retour d'état statique sans mémoire* (ou le cas de l'entrée retardée) d'une classe de systèmes linéaires à états retardés dans le cas où le *retard* est vu comme un *paramètre* du système.

La *contribution principale* de ce livre *réside* en l'*étude* des *conditions de stabilité* ou de *stabilisation*, qui *n'incluent aucune information a priori sur la taille du retard*, i.e. la propriété est garantie pour n'importe quel *retard fini*. Cette *caractérisation* est appelée *indépendante de la taille du retard*. Toutes les autres conditions qui *font intervenir la taille du retard*, ont été appelées *en fonction de la taille du retard*.

5.1 Stabilité

On a considéré *plusieurs problèmes* sur la **stabilité asymptotique** d'un systèmee linéaire décrit par des équations différentielles à *états retardés*, soit dans le cas d'un *seul retard*, constant ou variant dans le temps, soit dans le cas de *plusieurs retards* commensurables ou non-commensurables.

Dans le cas d'un système a un *seul retard* le problème de stabilité qu'on a étudié peut être formulé comme suit :

Si le système linéaire sans retard ($\tau \equiv 0$)

$$\dot{x}(t) = (A + A_d)x(t), \quad A, A_d \in \mathbb{R}^{n \times n}$$

est asymptotiquement stable, quel est le retard maximal non-nul τ qui préserve encore la stabilité asymptotique du système à états retardés suivant :

$$\dot{x}(t) = Ax(t) + A_d x(t - \tau).$$

Dans ce cas, on n'a que *deux possiblités*, ou la stabilité asymptotique est assurée pour n'importe quel retard fini, ou il existe un retard non-nul pour lequel le système devient instable.

Lié à ce contexte, on a introduit *deux* ensembles dans l'*espace paramétrique* (A, A_d) :

- ▶ $\mathscr{S}_\infty$ - stabilité asymptotique indépendamment de la taille du retard) et
- ▶ $\mathscr{S}_\tau$ - stabilité asymptotique en fonction de la taille du retard).

Dans ce contexte, le problème de *stabilité asymptotique* se réduit à *donner* des *conditions nécessaires et suffisantes* (ou seulement *suffisantes*) qui garantissent chaque type de stabilité asymptotique et dans le cas de la stabilité asymptotique $\mathscr{S}_\tau$, à donner une *borne optimale* (ou *sous-optimale*) sur la taille du retard.

Deux types d'approches ont été considérées, l'approche fréquentielle par les *techniques de faisceaux matriciels* et une approche temporelle par les *techniques de type LMIs*.

5.1.1 Approche par faisceaux matriciels

Notre principale contribution dans ce contexte est l'*introduction* et l'*utilisation* de *deux faisceaux matriciels* :

- ► un faisceau associé au cas des *retards finis* et
- ► l'autre associé au cas du *retard infini*.

La *répartition* des *valeurs propres généralisées* des ces faisceaux par rapport au *cercle unité* nous a permis de donner des conditions *nécessaires et suffisantes* pour la stabilité asymptotique, soit *indépendamment de la taille du retard*, soit *en fonction de la taille du retard*. De plus, dans le cas $\mathscr{S}_\tau$, on donne également la borne *optimale* permise sur le retard telle que le système est asymptotiquement stable pour n'importe quelle valeur positive du retard inférieure à cette borne.

Cette approche peut être facilement étendue au cas de la *stabilité asymptotique* quand le retard se trouve dans un *intervalle* qui ne contient pas 0 (retard nul) (voir NICULESCU [199]) ou au cas d'un *système linéaire à plusieurs retards commensurables*. Notons également que le problème des *points d'équilibre hyperbolique* (l'équation caractéristique associée au système n'a pas de racines sur l'axe imaginaire) peut être traité de manière similaire (voir NICULESCU [200]).

L'inconvenient majeur de cette approche est l'impossibilité de traiter le cas où le retard est *variant dans le temps*.

5.1.2 Approche temporelle par techniques de type LMI

Ce type d'approche est basé sur l'utilisation de la *deuxième méthode de Lyapunov* spécifique aux équations différentielles fonctionnelles de type retardé (EDFR) combinée avec des *techniques de type LMI*. En effet, pour caractériser la stabilité asymptotique, on utilise soit une *approche par fonction de Lyapunov-Razumikhin*, soit une *approche par fonctionnelle de Lyapunov-Krasovskii* selon qu'on considère l'évolution du système dans un espace euclidien ou dans un espace de fonctions.

Notre principale contribution dans ce contexte a été la *conversion* du problème de stabilité, soit indépendamment, soit en fonction de la taille du retard en un *problème d'optimisation convexe* en termes d'*inégalités linéaires matricielles*. Dans le cas de la stabilité $\mathscr{S}_\tau$ on donne également une *borne sous-optimale* sur la taille du retard.

Les résultats obtenus sont seulement *suffisants*, donc plus restrictifs par rapport aux conditions obtenues par l'approche faisceaux matriciels. Malgré cet inconvénient, ces conditions sont facilement *extensibles* au cas d'un *retard variant dans le temps* ou au cas de *plusieurs retards*.

Ces conditions suffisantes permettent de traiter de façon unitaire les problèmes de stabilité asymptotique indépendamment ou en fonction de la taille du retard pour des systèmes linéaires à un seul ou à plusieurs retards.

Les techniques utilisées sont également applicables aux systèmes à états retardés avec des *incertitudes paramétriques* variantes dans le temps. Dans ce cadre on a résolu plusieurs *problèmes de stabilité robuste* qui sont des *extensions* des *résultats* obtenus dans le cas *sans incertitudes*.

Pour réduire le conservatisme de la méthode, *l'approche de* BARNEA [10] ou *l'approche de* INFANTE ET CASTELAN [111] présentent des potentialités intéressantes.

5.2 Stabilisation

Dans un deuxième temps on a considéré le problème de la **stabilisation** d'un système à états retardés via un **retour d'état sans mémoire**. En effet, on a considéré l'*effet* d'un retour d'état stabilisant pour le système *sans retard* sur la *taille permise du retard* du système *en boucle fermée*.

Dans le cas d'un *seul retard* le problème peut être formulé comme suit :
Si le système linéaire sans retard ($\tau \equiv 0$)

$$\dot{x}(t) \ = \ (A + A_d)x(t) + Bu(t), \quad A, A_d \in \mathbb{R}^{n \times n}, \quad B \in \mathbb{R}^{m \times n}$$

est stabilisable par un retour d'état de la forme

$$u(t) \ = \ -Kx(t), \quad K \in \mathbb{R}^{m \times n} \tag{5.1}$$

quel est le retard maximal non-nul τ qui assure encore la stabilité en boucle fermé du système à états retardés :

$$\dot{x}(t) \ = \ Ax(t) + A_d x(t - \tau) + Bu(t)$$

et quel est le retour d'état stabilisant $u(t) = -Kx(t)$, $K \in \mathbb{R}^{m \times n}$ correspondant.

L'analyse est basée sur la propriété de *commandabilité* de la paire matricielle (A, B). On a considéré les deux cas *extrêmes* : la paire est *commandable* et la paire n'est même pas *stabilisable*.

On a vu que la commandabilité de cette paire permet de *garantir* la stabilisation *indépendamment de la taille du retard* en utilisant, par exemple, une technique de type *placement de pôles*.

Si la paire (A, B) *n'est pas stabilisable*, alors le système ne peut être stabilisé qu'*en fonction de la taille du retard* dans certains cas (i.e. des structures particulières sur les matrices A_d et B).

Dans le cas où la paire (A, B) est *stabilisable*, on a donné des *conditions suffisantes* de stabilisation, soit indépendamment, soit en fonction de la taille du retard via un retour d'état statique sans mémoire en utilisant une *approche temporelle* basée sur les *techniques de type LMI*.

Notre principale contribution est la *conversion* du *problème de stabilisation par retour d'état statique* en un *problème* d'optimisation en termes de retard, ce qui permet de trouver la loi de commande stabilisante qui maximise de façon *sous-optimale* la taille permise du retard pour le système en boucle fermée.

Les techniques considérées dans ce cas peuvent être facilement étendues au cas d'un *système à états retardés* à *plusieurs retards* ou au cas des systèmes avec des *incertitudes paramétriques* bornées en norme et variantes dans le temps.

Les conditions suffisantes de stabilisation par retour statique sans mémoire proposées permettent d'analyser la stabilité du système en boucle fermée en fonction ou non de la taille du retard.

Un autre problème considéré est le cas d'un système à une entrée retardée, i.e. un problème de la forme :

Si le système linéaire sans retard ($\tau \equiv 0$)

$$\dot{x}(t) = Ax(t) + Bu(t), \quad A, A_d \in \mathbb{R}^{n \times n}, \quad B \in \mathbb{R}^{m \times n}$$

est stabilisable par un retour d'état de la forme

$$u(t) = -Kx(t), \quad K \in \mathbb{R}^{m \times n} \tag{5.2}$$

quel est le retard maximal non-nul τ qui assure encore la stabilité en boucle fermé du système à états retardés :

$$\dot{x}(t) = Ax(t) + Bu(t - \tau)$$

et quel est le retour d'état stabilisant $u(t) = -Kx(t)$, $K \in \mathbb{R}^{m \times n}$ correspondant.

Dans ce cas, on a vu que le système en boucle fermée est stable en fonction de la taille du retard si la matrice A est instable. Le calcul de la borne sous-optimale sur le retard a été fait en utilisant le même type d'algorithme "convexe / quasi-convexe."

Deux autres problèmes ont été abordés :

► la *construction* des *plans de discontinuité* pour les systèmes à retard à *modes glissants* et

► la *stabilité absolue* d'un système en boucle avec une *caractéristique non linéaire* comprise dans un *secteur*.

Le même approche peut être étendue au cas des systèmes à retard à *entrée contrainte* (voir également NICULESCU *et al.* [192] ou au cas des *systèmes bilinéaires* à états retardés (NICULESCU *et al.* [191]).

Les conditions de stabilisation exprimées en termes du paramètre retard peuvent alors être *locales* ou *globales*.

5.3 Contrôle $\mathcal{H}_\infty$

Un dernier problème traité dans ce livre concerne la **synthèse** d'une **loi de commande** $\mathcal{H}_\infty$ **sans mémoire** stabilisante qui assure un certain **taux d'atténuation des perturbations** pour un système à un seul retard *constant*.

Nous nous sommes intéressés seulement au cas de la *stabilisation* $\mathcal{H}_\infty$ *indépendamment de la taille du retard*. L'approche utilisée est une *approche temporelle* via les *techniques de type LMI*.

Notre principale contribution *réside* dans l'analyse du problème de stabilisation $\mathcal{H}_\infty$ en termes du *retard*. On a étudié également le *problème d'atténuation des perturbations* dans le cas où les pôles du système en boucle fermée satisfont quelques contraintes supplémentaires de type α-stabilité. Dans ce cas, on a proposé une *borne sous-optimale* sur la taille du retard, ainsi que la loi de commande correspondante.

Les conditions obtenues sont seulement *suffisantes* et peuvent être facilement étendues au cas d'un système à *retard variant dans le temps* ou au cas d'un système à *plusieurs retards*. Nous avons étendu tous ces résultats au cas où le système à retard a des incertitudes paramétriques variantes dans le temps.

Mesures de matrices

CHAPITRE À

Mesures de matrices

Dans cette section, on otroduit la notion de *mesure de matrice*, ainsi que quelques propriétés algèbriques associées (voir également DESOER ET VIDYASAGAR [52]).

Définition (A.0.1)

Soit $X \in \mathbb{C}^{n \times n}$ une matrice complexe. La mesure de la matrice X induite par la norme $\| \cdot \|$ est définie par :

$$\mu_\cdot(X) = \lim_{h \to 0^+} \frac{\|I_n + hX\|_\cdot - 1}{h} \tag{A.1}$$

$\square$

Proposition (A.0.2)

Soit $X \in \mathbb{C}^{n \times n}$ et $Y \in \mathbb{C}^{n \times n}$ deux matrices complexes. Alors on a les propriétés suivantes :

(1) $\mathscr{R}e(\lambda_i(X)) \leq \mu(X)$.
(2) $-\mu(jX) \leq \mathscr{I}m\, \lambda_i(X) \leq \mu(-jX)$.
(3) $\mu(X + Y) \leq \mu(X) + \mu(Y)$.
(4) $\mu(X) \leq \|X\|$.
(5) $\mu(\alpha X) = \alpha \mu(X), \forall \alpha \geq 0$.

Pour une matrice $X \in \mathbb{C}^{n \times n}$, $X = [x_{ij}]_{i,j=\overline{1,n}}$ les *mesures* $\mu_\cdot(X)$, où $\cdot = 1, 2, \infty$ sont données par :

$$\begin{cases} \mu_1(X) = \max_k \left(\mathscr{R}e(x_{kk}) + \sum_{i=1, i \neq k}^{n} |x_{ik}| \right), \\ \mu_2(X) = \frac{1}{2} \max_k \lambda_k(X^* + X), \\ \mu_\infty(X) = \max_i \left(\mathscr{R}e(x_{ii}) + \sum_{k=1, k \neq i}^{n} |x_{ik}| \right) \end{cases} \tag{A.2}$$

Produits et sommes de Kronecker

Produits et sommes de Kronecker

B.1   Produits de Kronecker

Dans cette section, on introduit et on analyse une *application* définie sur $\mathbb{R}^{m \times l} \times \mathbb{R}^{n \times k}$ (ou $\mathbb{C}^{m \times l} \times \mathbb{C}^{n \times k}$) et qui prend ses valeurs dans $\mathbb{R}^{mn \times lk}$ ($\mathbb{C}^{mn \times lk}$), mais en considérant de plus près le cas des matrices carées, i.e $l = m$ et $k = n$. Des études plus détaillées se trouvent dans MARCUS [163] et dans LANCASTER ET TISMENETSKY [141] (voir également les références incluses).

Définition (B.1.1)

Si $A = [a_{ij}]_{i,j=\overline{1,m}} \in \mathbb{R}^{m \times m}$, $B = [b_{ij}]_{i,j=\overline{1,n}} \in \mathbb{R}^{n \times n}$, alors le *produit Kronecker à droit* (ou le *produit direct* ou *tensoriel*) entre les matrices A et B est défini par la matrice partitionnée suivante :

$$
A \otimes B = \begin{bmatrix} a_{11}B & a_{12}B & \ldots & a_{1m}B \\ a_{21}B & a_{22}B & \ldots & a_{2m}B \\ \vdots & \vdots & \ddots & \vdots \\ a_{m1}B & a_{m2}B & \ldots & a_{mm}B \end{bmatrix} = [a_{ij}B]_{i,j=\overline{1,m}} \in \mathbb{R}^{mn \times mn}
$$

(B.1)

$\square$

En utilisant les même idées, on peut définir le *produit Kronecker à gauche* entre les matrices A et B, qui sera de la forme :

$$
\begin{bmatrix} Ab_{11} & Ab_{12} & \ldots & Ab_{1n} \\ Ab_{21}B & Ab_{22}B & \ldots & Ab_{2n} \\ \vdots & \vdots & \ddots & \vdots \\ Ab_{n1} & Ab_{n2} & \ldots & Ab_{nn} \end{bmatrix} = [Ab_{ij}]_{i,j=\overline{1,n}} \in \mathbb{R}^{mn \times mn}
$$

et qui a des propriétés similaires au cas du *produit Kronecker à droit*. Pour simplifier la présentation, on va utiliser la notion de *produit de Kronecker* pour le *produit Kronecker à droit*.

Nous avons les propriétés suivantes (voir également LANCASTER ET TISMENETSKY [141]) :

Proposition (B.1.2)

1) Si $A = [a_{ij}]_{i,j=\overline{1,m}}$, alors :

(1.a) $I_n \otimes A = \text{diag}(A, \ldots, A)$.

(1.b) $A \otimes I_n = \begin{bmatrix} a_{11}I_n & a_{12}I_n & \ldots & a_{1m}I_n \\ a_{21}I_n & a_{22}I_n & \ldots & a_{2m}I_n \\ \vdots & \vdots & \ddots & \vdots \\ a_{m1}I_n & a_{m2}I_n & \ldots & a_{mm}I_n \end{bmatrix}$.

(1.c) $I_m \otimes I_n = I_{mn}$.

2) Si A, B, C et D sont des matrices de bonnes dimensions, telles que les opérations suivantes sont définies, alors :

(2.a) Si $\alpha \in \mathbb{R}$, alors $(\alpha A) \otimes B = A \otimes (\alpha B) = \alpha(A \otimes B)$.

(2.b) $(A + B) \otimes C = (A \otimes C) + (B \otimes C)$.

(2.c) $A \otimes (B + C) = (A \otimes B) + (A \otimes C)$.

(2.d) $A \otimes (B \otimes C) = (A \otimes B) \otimes C$.

(2.e) $(A \otimes B)^T = A^T \otimes B^T$.

(2.f) $(A \otimes B)(C \otimes D) = AC \otimes BD$.

(2.g) $A \otimes B = (A \otimes I_n)(I_m \otimes B)$, si $A \in \mathbb{R}^{m \times m}$ et $B \in \mathbb{R}^{n \times n}$.

(2.h) $(A \otimes B)^{-1} = A^{-1} \otimes B^{-1}$, si A^{-1} et B^{-1} existent.

Introduisons maintenant la notion de *somme de Kronecker* :

Définition (B.1.3)

Si $A = [a_{ij}]_{i,j=\overline{1,m}} \in \mathbb{R}^{m \times m}$, $B = [b_{ij}]_{i,j=\overline{1,n}} \in \mathbb{R}^{n \times n}$, alors la *somme de Kronecker* est définie par :

$$A \oplus B = (I_n \otimes A) + (B \otimes I_m). \tag{B.2}$$

$\square$

En utilisant les propriétés du produit du Kronecker données dans la *Proposition* B.1.2, on peut obtenir des résultats similaires pour le cas d'une *somme de Kronecker*. Pour simplifier la présentation, elles ne sont présentées explicitement dans cette annexe. Notons que les noms de produit et respectivement de somme de Kronecker sont liés aux propriétés algébriques des matrices composites associées en termes des valeurs propres.

B.2 Valeurs propres des matrices composites

Un des raisons principaux d'utiliser le produit de Kronecker est constitué par les connections simples qui existent entre mes valeurs propres des matrices A et B et les valeurs propres de la matrice $A \otimes B$.

Considérons un polynôme p en deux variables x et y, défini comme suit :

$$p : \mathbb{C} \times \mathbb{C} \mapsto \mathbb{C}, \quad p(x,y) = \sum_{i,j=0}^{l} c_{ij} x^i y^j,$$

Si $A \in \mathbb{C}^{m \times m}$ et $B \in \mathbb{C}^{n \times n}$, alors on considère en $\mathbb{C}^{mn \times mn}$, une matrice $p(A,B)$ de la forme :

$$p(A,B) = = \sum_{i,j=0}^{l} c_{ij} A^i \otimes B^j. \tag{B.3}$$

On a le théorème suivant (due à STEPHANOS [240], voir également LANCASTER ET TISMENTESKY [141]) :

Théorème (B.2.1)

Si λ_k $(k = \overline{1,m})$ sont les valeurs propres de la matrice A et μ_r $(r = \overline{1,n})$ sont celles de la matrice B, alors les valeurs propres de la matrice $p(A,B)$ sont données par $p(\lambda_k, \mu_r)$, $k = \overline{1,m}$ et $r = \overline{1,n}$.

Comme conséquence directe de ce résultat, on a le *Corollaire* suivant :

Corollaire (B.2.2)

Soit A et B deux matrices complexes ayant les valeurs propres λ_k $(k = \overline{1,m})$ et μ_r $(r = \overline{1,n})$, respectivement. Alors :

(1) Les valeurs propres de la matrice $A \otimes B$ sont données par :

$$\lambda(A \otimes B) = \{\lambda_k \mu_r \quad : \quad k = \overline{1,m}, \quad r = \overline{1,n}\}. \tag{B.4}$$

(2) Les valeurs propres de la matrice $A \oplus B$ sont données par :

$$\lambda(A \oplus B) = \{\lambda_k + \mu_r \quad : \quad k = \overline{1,m}, \quad r = \overline{1,n}\}. \tag{B.5}$$

B.3   Autres matrices composites

On a vu dans les sections précédentes quelques avantages des prduits de Kronecker du point de vue algèbrique et calculatoire. Mais il existe un inconvenient majeur - la *dimension* des *matrices composites* ainsi obtenues.

Dans cette section on introduit d'autres matrices composites, basées sur des définitions différentes du produit (somme) tensoriel(le). Notons que ces produits (sommes) sont définis seulement pour des matrices carées (voir Qiu ET DAVISON [**219**] ou MARCUS [**163**]).

Définition (B.3.1)

(1) Si $A = [a_{ij}]_{i,j=\overline{1,n}} \in \mathbb{R}^{n \times n}$, $B = [b_{ij}]_{i,j=\overline{1,n}} \in \mathbb{R}^{n \times n}$, alors on introduit les *produits tensoriels* entre les matrices A et B suivants :

➤ $p_\otimes(A, B) = A\bar{\otimes}B = [c_{ij}]_{i,j=\overline{1,p}}$, où $p = \dfrac{n(n+1)}{2}$ et c_{ij} est donné par :

$$
c_{ij} = \begin{cases}
a_{i_1 j_1} b_{i_1 j_1} & \text{si} \quad i_1 = i_2, \quad j_1 = j_2 \\[2mm]
\dfrac{1}{2}\left(a_{i_1 j_1} b_{i_2 j_2} + a_{i_1 j_2} b_{i_2 j_1} + \right. & \\
\left. + a_{i_2 j_1} b_{i_1 j_2} + a_{i_2 j_2} b_{i_2 j_2}\right) & \text{si} \quad i_1 \neq i_2, \quad j_1 \neq j_2 \\[2mm]
\dfrac{\sqrt{2}}{2}\left(a_{i_1 j_1} b_{i_2 j_2} + a_{i_2 j_2} b_{i_2 j_2}\right) & \text{autrement,}
\end{cases}
$$

(B.6)

où (r_1, s_1) représente la r-ième paire de la suite :

$$(1,1), (1,2), \ldots (1,n), (2,2), \ldots (2,n), (3,3), \ldots (n-1,n), (n,n).$$

➤ $p_\otimes(A, B) = A\tilde{\otimes}B = [c_{ij}]_{i,j=\overline{1,p}}$, où $p = \dfrac{n(n-1)}{2}$ et c_{ij} est donné par :

$$c_{ij} = \frac{1}{2}\left(a_{i_1 j_1} b_{i_2 j_2} - a_{i_1 j_2} b_{i_2 j_1} + a_{i_2 j_1} b_{i_1 j_2} + a_{i_2 j_2} b_{i_2 j_2}\right),$$

(B.7)

où (r_1, s_1) représente la r-ième paire de la suite :

$$(1,2), (1,3), \ldots (1,n), (2,3), \ldots (2,n), (3,4), \ldots (n-1,n).$$

(2) La *somme tensorielle* de matrices $A \in \mathbb{C}^{n \times n}$ et $B \in \mathbb{C}^{n \times n}$ associée au produit tensoriel $p_\otimes$ est définie par :

$$p_\oplus(A, B) = p_\otimes(I_p, A) + p_\otimes(B, I_p). \tag{B.8}$$

□

Une description complète des relations existantes entre ces nouveaux produits et le produit de Kronecker "classique" se trouve dans MARCUS [163] (théorie des opérateurs) ou dans QIU ET DAVISON [219]. Le résultat qui met mieux en valeur les propriétés algèbriques des notions introduites est le suivant :

Corollaire (B.3.2)

Soit $A \in \mathbb{C}^{n \times n}$ une matrice complexe ayant les valeurs propres λ_k $(k = \overline{1, n})$. Alors les valeurs propres de la matrice $p_\oplus(A, B)$ sont données par :

$$\lambda(A \bar{\oplus} A) = \{\lambda_k + \lambda_r \quad : \quad k = \overline{1, n}, \quad r \geq k\}, \tag{B.9}$$

$$\lambda(A \tilde{\oplus} A) = \{\lambda_k + \lambda_r \quad : \quad k = \overline{1, n}, \quad r > k\}, \tag{B.10}$$

Inégalités linéaires matricielles (LMI)

Inégalités linéaires matricielles (LMI)

C.1 Définitions

Définition (C.1.1)

BOYD *et al.* [25] Une inégalité de la forme :

$$\mathscr{F}(x) = F_0 + \sum_{i=1}^{m} x_i F_i > 0, \qquad \text{(C.1)}$$

où $x \in \mathbb{R}^m$ est la variable et les matrices symétriques F_i ($F_i = F_i^T$, $F_i \in \mathbb{R}^{n \times n}$) sont données, s'appele *inégalité linéaire matricielle* (LMI). $\square$

L'inégalité $\mathscr{F}(x) > 0$ signifie que la matrice $F(x)$ est positive définie, i.e. $v^T \mathscr{F}(x) v > 0$, pour tout $v \in \mathbb{R}^n$, $v \neq 0$. D'autres remarques, ainsi qu'un tour d'horizon sur l'application de ces LMI dans le contrôle sont donnés dans BOYD *et al.* [25].

Dans la forme (C.1), la *variable* est un *vecteur*, mais on peut considérer des cas où la *variable* est une *matrice* (voir les LMIs considérés dans cet ouvrage), etc.

C.2 Problèmes LMI standard

Dans cette section, on considère deux problèmes LMI standard :

- ➤ le *problème des valeurs propres* (EVP) - minimisation de la valeur propre maximale d'une matrice qui dépend affinement d'une variable sous une contrainte de type LMI;
- ➤ le *problème des valeurs propres généralisées* (GEVP) - minimisation de la valeur propre généralisée maximale d'une paire de matrices qui dépend affinement d'une variable sous une contrainte de type LMI.

C.2.1 Problème des valeurs propres (EVP)

La forme générale d'un EVP est :

$$\begin{cases} \text{minimiser } \lambda \text{ tel que} \\ \lambda I_n - A(x) > 0, \quad B(x) > 0 \end{cases}, \tag{C.2}$$

où les matrices $A(x)$ et $B(x)$ sont des matrices symétriques, x est la variable d'optimisation et la dépendance est affine.

Une forme équivalente est de *minimiser une fonction linéaire* sous une contrainte de type LMI :

$$\begin{cases} \text{minimiser } c^T x \text{ tel que} \\ \mathscr{F}(x) > 0 \end{cases}, \tag{C.3}$$

où $\mathscr{F}$ est une fonction affine en x.

Une autre forme équivalente est :

$$\begin{cases} \text{minimiser } \lambda \text{ tel que} \\ \mathscr{F}(x, \lambda) > 0 \end{cases}, \tag{C.4}$$

où $\mathscr{F}$ est une fonction affine en (x, λ).

C.2.2 Problème des valeurs propres généralisées (GEVP)

La forme générale d'un GEVP est :

$$\begin{cases} \text{minimiser } \lambda \text{ tel que} \\ \lambda B(x) - A(x) > 0, \quad B(x) > 0, \quad C(x) > 0 \end{cases}, \tag{C.5}$$

où les matrices $A(x)$, $B(x)$ et $C(x)$ sont des matrices symétriques, affines dans la variable d'optimisation x. Le problème (C.5) peut être réécrit sous la forme :

$$\begin{cases} \text{minimiser } \lambda_{max}(B(x), A(x)) \text{ tel que} \\ B(x) > 0, \quad C(x) > 0 \end{cases}, \tag{C.6}$$

où $\lambda_{max}(B, A)$ signifie la valeur propre généralisée maximale du faisceau matriciel $\lambda B - A$.

Une forme équivalente de ce problème est :

$$\left\{ \begin{array}{l} \text{minimiser } \lambda \text{ tel que} \\ A(x, \lambda) > 0 \end{array} \right. , \qquad \text{(C.7)}$$

où $A(x, \lambda)$ satisfait les conditions suivantes :

- ► A est affine en x pour λ fixé, et reciproquement, A est affine en λ pour x fixé.
- ► Pour x fixé, A satisfait la condition de monotonicité :

$$\lambda > \mu \Rightarrow A(x, \lambda) \geq A(x, \mu).$$

Notons que si EVP est un *problème d'optimisation convexe*, par contre GEVP est un *problème d'optimisation quasi-convexe* (contrainte convexe, mais la fonction objective est quasi-convexe). D'autres remarques et commentaires se trouvent dans BOYD *et al.* [25] et NESTEROV ET NEMIROVSKII [178].

C.3 $\mathscr{S}$-procédure

Dans cette section, on donne la $\mathscr{S}$-procédure pour des fonctions quadratiques et des inégalités non-strictes. D'autres remarques et commentaires, ainsi qu'une riche bibliographie sur le sujet se trouvent dans BOYD *et al.* [25] et YAKUBOVICH [295].

Théorème (C.3.1) [$\mathscr{S}$-procédure pour des fonctions quadratiques]

Soit $F_0, \ldots F_q$ des fonctions quadratiques de variable $\xi \in \mathbb{R}^n$:

$$F_i(\xi) = \xi^T T_i \xi + 2u_i^T \xi + v_i, \quad \imath = 0, \ldots q \qquad \text{(C.8)}$$

où $T_i = T_i^T$. Considérons la condition suivante sur $F_0, \ldots F_q$:

$$(A) \quad F_0(\xi) \geq 0 \quad \forall \xi \quad \text{telle que} \quad F_i(\xi) \geq 0, \quad i = 1, \ldots q$$

Alors, si il existe $\delta_1 \geq 0, \ldots \delta_q \geq 0$, tels que pour tout ξ,

$$F_0(\xi) - \sum_{i=0}^{q} \delta_i F_i(\xi) \geq 0,$$

> alors la propriété (A) est vérifiée.
> Si $q = 1$, alors la reciproque est aussi vraie.

Notons que dans le chapitre 2, on s'intéresse à un problème de la forme : *trouver* la variable matricielle P, $P = P^T > 0$:

► Pour tout $\xi_1 \neq 0$ et ξ_2 on a :

$$
\begin{cases}
\xi_2^T \xi_2 \leq \xi_1^T C^T C \xi^1 \\[2mm]
\begin{bmatrix} \xi_1 \\ xi_2 \end{bmatrix} \cdot \begin{bmatrix} A^T P + PA & PB \\ B^T P & 0 \end{bmatrix} \cdot \begin{bmatrix} \xi_1 \\ xi_2 \end{bmatrix} < 0.
\end{cases}
\tag{C.9}
$$

► Si on applique la $\mathscr{S}$-procédure donnée auparavant, (C.9) est équivalente à l'*existence* d'un réel et positif δ, tel que :

$$
\begin{bmatrix} A^T P + PA + \delta C^T C & PB \\ B^T P & -\delta I \end{bmatrix} < 0.
\tag{C.10}
$$

Par conséquent, le problème de trouver une matrice P, symétrique et définie positive qui satisfait les contraintes (C.9) est réduit au problème de faisabilité (C.10), qui est une LMI ayant comme variables : P et δ.

Références bibliographiques

[1] G. Abdallah, P. Dorato, J. Benitez-Read et R. Byrne, "Delayed positive feedback can stabilize oscillatory systems," *Proc. American Contr. Conf.*, pp. 3106-3107, 1993.

[2] P. Agathoklis et S. Foda, "Stability and matrix Lyapunov equation for delay differential systems," *Int. J. Contr.*, **49**, pp. 417-432, 1989.

[3] C. F. Alastruey, M. de la Sen et V. Etxebarria, "A method to obtain sufficient conditions for the stability of a class of internally delayed systems under a Taylor series representation," *Proc. 1992 Amer. Contr. Conf.*, Chicago, Illinois, U.S.A., pp. 1935-1939, 1992.

[4] L. V. Ahlfors, *Complex Analysis*, 3rd Ed., McGraw-Hill Book Company, New York, 1979.

[5] U. an der Heiden, "Oscillations and chaos in nonlinear delay differential equations with applications in physiology," *Proc. of 1st World Congr. Nonlinear Anal.'92*, vol. **1**, pp. 3095-3107, 1996.

[6] T. Amemyia, "Delay-independent stability of higher-order systems," *Int. J. Contr.*, **50**, pp. 139-149, 1989.

[7] T. Amemyia, "On the delay-independent stability of a delayed differential equation of a 1st order," *J. Math. Anal. Appl.*, **142**, pp. 13-25, 1989.

[8] Z. Artstein, "Linear systems with delayed controls : A reduction," *IEEE Trans. Automat. Contr.*, **AC-27**, pp. 869-879, 1982.

[9] B. R. Barmish et Z. Shi, "Robust stability of perturbed systems with time-delays," *Automatica*, **25**, pp. 371-381, 1989.

[10] D. I. Barnea, "A method and new results for stability and instability of autonomous functional differential equations," *SIAM J. Appl. Math.*, **17**, pp. 681-697, 1969.

[11] A. C. Bartlett, C. V. Hollot et H. Lin, "Root locations of an entire polytope of polynomials : it suffices to check the edges," *Math. Contr., Sign. & Syst.*, **1**, pp. 61-71, 1988.

[12] T. Başar et P. Bernhard, H^∞-*optimal control and relaxed minmax design problems : A dynamic game approach*, Birkhauser, Boston, 1991.

[13] J. Bélair, "Stability in delayed neural networks," in *Ordinary and delay differential equations*, J. WIENER et J. K. HALE (Editors), Pitman Research Notes Math. Series, **272**, pp. 6-9, John Wiley & Sons, 1992.

[14] J. Bélair, S. A. Campbell et P. van den Driessche, "Frustration, stability, and delay-induced oscillations in a neural network model," *SIAM J. Appl. Math.*, **56**, pp. 245-255, 1996.

[15] R. E. Bellman, "Vector Lyapunov functions," *SIAM J. Contr.*, Ser. A, **1**, pp. 33-34, 1962.

[16] R. E. Bellman et K. L. Cooke, *Differential-Difference Equations*, Academic Press, New York, 1963.

[17] A. Bensoussan, G. da Prato, M. C. Defour et S. K. Mitter, *Representation and

control of infinite dimensional systems, Syst. & Control : Foundation & Appl., 2 volumes, Birkhäuser, Boston, 1993.

[18] S. J. Bhatt et C. S. Hsu, "Stability criteria for second-order dynamical systems with time lag," *J. Appl. Mech.*, pp. 113-118, 1966.

[19] O. Bilous et N. Admundson, "Chemical reactor stability and sensitivity," *AI ChE Journal*, **1**, pp. 513-521, 1955.

[20] F. G. Boese, "Stability conditions for the general linear difference-differential equation with constant coefficients and one constant delay," *J. Math. Anal. Appl.*, **140**, pp. 136-176, 1989.

[21] F. G. Boese, "Stability in a special class of retarded difference-differential equations with interval-valued parameters," *J. Math. Anal. Appl.*, **181**, pp. 367-368, 1994.

[22] F. G. Boese, "Stability criteria for second-order dynamical systems involving several delays," *SIAM J. Math. Anal.*, **26**, p. 1306-1330, 1995.

[23] H. Bourlès, "α-stability of systems governed by a functional differential equation - extension of results concerning linear delay systems," *Int. J. Contr.*, **45**, pp. 2233-2234, 1987.

[24] S. Boyd et C. A. Desoer, "Subharmonic functions and performance bounds in linear time-invariant feedback systems," *IMA J. Math. Contr. Info.*, **2**, pp. 153-170, 1985.

[25] S. Boyd, L. El Ghaoui, E. Feron et V. Balakrishnan, *Linear matrix inequalities in system and control theory*, SIAM Studies in Applied Mathematics, **15**, 1994.

[26] S. D. Brierley, J. N. Chiasson, E. B. Lee et S. H. Zak, "On stability independent of delay for linear systems," *IEEE Trans. Automat. Control*, **AC-27**, pp. 252-254, 1982.

[27] T. A. Burton, *Stability and periodic solutions of ordinary and functional differential equations*, Mathematics in Science and Eng., **178**, Academic Press, New York, 1985.

[28] M. Buslowicz, "Sufficient conditions for instability of delay differential systems," *Int. J. Contr.*, **37**, pp. 1311-1321, 1983.

[29] S. A. Campbell et J. Bélair, "Multiple-delayed differential equations as models for biological control systems," *Proc. of 1st World Congr. Nonlinear Anal.'92*, vol. 1, pp. 3109-3117, 1996.

[30] J. Chen, "On computing the maximal delay intervals for stability of linear delay systems," *IEEE Trans. Automat. Contr.*, **40**, pp. 1087-1093, 1995.

[31] J. Chen et H. A. Latchman, "Frequency sweeping tests for stability independent of delay," *IEEE Trans. Automat. Contr.*, **40**, pp. 1640-1645, 1995.

[32] J. Chen, D. Xu et B. Shafai, "On sufficient conditions for stability independent of delay," *Proc. 1994 Amer. Contr. Conf*, Baltimore, Maryland, U.S.A., pp. 1929-1933, 1994.

[33] J. Chen, G. Gu et C. N. Nett, "A new method for computing delay margins for stability of linear delay systems," *Proc. 33rd IEEE CDC*, Lake Buena Vista, Florida, U.S.A., pp. 433-437, 1994.

[34] E. Cheres, S. Gutman et Z. J. Palmor, "Robust stabilization of uncertain dynamic systems including state delay," *IEEE Trans. Automat. Contr.*, **34**, pp. 1199-1203, 1989.

[35] E. Cheres, S. Gutman et Z. J. Palmor, "Quantitative measures of robustness for systems including delayed perturbations," *IEEE Trans. Automat. Contr.*, **34**, pp. 1203-1204, 1989.

[36] J. Chiasson, "A method for computing the interval of delay values for which a differential-delay system is stable," *IEEE Trans. Automat. Contr.*, **33**, pp. 1176-1178, 1988.

[37] J. N. Chiasson, S. D. Brierley et E. B. Lee, "A simplified derivation of the Zeheb-Walach 2-D stability test with applications to time-delay systems," *IEEE Trans. Automat. Contr.*, **AC-30**, pp. 411-414, 1985.

[38] J. N. Chiasson, S. D. Brierley et E. B. Lee, "Corrections to 'A simplified derivation of the Zeheb-Walach 2-D stability test with applications to time-delay systems," *IEEE Trans. Automat. Contr.*, **AC-31**, pp. 91-92, 1986.

[39] M. Chilali et P. Gahinet, "$\mathcal{H}_\infty$ design with an α-stability constraint : An LMI approach," *Proc. IFAC Workshop on Robust Control Design*, Rio de Janeiro, Brazil, pp. 307-312, 1994.

[40] H. H. Choi et M. J. Chung, "Memoryless $\mathcal{H}_\infty$ controller design for linear systems with delayed state and control," *Automatica*, **31**, pp. 917-919, 1995.

[41] H. H. Choi et M. J. Chung, "Memoryless stabilization for uncertain dynamic systems with time-varying delayed states and control," *Automatica*, **31**, pp. 1349-1351, 1995.

[42] K. L. Cooke et J. M. Ferreira, "Stability conditions for linear retarded functional differential equations," *J. Math. Annal. Appl.*, **96**, pp. 480-504, 1983.

[43] K. L. Cooke et P. van den Driessche, "On zeroes of some transcendental equations," *Funkcialaj Ekvacioj*, vol. 29, pp. 77-90, 1986.

[44] C. W. Cryer, "Numerical methods for functional differential equations," *in "Delay and Functional Differential Equations and their Applications"*, Academic Press, New York, 1972.

[45] R. F. Curtain, "A synthesis of time and frequency domain methods for the control of infinite-dimensional systems : A system theoretic approach," H. T. Banks (Ed.), *Control and estimation in distributed parameter system*, pp. 171-224, 1992.

[46] R. F. Curtain et A. J. Pritchard, *Infinite-dimensional linear systems theory*, Lecture Notes in Contr. and Inf. Sciences, **8**, Springer-Verlag, Berlin, 1978.

[47] M. Dambrine, *Contributions à l'étude de la stabilité des systèmes à retards*, Ph. D. Thesis, LAIL URA CNRS D1440, Ecole Centrale de Lille, 1994.

[48] M. Dambrine et J. P. Richard, "Stability analysis on time-delay systems," *Dynamic Syst. Appl.*, **2**, pp. 405-414, 1993.

[49] R. Datko, "A procedure for determination of the exponential stability of certain differential difference equation," *Quart. Appl. Math.*, **36**, pp. 279-292, 1978.

[50] R. Datko, "Remarks concerning the asymptotic stability and stabilization of linear delay differential equations," *J. Math. Anal. Appl.*, **111**, pp. 571-584, 1985.

[51] R. Datko, "Not all feedback stabilized hyperbolic systems are robust with respect to small time delays in their feedbacks," *SIAM J. Contr. Optimization*, **26**, pp. 697-713, 1988.

[52] C. A. Desoer et M. Vidyasagar, *Feedback System : Input-Output Properties*, Aca-

demic Press, New York, 1975.

[53] R. Devanathan, "A lower bound for limiting time delay for closed-loop stability of an arbitrary SISO plant," *IEEE Trans. Automat. Contr.*, **40**, pp. 717-721, 1995.

[54] R. L. Devaney, *An introduction to chaotic dynamical systems*, 2nd Ed., Addison-Wesley, 1989.

[55] O. Diekmann, S. A. von Gils, S. M. Verduyn Lunel et H. -O. Walther, *Delay equations, Functional-, Complex- and Nonlinear Analysis*, Appl. Math. Sciences Series, **110**, Springer-Verlag, New York, 1995.

[56] J. -M. Dion, L. Dugard et S. I. Niculescu, "Stabilisation quadratique," in *Ecole d'Eté : "Conception optimisée des systèmes : Commande Optimale,"* Bucarest, Roumanie, pp. 177-199, 1995.

[57] C. M. Dorling et A. S. I. Zinober, "Two approaches to hyperplane design in multivariable variable structure control systems," *Int. J. Contr.*, **44**, pp. 65-82, 1986.

[58] J. C. Doyle, K. Glover, P. P. Khargonekar et B. A. Francis, "State-space solutions to standard $\mathcal{H}_2$ and $\mathcal{H}_\infty$ control problems," *IEEE Trans. Automat. Contr.*, **34**, pp. 831-847, 1989.

[59] R. D. Driver, "Existence and stability of a delay-differential system," *Arch. Rational Mech. Anal.*, **10**, pp. 401-426, 1962.

[60] L. El Ghaoui et P. Gahinet, "Rank minimization under LMI constraints : A framework for output feedback problems," *Proc. 2nd European Contr. Conf.*, Groningen, The Netherlands, pp. 1176-1179, 1993.

[61] L. El Ghaoui, F. Oustry et M. AitRami, "A cone complementary linearization algorithm for static output-feedback and related problems," à paraître dans *IEEE Trans. Automat. Contr.*, 1997.

[62] L. E. El'sgol'ts et S. B. Norkin, *Introduction to the theory and applications of differential equations with deviating arguments*, Mathematics in Science and Eng., **105**, Academic Press, New York, 1973.

[63] E. Emre et G. J. Knowles, "Control of linear systems with fixed noncommensurate point delays," *IEEE Trans. Automat. Contr.*, **AC-29**, pp. 1083-1090, 1984.

[64] A. Feliachi et A. Thowsen, "Memoryless stabilization of linear delay-differential systems," *IEEE Trans. Automat. Contr.*, **AC-27**, pp. 586-587, 1981.

[65] E. Feron, V. Balakrishnan et S. Boyd, "A design of stabilizing state feedback for delay systems via convex optimization," *Proc. 31st IEEE CDC*, Tucson, Arizona, U.S.A., pp. 147-148, 1992.

[66] Y. A. Fiagbedzi et A. E. Pearson, "Feedback stabilization of linear autonomous time lag systems," *IEEE Trans. Automat. Contr.*, **AC-31**, pp. 847-855, 1986.

[67] J. Fiala et R. Lumia, "The effect of time delay and discrete control on the contact stability of simple position controllers," *IEEE Trans. Automat. Contr.*, **39**, pp. 870-873, 1994.

[68] M. Fliess, "Une interprétation algébrique de la transformation de Laplace et des matrices de transfert," *Linear Alg. Appl.*, **203-204**, pp. 429-442, 1994.

[69] M. Fliess et H. Mounier, "Quelques propriétés structurelles des systèmes linéaires à retards constants," *C.R. Acad. Sci. Paris*, **I-319**, pp. 289-294, 1994.

[70] B. A. Francis, *A course in $\mathcal{H}_\infty$ Control Theory*, Springer-Verlag, Berlin, 1987.

[71] M. Fu, A. W. Olbrot et M. P. Polis, "Robust stability for time-delay systems : The edge theorem and graphical tests," *IEEE Trans. Automat. Contr.*, **34**, pp. 813-820, 1989.

[72] T. Furukawa et E. Shimemura, "Stability conditions by memoryless feedback for linear systems with time-delay," *Int. J. Contr.*, **37**, pp. 553-565, 1983.

[73] T. Furumochi, "Stability and boundedness in functional differential equations," *J. Math. Anal. Appl.*, **113**, pp. 473-489, 1986.

[74] T. Furumochi, "A Lyapunov-Razumikhin method for functional differential equations," in *Proc. of 1st World Congr. Nonlinear Anal'92*, vol. 2, pp. 1215-1221, 1996.

[75] P. Gahinet et P. Apkarian, "An LMI-based parametrization of all $\mathcal{H}_\infty$ controllers with applications," *Proc. 32nd IEEE Conf. Dec. Contr.*, San Antonio, Texas, U.S.A., pp. 656-661, 1993.

[76] F. R. Gantmacher, *Théorie des matrices*, Dunod, Paris, 1966.

[77] M. Garey et D. Johnson, *Computers and intractability : A guide to the theory of $\mathcal{NP}$-completeness*, Freeman, San Francisco, 1979.

[78] C. Glader, G. Hognas, P. Makila et H. T. Toivonen, "Approximation of delay systems - a case study," *Int. J. Contr.*, **53**, pp. 369-390, 1991.

[79] I. Gohberg, P. Lancaster et L. Rodman, *Matrix Polynomials*, Computer Science & Appl. Math., Academic Press, New York, 1982.

[80] G. H. Golub et C. F. Van Loan, *Matrix computations*, The John Hopkins Univ. Press, Baltimore, 1983.

[81] D. P. Goodall, "Comments on a Razumikhin type condition for feedback stabilization of uncertain dynamical time-delay systems," *Proc. European Contr. Conf.*, Rome, Italy, pp. 3342-3348, 1995.

[82] K. Gopalsamy, *Stability and oscillations in delay differential equations of population dynamics*, Kluwer Academic Publishers, Math. Its Appl. Series, **74**, 1992.

[83] H. Górecki, S. Fuksa, P. Gabrowski et A. Korytowski, *Analysis and Synthesis of Time Delay Systems*. John Wiley & Sons, Warszawa, Poland, 1989.

[84] A. Goubet, M. Dambrine et J. P. Richard, "An extension of stability criteria for linear and nonlinear time-delay systems," *Proc. IFAC Syst. Struct. Contr.*, Nantes, France, pp. 278-283, 1995.

[85] A. Goubet-Bartholomeüs, *Sur la stabilité et la stabilisation des systèmes retardés : Conditions en fonction du retard*, Thèse, Univ. des Sciences et Technologies de Lille, 1996.

[86] M. J. Green et D. J. N. Limebeer, *Linear robust control*, Prentice Hall, Englewood Cliffs, 1995.

[87] P. S. Gromova et A. F. Pelevina, "Absolute stability of automatic-control systems with time-lag," *Diff. Uravneniya*, **13**, pp. 1375-1383, 1977.

[88] S. E. Grossman et J. A. Yorke, "Asymptotic behavior and exponential stability criteria for differential delay equations," *J. Diff. Eq.*, **12**, pp. 236-255, 1972.

[89] G. Gu et E. B. Lee, "Stability testing of time-delay systems," *Automatica*, **25**, pp. 777-780, 1989.

[90] G. Gu, P. P. Khargonekar, E. B. Lee et P. Misra, "Finite dimensional approximations of unstable infinite-dimensional systems," *SIAM J. Contr. Opt.*, **30**, pp.

704-716, 1992.

[91] I. Gyori, F. Hartung et J. Turi, "Stability in delay equations with perturbed time lags," *Proc. 32nd IEEE CDC*, San Antonio, Texas, U.S.A., pp. 3829-3830, 1993.

[92] L. Habets, *Algebraic and computational aspects of time-delay systems*, Ph. Thesis, Eindhoven Univ. Technology, 1994.

[93] J. R. Haddock et J. Terjeki, "Liapunov-Razumikhin functions and an invariance principle for functional differential equations," *J. Diff. Eq.*, **48**, pp. 95-122, 1983.

[94] A. Halanay, *Differential Equations : Stability, Oscillations, Time Lags*, Academic Press, New York, 1966.

[95] J. K. Hale, "Dynamics and delays," S. BUSENBERG et M. MARTELLI (Editors) *Delay Differential Equations and Dynamical Systems*, Lecture Notes in Math., vol. **1475**, pp. 16-30, Springer Verlag, Berlin, 1991.

[96] J. K. Hale, L. T. Magalhaes et W. M. Oliva, *An introduction to infinite dynamical systems - Geometric theory*, Appl. Math. Sciences, **47**, Springer Verlag, New York, 1985.

[97] J. K. Hale et S. M. Verduyn Lunel, *Introduction to Functional Differential Equations*, Applied Math. Sciences, **99**, Springer-Verlag, New York, 1991.

[98] J. K. Hale, E. F. Infante et F. S. P. Tsen, "Stability in linear delay equations," *J. Math. Anal. Appl.*, **105**, pp. 533-555, 1985.

[99] J. K. Hale et W. Huang, "Global geometry of the stable regions for two delay differential equations," *J. Math. Anal. Appl.*, **178**, pp. 344-362, 1993.

[100] D. Hertz, E. I. Jury et E. Zeheb, "Stability independent and dependent of delay for delay differential systems," *J. Franklin Inst.*, **318**, pp. 143-150, 1984.

[101] D. Hertz, E. I. Jury et E. Zeheb, "Root exclusion from complex polydomains and some of its applications," *Automatica*, **23**, pp. 399-404, 1987.

[102] A. Hmamed, "On the stability of time-delay systems : new results," *Int J. Contr.*, **43**, pp. 321-324, 1986.

[103] A. Hmamed, "Componentwise stability of continuous-time delay linear systems," *Automatica*, **32**, pp. 651-653, 1996.

[104] J. Hocherman, J. Kogan et E. Zeheb, "On exponential stability of linear systems and Hurwitz stability of quasipolynomials," *Syst. & Contr. Lett.*, **25**, pp. 1-7, 1995.

[105] J. Hocherman et E. Zeheb, "Robust stability of time delay systems under uncertainty conditions," *ECCTD'93-Circuit Theory and Design*, pp. 409-414, 1993.

[106] J. J. Hopfield, "Neural networks and physical systems with emergent collective computation abilities," *Proc. National Acad. Science U.S.A.*, **79**, pp. 2554-2558, 1982.

[107] C. S. Hsu, "Application of the τ-decomposition method to dynamical systems subjected to retarded follower forces," *J. Appl. Mechanics*, **37**, pp. 258-266, 1970.

[108] C. S. Hsu et S. J. Bhatt, "Stability charts for second-order dynamical systems with time lag," *J. Appl. Mech.*, pp. 119-124, 1966.

[109] W. Huang, "Generalization of Lyapunov's theorem in a linear delay system,"

J. Math. Anal. Appl., **142**, pp. 83-94, 1989.

[110] M. Ikeda et T. Ashida, "Stabilization of linear systems with time-varying delay," *IEEE Trans. Automat. Contr.*, **AC-24**, pp. 369-370, 1979.

[111] E. F. Infante et W. B. Castelan, "A Lyapunov functional for a matrix difference-differential equation," *J. Diff. Eq.*, **29**, pp. 439-451, 1978.

[112] V. Ionescu et M. Weiss, "Continuous and discrete-time Riccati theory : a Popov function approach," *Linear Alg. & Appl.*, Vol. **193**, pp. 173-209, 1993.

[113] C. A. Jacobson et C. N. Nett, "Liear state-space systems in infinite-dimensional space : The role and characterization of joint stabilizability/detectability," *IEEE Trans. Automat. Contr.*, **33**, pp. 541-549, 1988.

[114] A. E. Jones, R. M. Nisbet, W. S. C. Gurney et S. P. Blythe, "Period to delay ratio near stability boundaries for systems with delayed feedback," *J. Math. Anal. Appl.*, **135**, pp. 354-368, 1988.

[115] E. W. Kamen, "On the relationship between zero criteria for two-variable polynomials and asymptotic stability of delay differential equations," *IEEE Trans. Automat. Contr.*, **AC-25**, pp. 983-984, 1980.

[116] E. W. Kamen, "Linear systems with commensurate time delays : Stability and stabilization independent of delay," *IEEE Trans. Automat. Contr.*, **AC-27**, pp. 367-375, 1982.

[117] E. W. Kamen, "Correction to "Linear systems with commensurate time delays : stability and stabilization independent of delay," *IEEE Trans. Automat. Contr.*, **AC-28**, pp. 248-249, 1983.

[118] E. W. Kamen, P. P. Khargonekar et A. Tannebaum, "Stabilization of time-delay systems using finite-dimensional compensators," *IEEE Trans. Automat. Contr.*, **AC-30**, pp. 75-78, 1985.

[119] J. Kato, "Liapunov's second method in functional differential equations," *Tôhoku Math. Journ.*, **332**, pp. 487-492, 1980.

[120] P. P. Khargonekar, I. R. Petersen et K. Zhou, "Robust stabilization of uncertain linear systems : Quadratic stabilizability and $\mathcal{H}_\infty$ Control Theory," *IEEE Trans. Automat. Contr.*, **AC-35**, pp. 356-361, 1990.

[121] V. L. Kharitonov et A. P. Zhabko, "Robust stability of time-delay systems," *IEEE Trans. Automat. Contr.*, **39**, pp. 2388-2397, 1994.

[122] H. Kimura, "Conjugation, interpolation and model-matching in $\mathcal{H}_\infty$," *Int. J. contr.*, **49**, pp. 269-307, 1989.

[123] T. Kohonen, *Self organization and Associative Memory*, Springer Verlag, Berlin, 1984.

[124] J. Kogan, *Robust stability and convexity*, LNCIS, **201**, Springer-Verlag, Berlin, 1995.

[125] J. Kogan et A. Leizarowitz, "Exponential stability of linear systems with commensurate delays," *Math. Contr. Signals Syst.*, **8**, pp. 65-81, 1995.

[126] A. Kojima et S. Ishijima, "Robust stabilization problem for time delay systems based on spectral decomposition approach," *Proc. 1992 Amer. Contr. Conf.*, Baltimore, Maryland, U.S.A., pp. 998-1003, 1992.

[127] A. Kojima et S. Ishijima, "Robust controller design for delay systems in gapmetric," *Proc. 1994 Amer. Contr. Conf.*, Baltimore, Maryland, U.S.A., pp. 1939-1944, 1994.

[128] A. Kojima et S. Ishijima, "$\mathcal{H}_\infty$ control for delay systems : Explicit formulas and game-theoretic interpretations," *Proc. 35th IEEE Conf. Dec. Contr.*, Kobe, Japon, pp. 2103-2109, 1996.

[129] A. Kojima, K. Uchida et E. Shimemura, "Robust stabilization of uncertain time delay systems via combined internal-external approach," *IEEE Trans. Automat. Contr.*, **38**, pp. 373-378, 1993.

[130] H. Kokame et T. Mori, "A CAD systems LVICS applied to TDS stability analysis," *IMACS World Congr. on Scientific Comp.*, Paris, France, pp. 289-294, 1988.

[131] H. Kokame, K. Konishi et T. Mori, "Robust $\mathcal{H}_\infty$ control for linear delay-differential systems with time-varying uncertainties," *Proc. 35th IEEE Conf. Dec. Contr.*, Kobe, Japon, pp. 2097-2102, 1996.

[132] V. B. Kolmanovskii et V. R. Nosov, *Stability of Functional Differential Equations*, Mathematics in Science and Eng., **180**, Academic Press, New York, 1986.

[133] V. B. Kolmanovskii et A. Myshkis, *Applied Theory of Functional Differential Equations*, Kluwer Academic Publishers, Dordecht, 1992.

[134] N. N. Krasovskii, *Stability of motion*, Stanford University Press, 1963.

[135] Y. Kuang, *Delay differential equations with applications in population dynamics*. Academic Press, Boston, 1993.

[136] H. W. Kwon et A. E. Pearson, "Feedback stabilization of linear systems with delayed control," *IEEE Trans. Automat. Contr.*, **AC-25**, pp. 266-269, 1980.

[137] H. W. Kwon, G. W. Lee et S. W. Kim, "Performance improvement using time delays in multivariable controller design," *Int. J. Contr.*, **52**, pp. 1455-1473, 1990.

[138] V. Lakshmikantam et S. Leela, *Differential and integral inequalities*, Academic Press, New York, 1969.

[139] V. Lakshmikantam, "Recent advances in Lyapunov method for delay differential equations," in *Differential Equations : Stability and Control*, Lectures Notes in Pure and Appl. Math, **127**, pp. 333-343, 1989.

[140] J. Lam, "Convergence of a class of Padé approximations for delay systems," *Int. J. Contr.*, **52**, pp. 989-1008, 1990.

[141] P. Lancaster et M. Tismenetsky, *The theory of matrices* (2nd edition), Comp. Science Appl. Math. Series, Academic Press, Orlando, 1985.

[142] E. B. Lee, W. -S. Lu et N. E. Wu, "A Lyapunov theory for linear time-delay systems," *IEEE Trans. Automat. Contr.*, **AC-31**, pp. 259-261, 1986.

[143] J. H. Lee, S. W. Kim et W. H. Kwon, "Memoryless $\mathcal{H}_\infty$ controllers for state delayed systems," *IEEE Trans. Automat. Contr.*, **39**, pp. 159-162, 1994.

[144] J. H. Lee, Y. S. Moon et W. H. Kwon, "Robust $\mathcal{H}_\infty$ controller for state and input delayed systems with structured uncertainties," *Proc. 35th IEEE Conf. Dec. Contr.*, Kobe, Japon, pp. 2092-2096, 1996.

[145] M. Lee et C. Hsu, "On the τ-decomposition method of stability analysis for retarded dynamical systems," *SIAM J. Contr.*, **7**, pp. 242-259, 1969.

[146] B. Lehman, "Stability of chemical reactions in a CSTR with delayed recycle stream," *Proc. 1994 Amer. Contr. Conf.*, Baltimore, Maryland, U.S.A., pp. 3521-3522, 1994.

[147] B. Lehman et E. Verriest, "Stability of a continuous stirred reactor with delay

in the recycle streams," *Proc. 30th IEEE Conf. Dec. Contr.*, Brighton, England, pp. 1875-1876, 1991.

[148] B. Lehman et E. Verriest, "State feedback stabilization of a class of linear autonomous differential delay systems," *Proc. 1992 Amer. Contr. Conf.*, Chicago, Illinois, U.S.A., pp. 1957-1958, 1992.

[149] B. Lehman et E. Verriest, "Stability of second order differential delay equations with constant coefficients," *Proc. 1992 Amer. Contr. Conf.*, Chicago, Illinois, U.S.A., pp. 1959-1960, 1992.

[150] B. Lehman et K. Shujaee, "Delay independent stability conditions and decay estimates for time-varying functional differential equations," *IEEE Trans. Automat. Contr.*, **39**, pp. 1673-1676, 1994.

[151] R. M. Lewis et B. D. O. Anderson, "Necessary and sufficient conditions for delay independent stability of linear autonomous systems," *IEEE Trans. Automat. Control*, **AC-25**, pp. 735-739, 1980.

[152] H. Li, S. I. Niculescu, L. Dugard et J. -M. Dion, "Robust $\mathcal{H}_\infty$ control of uncertain linear time-delay systems : A Linear Matrix Inequality Approach. Part I," *Proc. 35th IEEE conf. Dec. Contr.*, Kobe (Japan), 1996.

[153] H. Li, S. I. Niculescu, L. Dugard et J. -M. Dion, "Robust $\mathcal{H}_\infty$ control of uncertain linear time-delay systems : A Linear Matrix Inequality Approach with guaranteed α-stability. Part II," *Proc. 35th IEEE conf. Dec. Contr.*, Kobe (Japan), 1996.

[154] H. Logeman, "On the existence of finite-dimensional compensators for retarded and neutral systems," *Int. J. Contr.*, **43**, pp. 109-121, 1986.

[155] J. Louisell, "A stability analysis for a class of differential-delay equations having time-varying delay," S. BUSENBERG et M. MARTELLI (Editors) *Delay Differential Equations and Dynamical Systems*, Lecture Notes in Math., vol. **1475**, pp. 225-242, Springer Verlag, Berlin, 1991.

[156] N. Luo et M. de la Sen, "State feedback sliding mode controls of a class of time delay systems," *Proc. 1992 Amer. Contr. Conf.*, Chicago, Illinois, U.S.A., pp. 894-895, 1992.

[157] N. MacDonald, *Time lags in biological models*, Lecture Notes in Biomathematics, **27**, Springer Verlag, Berlin, 1978.

[158] M. S. Mahmoud et N. F. Al-Muthairi, "Quadratic stabilization of continuous time systems with state-delay and norm-bounded time-varying uncertainties," *IEEE Trans. Automat. Contr.*, **39**, pp. 2135-2139, 1994.

[159] M. Malek-Zavarei et M. Jamshidi, *Time Delay Systems : Analysis, Optimization and Applications*, North-Holland Systems and Control Series, **9**, Amsterdam, 1987.

[160] A. Manitius, "Necessary and sufficient conditions of approximate controllability for linear retarded systems," *SIAM J. Contr. Opt.*, **19**, pp. 516-532, 1981.

[161] A. Manitius et R. Triggiani, "Function space controllability of retarded systems : a derivation from abstract operator conditions," *SIAM J. Opt. Contr.*, **16**, pp. 599-645, 1978.

[162] C. M. Marcus et R. M. Westervelt, "Stability of analog neural networks with delay," *Phys. Rev.*, **A 39**, pp. 347-359, 1989.

[163] M. Marcus, *Finite dimensional multilinear algebra*, vol. 1 et 2, Marcel Dekker,

New York, 1973.

[164] J. E. Marshall, H. Górecki, K. Walton et A. Korytowski, *Time-delay systems : Stability and performance criteria with applications*, Ellis Horwood, New York, 1992.

[165] V. M. Matrosov, "Comparison principle and vector Lyapunov functions," *Diff. Urav.*, **4**, pp. 1374-1386, 1968.

[166] J. Medanic, "Geometric properties and invariant manifolds of the Riccati equation," *IEEE Trans. Automat. Contr.* **AC-27**, pp. 670-677, 1982.

[167] Z. Mikoljska, "Une remarque sur des notes de Razumichin et Krasovskij sur la stabilité asymptotique," *Annales Polonici Mathematici*, **22**, pp. 69-72, 1969.

[168] T. Mori, "Criteria for asymptotic stability of linear time-delay systems," *IEEE Trans. Automat. Contr.*, **AC-30**, pp. 158-160, 1985.

[169] T. Mori, N. Fukuma et M. Kuwahara, "Simple stability criteria for single and composite linear systems with time delay," *Int. J. Contr.*, **34**, pp. 1175-1184, 1981.

[170] T. Mori, N. Fukuma et M. Kuwahara, "On an estimate of the decay rate for stable linear delay systems," *Int. J. Contr.*, **36**, pp. 95-97, 1982.

[171] T. Mori et H. Kokame, "Stability of $\dot{x}(t) = Ax(t) + Bx(t - \tau)$," *IEEE Trans. Automat. Contr.*, **AC-34**, pp. 460-462, 1989.

[172] T. Mori, E. Noldus et M. Kuwahara, "A way to stabilize linear systems with delayed state," *Automatica*, **19**, pp. 571-573, 1983.

[173] A. S. Morse, "Ring models for delay differential systems," *Automatica*, **12**, pp. 529-531, 1976.

[174] H. Mounier, *Propriétés structurelles des systèmes linéaires à retard : aspects théoriques et pratiques*, Thèse de doctorat, Université Paris Sud, Orsay, 1995.

[175] A. D. Myshkis, "General theory of differential equations with delay," *Uspehi, Mat. Nauk*, **4**, pp.99-141, 1949 (*Engl. Transl. AMS*, **55**, pp. 1-62, 1951).

[176] J. Neimark, "D-subdivisions and spaces of quasi-polynomials," *Prikl. Math. Mech.*, **13**, pp. 349-380, 1949.

[177] A. Nemirovskii, "Several $\mathscr{NP}$-hard problems arising in robust stability analysis," *Math. Contr. Signals, Syst*, **6**, pp. 99-105, 1993.

[178] Yu. Nesterov et A. Nemirovskii, *Interior point polynomials methods in convex programming : Theory and applications* SIAM, Philadelphia, vol. **13**, 1994.

[179] S. I. Niculescu, "Stabilité et stabilisation robustes des systèmes à retard," *Internal Note L.A.G. 94-126*, Rapport OTAN, 1994.

[180] S. I. Niculescu, *Sur la stabilité et la stabilisation des systèmes linéaires à états retardés*, Thèse de doctorat, INPG, Grenoble, Février 1996.

[181] S. I. Niculescu, C. E. de Souza, J. -M. Dion et L. Dugard, "Robust stability and stabilization for uncertain linear systems with state delay : Single delay case (I)," *Proc. IFAC Workshop on Robust Control Design*, Rio de Janeiro, Brazil, pp. 469-474, 1994.

[182] S. I. Niculescu, C. E. de Souza, J. -M. Dion et L. Dugard, "Robust stability and stabilization for uncertain linear systems with state delay : Multiple delays case (II)," *Proc. IFAC Workshop on Robust Control Design*, Rio de Janeiro, Brazil, pp. 475-480, 1994.

[183] S. I. Niculescu, J. -M. Dion et L. Dugard, "Delay-dependent stability criteria

for uncertain systems with delayed state : A Razumikhin based approach," *Proc. IEEE VSLT'94*, Benevento, Italy, pp. 34-41, 1994.

[184] S. I. Niculescu, L. Dugard et J.-M. Dion, "Stabilité et stabilisation robustes des systèmes à retard," *Proc. "Journées Robustesse"*, Toulouse, France, 1995

[185] S. I. Niculescu, C. E. de Souza, L. Dugard et J. -M. Dion, "Robust exponential stability of uncertain linear systems with time-varying delays," *Proc. 3rd European Contr. Conf.*, Rome, Italy, pp. 1802-1808, 1995.

[186] S. I. Niculescu, C. E. de Souza, J. -M. Dion et L. Dugard, "Robust $\mathcal{H}_\infty$ memoryless control for uncertain linear systems with time-varying delay," *Proc. 3rd European Contr. Conf.*, Rome, Italy, pp. 1814-1819, 1995.

[187] S. I. Niculescu, J. M. Dion et L. Dugard, "α-stability criteria for linear systems with delayed state," *Internal Note L.A.G. 94-150*, 1994.

[188] S. I. Niculescu, A. Trofino-Neto, J.-M. Dion et L. Dugard, "Delay-dependent stability of linear systems with delayed state : An L.M.I. approach," *Proc. 34th IEEE CDC*, New Orleans, Louisiana, pp. 1495-1496, 1995.

[189] S. I. Niculescu, "$\mathcal{H}_\infty$ memoryless control with an α-stability constraint for time delays systems : An LMI approach," *Proc. 34th IEEE CDC*, New Orleans, Louisiana, pp. 1507-1512, 1995.

[190] S. I. Niculescu, J. -M. Dion et L. Dugard, "Delays-dependent stability for linear systems with two delays : A convex optimization approach," *Internal Note L.A.G. 95*, 1995.

[191] S. I. Niculescu, S. Tarbouriech, J. M. Dion et L. Dugard, "Closed-loop stability criteria for bilinear systems with delyed state and saturating actuators," *Proc. IEEE Conf. dec. contr.*, New Orleans, USA, pp. 2064-2069, 1995.

[192] S. I. Niculescu, J. M. Dion et L. Dugard, "Robust stabilization for uncertain time-delay systems containing saturating actuators," *IEEE Trans. Automat. Contr.*, **41**, pp. 742-747, 1996.

[193] S. I. Niculescu, J. M. Dion et L. Dugard, "Delays-dependent stability for linear systems with several delays : An LMI approach," *Proc. 13th IFAC World Congr.*, San Francisco, California, U.S.A., 1996.

[194] S. I. Niculescu et V. Ionescu, "On delay-independent stability criteria : A matrix pencil approach," *Internal Note LAG 95*, à paraître dans *IMA Journal Math. Contr. Appl.*, 1996.

[195] S. I. Niculescu et V. Ionescu, "On stability criteria for time-delay linear systems : A matrix pencil approach," *Proc. 13th IFAC World Congr.*, San Francisco, California, U.S.A., 1996.

[196] S. I. Niculescu, J. M. Dion, L. Dugard et H. Li, "Asymptotic stability sets for linear systems with commensurable delays : A matrix pencil approach," *Proc. IEEE / IMACS CESA'96*, Lille, France, vol. 1, pp. 796-800, 1996.

[197] S. I. Niculescu, J. M. Dion et L. Dugard, "A matrix pencil approach for asymptotic stability of linear systems with delayed state," *MTNS'96* (Session Invitée), Saint Louis, U.S.A., 1996.

[198] S. I. Niculescu, J. M. Dion et L. Dugard, "Sur la stabilité des systèmes à retard," dans J.-M. DION et D. POPESCU, *Commande optimale. Conception optimisée des systèmes*, Diderot, Paris, pp. 249-283, 1996.

[199] S. I. Niculescu, "Delay-interval stability and hyperbolicity of linear time-delay

systems : A matrix pencil approach," *4th European Contr. Conf.* (Session Invi-tée), Brussels, Belgium, Juillet 1997.

[200] S. I. Niculescu, "Stability and Hyperbolicity of Linear Systems with Delayed State : A Matrix Pencil Approach," à paraître dans *IMA J. Math. Contr. Information*, 1997.

[201] S. I. Niculescu et J. Collado, "Stability and hyperbolicity of linear time-delay systems : A matrix pencil tensor product approach," *Proc. IFAC Syst. Struct. Contr. SSC'97*, Bucarest, Roumanie, Octobre, 1997.

[202] S. I. Niculescu, M. Fu et H. Li, "Delay-dependent closed-loop stability of time-delays systems : An LMI Approach," *Internal Note LAG 96*, 1996.

[203] S. I. Niculescu, E. I. Verriest, J. M. Dion et L. Dugard, "Stability and robust stability of time-delay systems : A guided tour," dans L. DUGARD et E. I. VERRIEST, *Stability and control of time-delay systems*, Springer Verlag, LNCIS, London, pp. 1-72, 1997.

[204] K. Nishioka, N. Adachi et K. Takeuki, "Simple pivoting algorithm for root-locus method of linear systems with delay," *Int. J. Contr.*, **53**, pp. 951-966, 1991.

[205] E. Noldus, "Stabilization of a class of distributional convolution equations," *Int. J. Contr.*, **41**, pp. 947-960, 1985.

[206] A. W. Olbrot, "A sufficient large time-delay in feedback loop must destroy exponential stability of any decay rate," *IEEE Trans. Automat. Contr.*, **AC-29**, pp. 367-3687, 1984.

[207] A. W. Olbrot et C. U. T. Igwe, "Necessary and sufficient conditions for robust stability independent of delays and coefficient perturbations," *Proc. 34th IEEE CDC*, New Orleans, Louisiana, 1995.

[208] A. Packard et J. Doyle, "The complex structured singular value," *Automatica*, **29**, pp. 71-109, 1993.

[209] L. Pandolfi, "Dynamic stabilization of systems with input delays," *Automatica*, **27**, pp. 1047-1050, 1991.

[210] L. Pandolfi, "A new approach to the regulator problem for systems with input delays," *Proc. 2nd European Contr. Conf.*, Groningen, The Netherlands, pp. 1111-1115, 1993.

[211] J. R. Partington, "Approximation of delay systems by Fourrier-Laguerre se-ries," *Automatica*, **27**, pp. 569-572, 1991.

[212] D. Perlmutter, *Stability of chemical reactors*, Prentice Hall, New Jersey, 1972.

[213] I. R. Petersen, "Disturbance attenuation and $\mathcal{H}_\infty$ optimization : A design method based on the algebraic Riccati equation," *IEEE Trans. Automat. Contr.*, **AC-32**, pp. 427-429, 1987.

[214] S. Phoojaruenchanachai et K. Furuta, "Memoryless stabilization of uncer-tain linear systems including time-varying state delays," *IEEE Trans. Automat. Contr.*, **AC-37**, pp. 1022-1026, 1992.

[215] P. Picard, J. F. Lafay et O. Sename, "Observers and observability indices for linear systems with delays," *Internal Note LAG 95*, *CESA'96*, Lille, France, 1996.

[216] P. Picard, *Sur l'observabilité et la commande des systèmes linéaires à retards modélisés sur un anneau*, Thèse, Ecole Centrale de Nantes, 1996.

[217] A. Pila, U. Shaked et C. E. de Souza, "Robust $\mathcal{H}_\infty$ control of continuous time-varying linear systems with time delay," *Proc. 35th IEEE Conf. Dec. Contr.*, Kobe, Japon, pp. 1368-1369, 1996.

[218] E. S. Pyanitskii, "New research on the absolute stability of automatic control systems (Review)" *Automat. Remote Contr.*, **6**, pp. 855-881, 1968.

[219] L. Qiu et E. J. Davison, "The stability robustness determination of state spce models with real unstructured perturbations," *Math. Contr. Signals Syst.*, **4**, pp. 247-267, 1991.

[220] B. S. Razumikhin, "On the stability of systems with a delay," *Prikl. Math. Meh.*, **20**, pp. 500-512, 1956.

[221] V. Răsvan, *Stabilitatea absolută a sistemelor automate cu întîrziere* (en Roumain), Editura Republicii Socialiste România, Bucarest, 1975.

[222] Yu. M. Repin, "On conditions for the stability of systems of differential equations for arbitrary delays," *Uchen. Zap. Ural.*, vol. **23**, pp. 31-34, 1960.

[223] M. A. Rotea, M. Corless, D. Da et I. R. Petersen, "Systems with structured uncertainty : relations between quadratic and robust stability," *IEEE Trans. Automat. Contr.*, **38**, pp. 799-803, 1993.

[224] V. I. Rozkhov and A. M. Popov, "Inequalities for solutions of certain systems of differential equations with large time-lag," *Diff. Eq.*, **7**, pp. 271-278, 1971.

[225] W. Rudin, *Real and Complex Analysis*, 3rd Ed., McGraw-Hill, New York, 1987.

[226] M. G. Safonov, K. C. Goh et J. Ly, "Control system synthesis via bilinear matrix inequalities," *Proc. 1994 American Contr. Conf.*, Baltimore, USA, pp. 45-49.

[227] D. Salamon, "Structure and stability of finite dimensional approximations for functional differential equations," *SIAM J. Contr. Opt.*, **23**, pp. 928-951, 1985.

[228] D. Salamon, "On controllability and observability of time-delay systems," *IEEE Trans. Automat. Contr.*, **AC-29**, pp. 432-439, 1984.

[229] G. M. Schoen et H. P. Geering, "Stability condition for a delay differential system," *Int. J. Contr.*, **58**, pp. 247-252, 1993.

[230] G. M. Schoen et H. P. Geering, "A note on robustness bounds for large-scale time-delay systems," *Int. J. Syst. Science*, **26**, pp. 2441-2444, 1995.

[231] M. de la Sen, " Relations between the stabilization properties of two classes of hereditary linear systems with commensurate delays," *Int. J. Syst. Sci.*, **23**, pp. 1667-1691, 1992.

[232] O. Sename, *Sur la commandabilité et le découplage des systèmes linéaires à retards*, Thèse de doctorat, Université de Nantes - Ecole Centrale de Nantes, 1994.

[233] N. Shanmugathasan et R. D. Johnson, "Exploitation of time delays for improved process control," *Int. J. Contr.*, **48**, pp. 1137-1152, 1988.

[234] J. C. Shen, B. S. Chen et F. C. Kung, "Memoryless stabilization of uncertain dynamic delay systems : Riccati equation approach," *IEEE Trans. Automat. Contr.*, **36**, pp. 638-640, 1991.

[235] T. Shen, H. Zang et K. Tamura, 'Riccati equation approach to robust $\mathcal{L}_2$-gain synthesis for a class of uncertain nonlinear systems," *Int. J. Contr.*, **64**, pp. 1177-1188, 1996.

[236] K. -K. Shyu et J. -J. Yan, "Robust stability of uncertain time-delay systems and its stabilization by variable structure control," *Int. J. Contr.*, **57**, pp. 237-246,

1993.

[237] J. M. Sloss, I. S. Sadek, J. C. Bruch Jr. et S. Adali, "The effects of time delayed active displacement control on damped structures," *Control - Theory and Advanced Tech.*, vol. **10**, pp. 973-992, 1995.

[238] E. D. Sontag, "Linear systems over commutative rings : a survey," *Richerche Automat.*, **7**, pp. 1-34, 1976.

[239] G. Stépán, *Retarded dynamical systems : stability and characterisitc function*, Research Notes in Math. Series, **210**, John Wiley & Sons, 1989.

[240] C. Stéphanos, "Sur une extension du calcul des substitutions linéaires," *J. Math. Pures Appl.*, **6**, pp. 73-128, 1900.

[241] G. Stewart, "On the sensitivity of the eigenvalue problem $Ax = \lambda Ax$," *SIAM Numerical Anal.*, vol. **15**, pp. 669-686, 1972.

[242] A. Stoorvogel, *The $\mathscr{H}_\infty$ control problem*, Prentice Hall, New York, 1992.

[243] J. H. Su, "Further results on the robust stability of linear systems with a single delay," *Syst. & Contr. Lett.*, **23**, pp. 375-379, 1994.

[244] J. H. Su, "On the stability of time-delay systems," *Proc. 33rd IEEE CDC*, Lake Buena Vista, Florida, U.S.A., pp. 429-430, 1994.

[245] J. H. Su, I. K. Fong et C. L. Tseng, "Stability analysis of linear systems with time delay," *IEEE Trans. Automat. Contr.*, **39**, pp., 1341-1344, 1994.

[246] J. H. Su, "The asymptotic stability of linear autonomous systems with commensurate delays," *IEEE Trans. Automat. Contr.*, **40**, pp. 1114-1118, 1995.

[247] T. J. Su et C. G. Huang, "Robust stability of delay dependence for linear uncertain systems," *IEEE Trans. Automat. Control*, **37**, pp. 1656-1659, 1992.

[248] T. J. Su et P. -L. Liu, "Robust stability for linear time-delay systems with delay-dependence," *Int. J. Syst. Science*, **24**, pp. 1067-1080, 1993.

[249] W. -C. Su, S. V. Drakunov et U. Ozguner, "Constructing discontinuity planes for variable structure systems : A Lyapunov approach," *Proc. 1994 Amer. Contr. Conf.*, Baltimore, Maryland, U.S.A., pp. 1169-1173, 1994.

[250] I. H. Suh et Z. Bien, "A root-locus technique for linear systems with delay," *IEEE Trans. Automat. Contr.*, **AC-27**, pp. 205-208, 1982.

[251] M. Szymkat et J. M. Maciejowski, "Time delay toolbox for Matlab," *Proc. IEEE/IFAC Joint Symp. on Computer-Aided Contr. Syst. Design*, Tucson, Arizona, U.S.A., pp. 505-511, 1994.

[252] R. Ştefan, "Devéloppement de logiciel de modélisation de de systèmes à retard. Application à la commande d'un systèmes de réservoires," *Rapport de stage*, L.A.G., Juin 1994.

[253] R. Ştefan et S. I. Niculescu, "DELSIM - un outil Matlab pour la simulation des systèmes linéaires à retard," *Ecole d'Eté : "Conception optimisée des systèmes : Commande Optimale"*, Bucarest, Roumanie, pp. 221-230, 1995.

[254] E. Tissir et A. Hmamed, "Stability tests of interval time delay systems," *Syst. & Contr. Lett.*, **23**, pp. 263-270, 1994.

[255] A. Thowsen, "Uniform ultimate boundness of the solutions of uncertain dynamic delay systems with state-dependent and memoryless feedback control," *Int. J. Contr.*, **37**, pp. 1153-1143, 1983.

[256] Toker, O. and Ozbay, H. : Complexity issues in robust stability of linear delay-differential systems. *Math., Contr., Signals, Syst.*. **9** (1996) 386-400.

[257] Tokumaru, H., Adachi, N. and Amemyian, T. : Macroscopic stability of interconnected systems. *Proc. 6th IFAC Congress*, paper ID 44.4, Academic Press, New York, 1966.

[258] S. Townley et A. J. Pritchard, "On problems of robust stability for uncertain systems with time-delay," *Proc. 1st European Contr. Conf.*, Grenoble, France, pp. 2078-2083, 1991.

[259] H. Trinh et M. Aldeen, "On the stability of linear systems with delayed perturbations," *IEEE Trans. Automat. Contr.*, **39**, pp. 1948-1951, 1994.

[260] H. Trinh et M. Aldeen, "Memoryless feedback controller stabilization," *Int. J. Contr.*, vol. **55**, pp. 1525-1542, 1994.

[261] C. -L. Tseng, I. -K. Fong et J. -H. Su, "Robust stability analysis for uncertain delay systems with output feedback controller," *Syst. & Contr. Lett.*, **23**, pp. 271-278, 1994.

[262] Ya. Z. Tsypkin et M. Fu, "Robust stability of time-delay systems with an uncertain time-delay constant," *Int. J. Contr.*, **57**, pp. 865-879, 1993.

[263] J. -B. Hiriart-Urruty et C. Lemaréchal, *Convex analysis and minimization algorithms* (vol I et II), Springer-Verlag, Berlin, 1993.

[264] V. I. Utkin, *Sliding modes and their applications in variable structure control*, Mir Publishers, Moscow, 1978.

[265] V. I. Utkin et K. D. Young, "Methods for constructing discontinuity planes in multidimensional variable structure systems," *Automation Remote Contr.*, **39**, pp. 1466-1470, 1979.

[266] C. F. Van Loan, "How near is a stable matrix to an unstable matrix," *Contemp. Math.*, AMS, **47**, pp. 465-478, 1985.

[267] P. van Doren, "The generalized eigenstructure problem in linear system theory," *IEEE Trans. Automat. Contr.*, vol. **AC-26**, pp. 111-129, 1981.

[268] P. van Doren, "A generalized eigenvalue approach for solving Riccati equations," *SIAM Sci. St. Comp.*, vol. 2, pp. 121-135, 1981.

[269] E. I. Verriest, "Robust stability of time varying systems with unknown bounded delays," *Proc. 33rd IEEE CDC*, Lake Buena Vista, Florida, U.S.A., pp. 417-422, 1994.

[270] E. I. Verriest, M. K. H. Fan et J. Kullstam, "Frequency domain robust stability criteria for linear delay systems," *Proc. 32nd IEEE CDC*, San Antonio, Texas, U.S.A., pp. 3473-3478, 1993.

[271] E. I. Verriest et A. F. Ivanov, "Robust stability of systems with delayed feedback," *Circ., Syst., Signal Proc.*, **13**, pp. 213-222, 1994.

[272] E. I. Verriest et M. K. H. Fan, "Robust stability of nonlinearly perturbed delay systems," *Proc. 35th IEEE Conf. Dec. Contr.*, Kobe, Japon, pp. 2090-2091, 1996.

[273] K. Walton et J. E. Marshall, "Direct method for TDS stability analysis," *IEE Proc.*, vol. **134**, part **D**, pp. 101-107, 1987.

[274] M. Wang, D. Boley et E. B. Lee, "Robust stability and stabilization of time delay systems in real parameter space," *Proc. 1992 Amer. Contr. Conf.*, Baltimore, Maryland, U.S.A., pp. 85-86, 1992.

[275] M. Wang, E. B. Lee et D. Boley, "Stabilization of linear time-delay systems by hibrid controllers," *Proc. 32nd IEEE CDC*, San Antotnio, Texas, U.S.A., pp. 3815-3820, 1993.

[276] S. S. Wang, "Further results on stability of $\dot{x}(t) = Ax(t) + Bx(t - \tau)$," *Syst. & Contr. Lett.*, **19**, pp. 165-168, 1992.

[277] S. S. Wang, B. S. Chen et T. P. Lin, "Robust stability of uncertain time-delay systems," *Int. J. Control*, **46**, pp. 963-976, 1987.

[278] W. J. Wang et R. J. Wang, "New stability criteria for linear time-delay systems," *Control - Theory and Advanced Tech.*, vol. **10**, pp. 1213-1222, 1995.

[279] Y. Wang, L. Xie et C. E. de Souza, "Robust control of a class of uncertain nonlinear systems," *Syst. & Contr. Lett.*, **19**, pp. 139-149, 1992.

[280] Y. Wang, L. Xie et C. E. de Souza, "Descentralized output feedback control of interconnected uncertain delay systems," *Proc. 12th IFAC World Congr.*, Sydney, Australia, **2**, pp. 39-42, 1993.

[281] Y. Wang, L. Xie et Y. C. Soh, "Robust output feedback control for uncertain dynamical with unknown time delays," *Proc. IFAC Syst. Struct. Contr.*, Nantes, France, pp. 288-293, 1995.

[282] K. Watanabe, "Finite spectrum assignement and observer for multivariable systems with commensurate delays," *IEEE Trans. Automat. Contr.*, **AC-31**, pp. 543-550, 1986.

[283] K. Watanabe, "Stabilization of linear systems with non-commensurate delays," *Int. J. Contr.*, **48**, pp. 333-342, 1988.

[284] K. Watanabe, E. Nobuyama et A. Kojima, "Recent advances in control of time delay systems. A tutorial review," *Proc. 35th IEEE Conf. Dec. Contr.*, Kobe, Japon, pp. 2083-2089, 1996.

[285] H. Wu et K. Mizukami, "Quantitative measures of robustness for uncertain time-delay dynamical systems," *Proc. 32nd IEEE CDC*, San Antonio, Texas, U.S.A., pp. 2004-2005, 1993.

[286] H. Wu et K. Mizukami, "Simultaneous stabilization for a collection of nonlinear dynamical systems with time-varying delay," *Proc. 1st Asian Contr. Conf.*, Tokio, Japan, **1**, pp. 375-378, 1994.

[287] H. Wu, R. A. Willgoss et K. Mizukami, "Robust stabilization for a class of uncertain dynamical systems with time delay," *J. Opt. Theory Appl.*, **82**, pp. 361-378, 1994.

[288] L. Xi et C. E. de Souza, "LMI approach to delay-dependent robust stability and stabilization of uncertain linear delay systems," *Proc. 34th IEEE CDC*, New Orleans, USA, pp. 3614-3619, 1995.

[289] L. Xie et C. E. de Souza, "Robust stabilization and disturbance attenuation for uncertain delay system," *Proc. 2nd European Contr. Conf.*, Groningen, The Netherlands, pp. 667-672, 1993.

[290] L. Xie, $\mathcal{H}_\infty$ *control and filtering of systems with parameter uncertainty*, Ph. D. Thesis, Univ. of Newcastle, Australia, 1991.

[291] L. Xie et C. E. de Souza, "Robust $\mathcal{H}_\infty$ control for linear systems with norm-bounded time-varying uncertainty," *IEEE Trans. Automat. Contr.*, **37**, pp. 1188-1191, 1992.

[292] L. Xie, M. Fu et C. E. de Souza, "$\mathcal{H}_\infty$ control and quadratic stabilization of systems with parameter uncertainty via output feedback," *IEEE Trans. Automat. Contr.*, **37**, pp. 1253-1256, 1992.

[293] B. Xu, "Comments on "Robust Stability of Delay Dependence for Linear Un-

certain Systems"," *IEEE Trans. Automat. Contr.*, **39**, pp. 2365, 1994.

[294] S. J. Xu et A. Rachid, "On the stability and robustness of time-delay systems described by vector-matrix differential-difference equations," to be presented at *34th IEEE CDC*, New Orleans, Louisiana, 1995.

[295] V. A. Yakubovich, "The $\mathscr{S}$-procedure in non-linear control theory," *Vestnik Leningrad Univ. Math.*, **4**, pp. 73-93, 1977.

[296] H. Ye, A. M. Michel et K. Wang, "Stability of nonlinear dynamical systems with parameter uncertainties with an application to neural networks," *Proc. 1995 American Contr. Conf.*, Seattle, Washington, U.S.A., pp. 2772-2776, 1995.

[297] T. Yoneyama, "On the $\frac{3}{2}$ stability theorem for one-dimensional delay-differential equations," *J. Math. Anal. Appl.*, **125**, pp. 161-173, 1987.

[298] T. Yoneyama, "On the stability region of scalar delay-differential equations," *J. Math. Anal. Appl.*, **134**, pp. 408-425, 1988.

[299] W. Yu, K. M. Sobel et E. Y. Shapiro, "A time domain approach to the robustness of time delay systems," *Proc. 31st IEEE CDC*, Tucson, Arizona, U.S.A., pp. 3726-3727, 1992.

[300] K. Youcef-Toumi et S. Reddy, "Analysis of linear time invariant systems with time delay," *J. Dynamical Syst., Meas. and Contr.*, **114**, pp. 544-555, 1992.

[301] G. Zames, "Feedback and optimal sensitivity : model reference transformations, multiplicative seminorms and approximate inverse," *IEEE Trans. Automat. Contr.*, **AC-26**, pp. 301-320, 1981.

[302] E. Zeheb, "On the computation of some new stability tests for delay differential systems," *IMACS World Congr. on Scientific Comput.*, Paris, France, pp. 311-312, 1988.

[303] D. -N. Zhang, M. Saeki et K. Ando, "Stability margin calculation of systems with structured time-delay uncertainties," *IEEE Trans. Automat. Contr.*, **37**, pp. 865-868, 1992.

[304] F. Zheng, M. Cheng et W. Gao, "Feedback stabilization of linear systems with point delays in state and control variables," *Proc. 12th IFAC World Congr.*, Sydney, Australia, **2**, pp. 375-378, 1993.

[305] K. Zhou, J. Doyle et K. Glover, *Robust and optimal control*, Prentice Hall, New Jersey, 1995.

index

Imprimerie BARNÉOUD
Bonchamp-lès-Laval
N° 10730 – 08-1997